Bohner | Ott | Deusch



# Arbeitsheft Mathematik für das Berufskolleg – Berufliches Gymnasium Jahrgangsstufe 12 und 13

Nordrhein-Westfalen

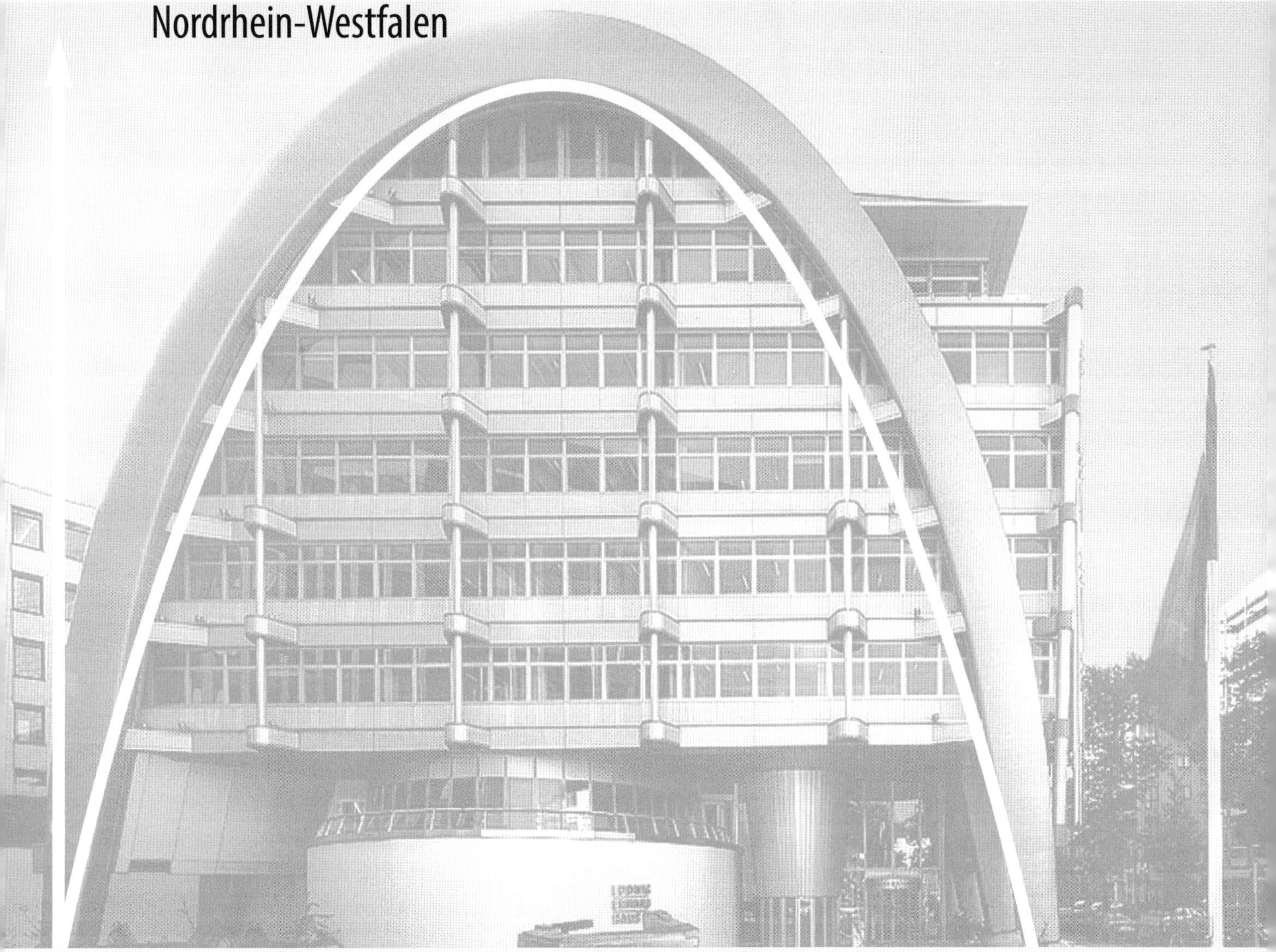

**Wirtschaftswissenschaftliche Bücherei für Schule und Praxis**
**Begründet von Handelsschul-Direktor Dipl.-Hdl. Friedrich Hutkap †**

Verfasser:
**Kurt Bohner**

Studium der Mathematik und Physik an der Universität Konstanz

**Roland Ott**

Studium der Mathematik an der Universität Tübingen

**Ronald Deusch**

Studium der Mathematik an der Universität Tübingen



* * * * * * * * * *

2. Auflage 2024

Gesamtherstellung:

Merkur Verlag Rinteln Hutkap GmbH & Co. KG, 31735 Rinteln

E-Mail: info@merkur-verlag.de
lehrer-service@merkur-verlag.de

Internet: www.merkur-verlag.de

Merkur-Nr: 2666-02

ISBN 978-3-8120-1066-5

## *Vorwort*

Das Arbeitsheft dient zur Aufbereitung, Wiederholung und Festigung des im Schülerbuch behandelten Lernstoffs. Es soll parallel zum Schülerbuch verwendet werden.
Die begleitende Unterstützung durch die Lehrkraft ist gewünscht und sehr sinnvoll.

Das Arbeitsheft enthält ergänzende Aufgaben zur Wiederholung und ermöglicht eine Lernkontrolle in Eigenverantwortung. Das im Vergleich zum Schülerbuch veränderte Format und die Form der Darstellung wirken motivierend auf Schüler/innen. Einige Aufgaben beinhalten fächerübergreifende Aspekte in Handlungssituationen. Das Arbeitsheft hilft, das Erlernte zu festigen und damit eine gute Grundlage für die schriftliche Prüfung zu schaffen.

## *Inhaltsverzeichnis*

# I Differenzialrechnung

## 1 Grafisches Differenzieren

1 Zeichnen Sie das Schaubild der 1. Ableitungsfunktion.

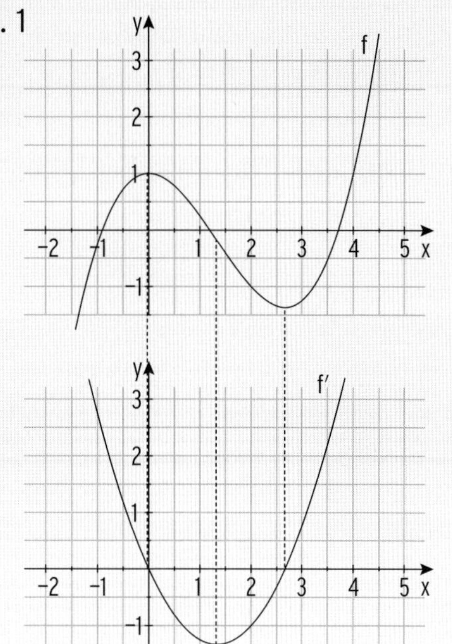


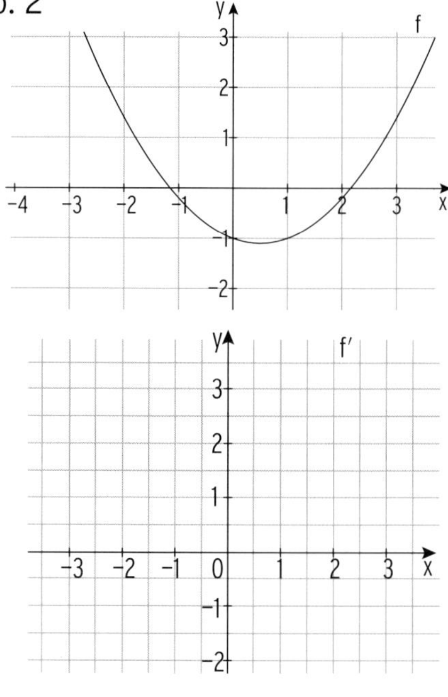


2 Die Abbildungen zeigen die Schaubilder einer Kostenfunktion, einer Erlösfunktion, einer Gewinnfunktion und die Schaubilder der zugehörigen Ableitungsfunktionen. Ordnen Sie zu und begründen Sie.

A

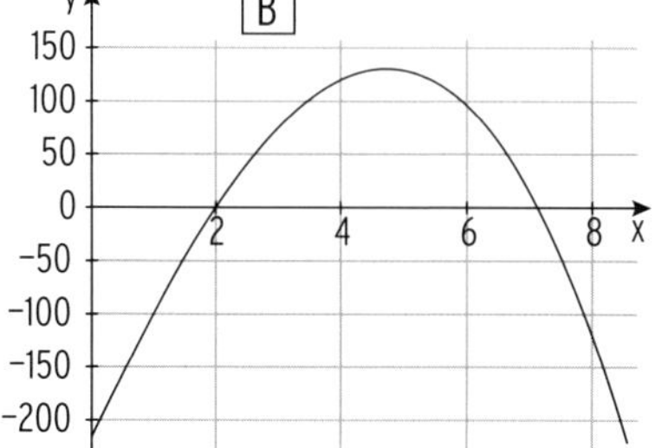


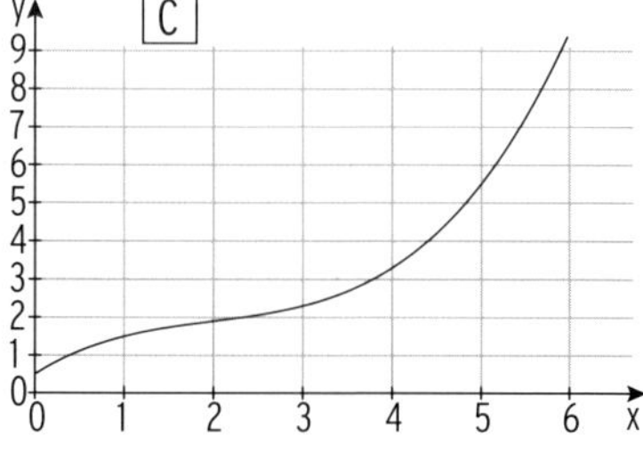


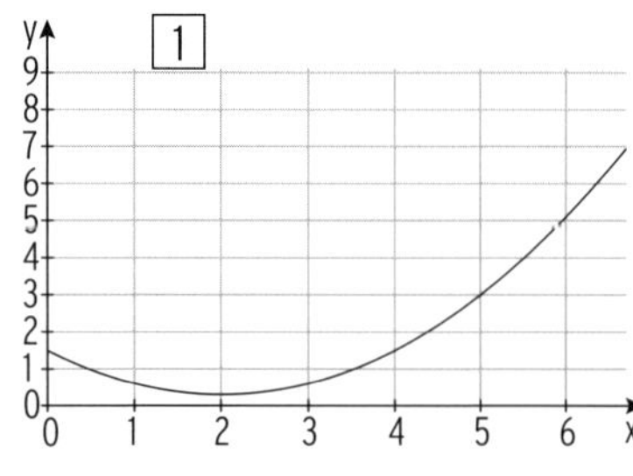


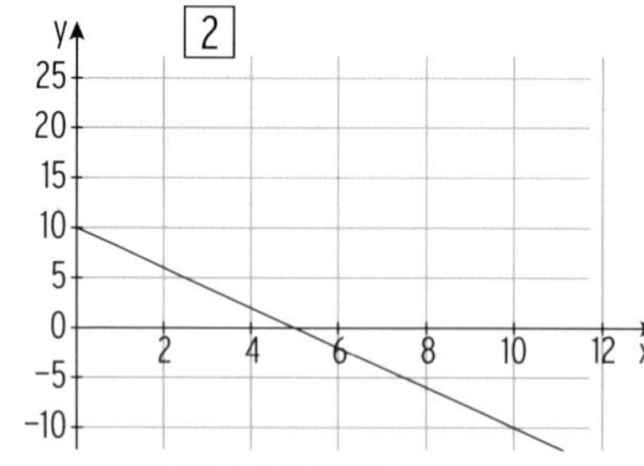


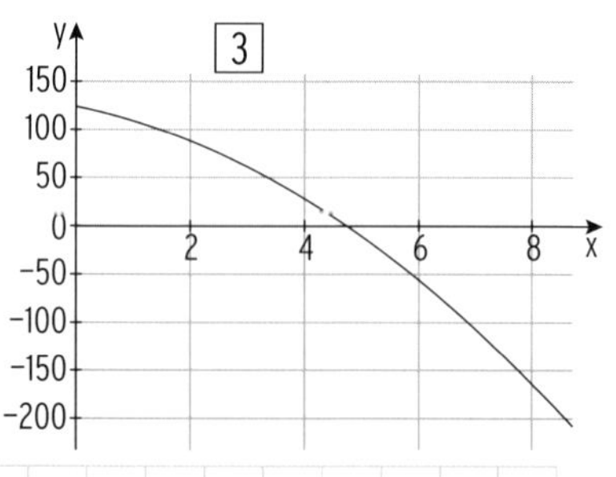


Zuordnung:

Begründung:

3 Gegeben ist das Schaubild einer Funktion f. Skizzieren Sie das Schaubild ihrer Ableitungsfunktion in das untenstehende Koordinatensystem.

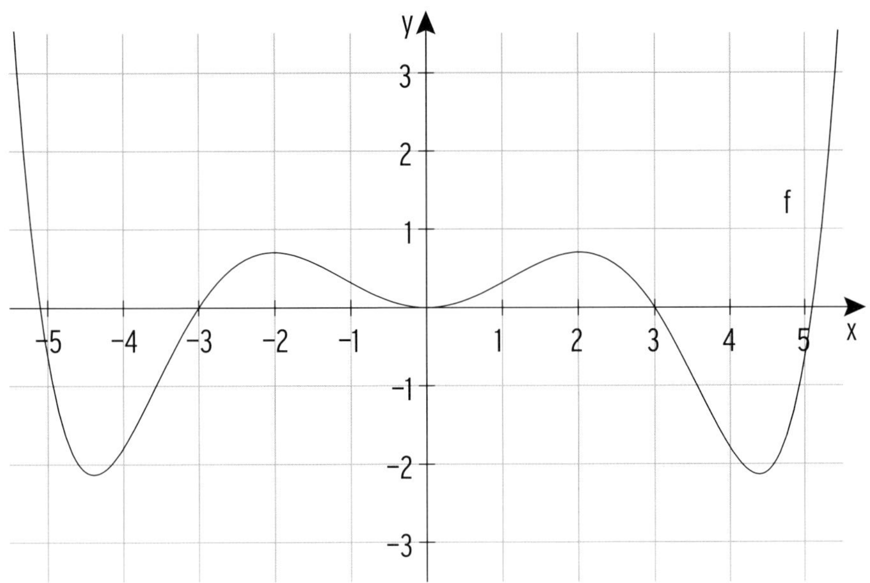


4 Die Abbildungen zeigen die Graphen der Funktionen f, g und h und die Graphen der zugehörigen Ableitungsfunktionen. Ordnen Sie zu und begründen Sie.

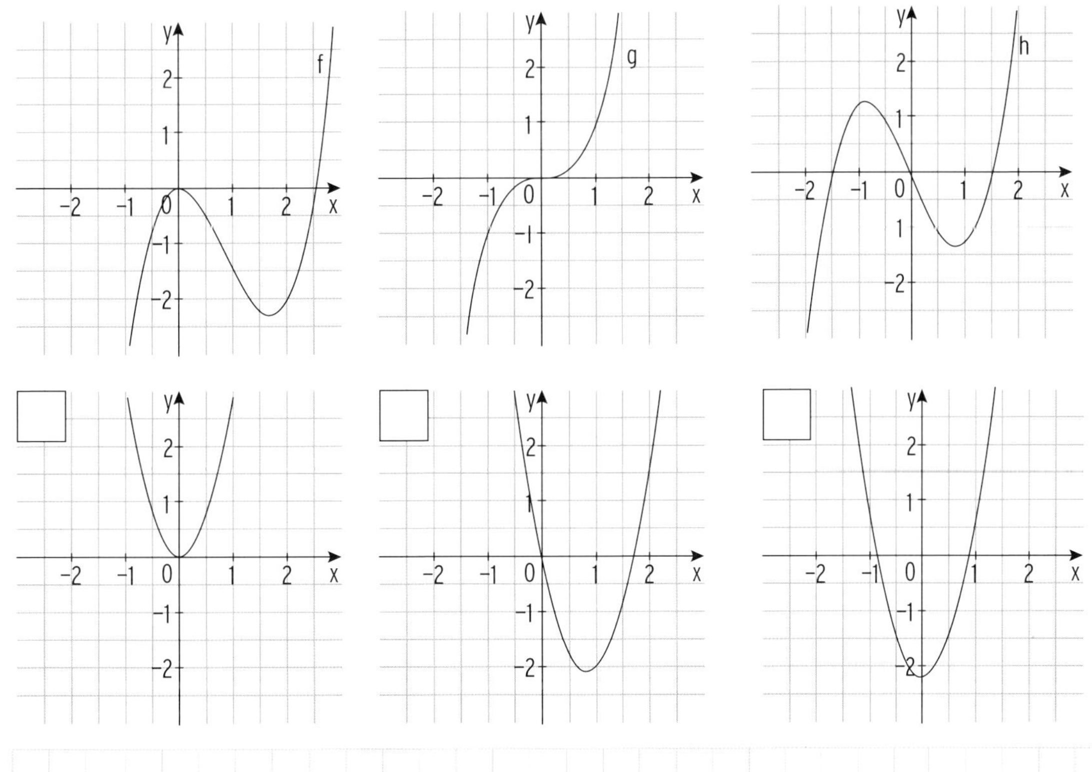


Begründung:

# 2 Extrem-und Wendepunkte

## Monotonie und Extrempunkte

1 Bestimmen Sie die Monotoniebereiche von f mithilfe der Abbildung.

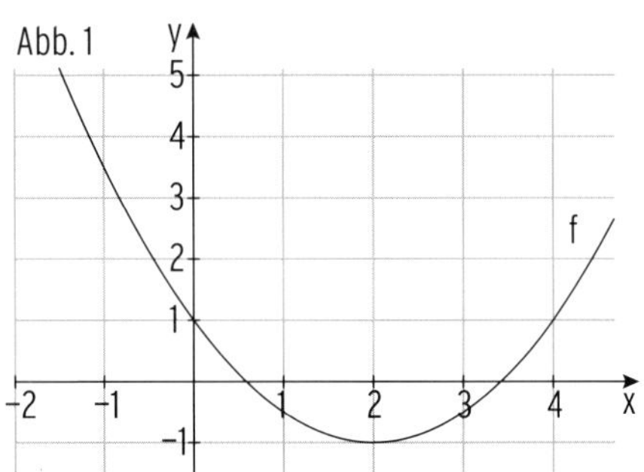


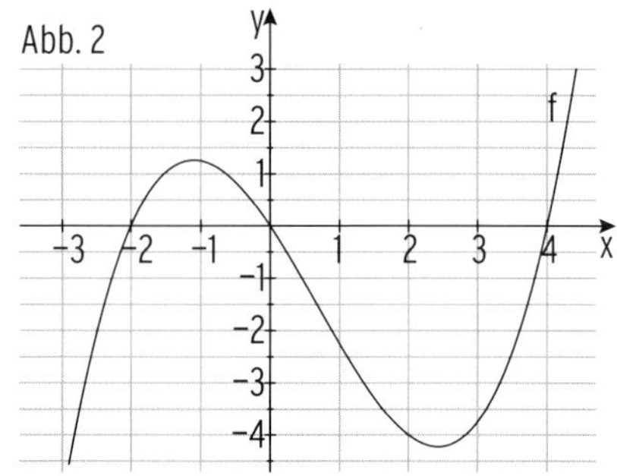


Abb. 1:

Abb. 2:

2 Zeigen Sie, f mit $f(x) = x^3 - 12x^2 + 60x + 256$; $x \in \mathbb{R}$, ist monoton wachsend.

Ableitung:

3 Gegeben ist die Funktion f. Berechnen Sie die Koordinaten der Hoch- und Tiefpunkte des Graphen von f.

| | |
|---|---|
| $f(x) = 2x^2 - 2x^3 + 1$;<br>$x \in \mathbb{R}$ | $f'(x) = 4x - 6x^2$; $f''(x) = 4 - 12x$<br>Notwendige Bedingung: $f'(x) = 0$ $4x - 6x^2 = 0$<br>Ausklammern: $x(4 - 6x) = 0$<br>Satz vom Nullprodukt: $x = 0 \vee 4 - 6x = 0$<br>Stellen mit waagrechter Tangente: $x = 0 \vee x = \frac{2}{3}$<br>Mit $f''(0) = 4 > 0$ und $f(0) = 1$: $T(0 \mid 1)$<br>Mit $f''(\frac{2}{3}) = -4 < 0$ und $f(\frac{2}{3}) = \frac{35}{27}$: $H(\frac{2}{3} \mid \frac{35}{27})$ |
| $f(x) = x^3 - 3x - 1$;<br>$x \in \mathbb{R}$ | |

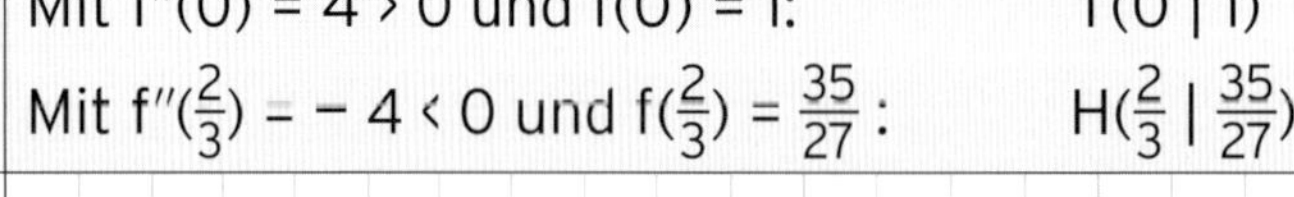

4 Gegeben ist die Kostenfunktion K und die Erlösfunktion E. Füllen Sie die Tabelle aus.

| Kostenfunktion K<br>Erlösfunktion E | $K(x) = x^3 - 4x^2 + 19x + 18$<br>$E(x) = 30x$ | $K(x) = x^3 - 9x^2 + 30x + 41$<br>$E(x) = -9x^2 + 72x$ |
|---|---|---|
| Gewinnfunktion | | |
| Variable Stückkostenfunktion | | |
| Stückkostenfunktion | | |
| Gewinnmaximum | | |
| Betriebsminimum; kurzfristige Preisuntergrenze | | |
| Zeigen Sie:<br>Das Betriebsoptimum liegt bei $x_{BO}$.<br><br>Langfristige Preisuntergrenze | $x_{BO} = 3$ | $x_{BO} \approx 5{,}25$ |

## Krümmung und Wendepunkte

1 Bestimmen Sie die Krümmungsbereiche des Graphen von f mithilfe der Abbildung.

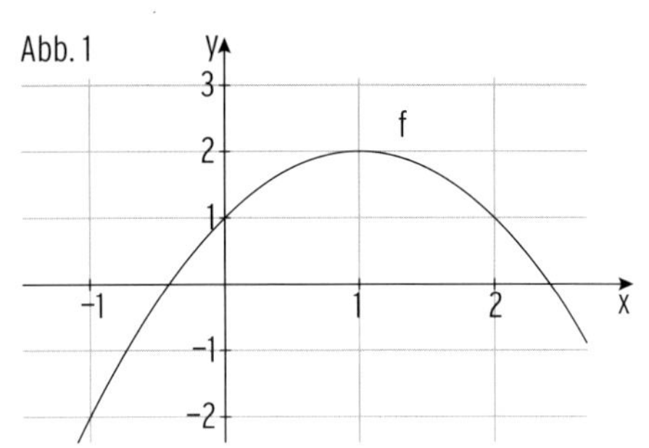


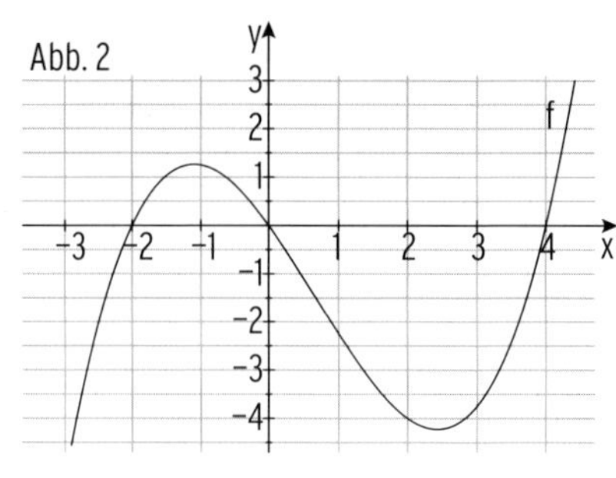


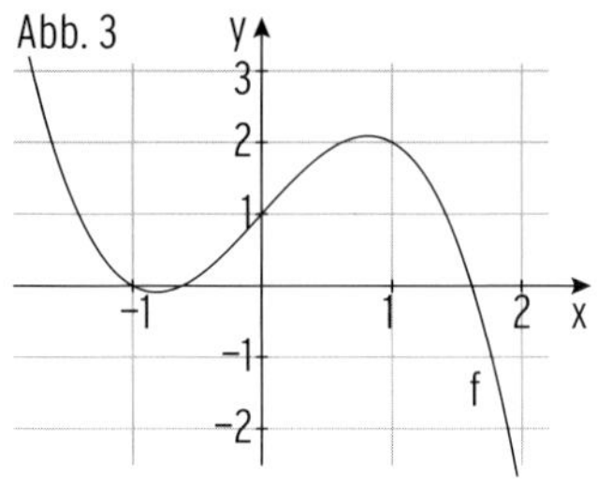


Abb. 1:

Abb. 2:

Abb. 3:

2 Gegeben ist die Funktion f mit $f(x) = x^3 - 2x^2 - 3x;\ x \in \mathbb{R}$. Untersuchen Sie das Schaubild von f auf Krümmung.

Ableitungen:

3 Gegeben ist die Kostenfunktion K mit $K(x) = x^3 - 6x^2 + 15x + 10;\ x \geq 0$.

a) Zeigen Sie, das Schaubild von K hat keinen Extrempunkt.

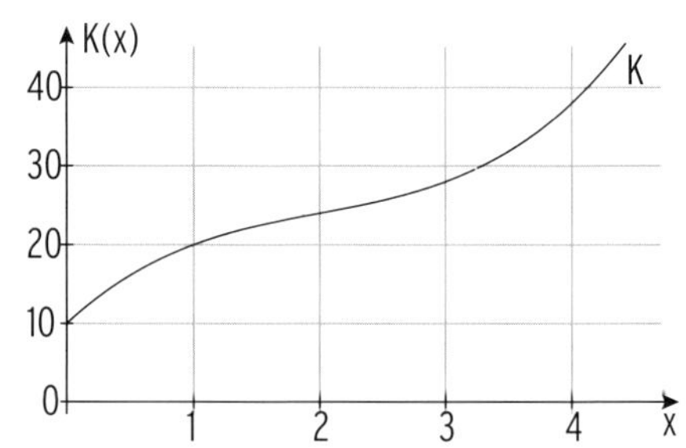


b) Geben Sie den Bereich an, auf dem K degressiv wächst.

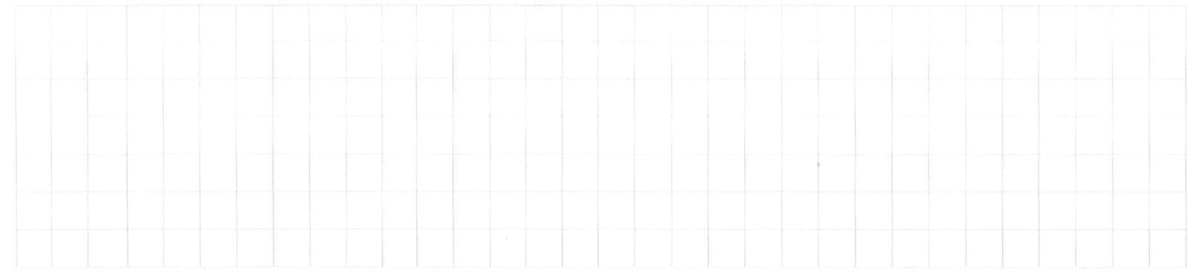

c) Bestimmen Sie die Gleichung der Wendetangente. Zeichnen Sie diese Tangente ein.

4 Gegeben ist eine Funktion. Berechnen Sie die Koordinaten des Wendepunktes des Schaubildes der gegebenen Funktion.

| Funktion | Lösung |
| --- | --- |
| $f(x) = x^3 - 2x^2 + 1;\ x \in \mathbb{R}$ 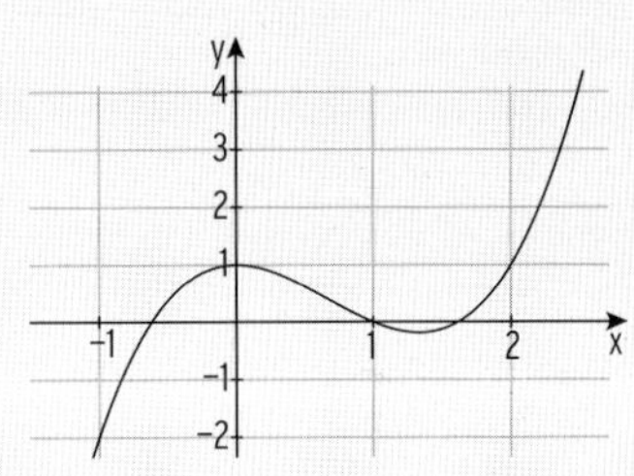 | $f'(x) = 3x^2 - 4x$ ; $f''(x) = 6x - 4$; $f'''(x) = 6$<br>Notwendige Bedingung: $f''(x) = 0$ $6x - 4 = 0$<br>Auflösen nach x: $x = \frac{2}{3}$<br>Mögliche Wendestelle: $x_1 = \frac{2}{3}$<br>Mit $f'''(\frac{2}{3}) = 6 \neq 0$ und $f(\frac{2}{3}) = \frac{11}{27}$: $W(\frac{2}{3} \mid \frac{11}{27})$ |
| $f(x) = -x^3 + 2x + 4;\ x \in \mathbb{R}$ 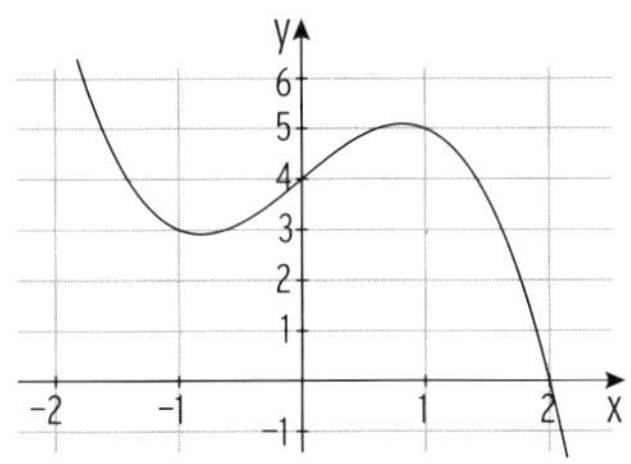 | |
| 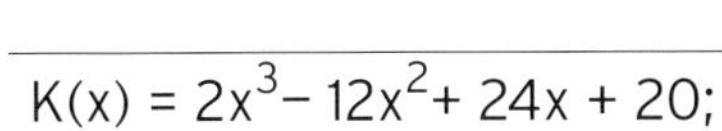 $K(x) = 2x^3 - 12x^2 + 24x + 20;$<br>$x \in \mathbb{R}_+$ 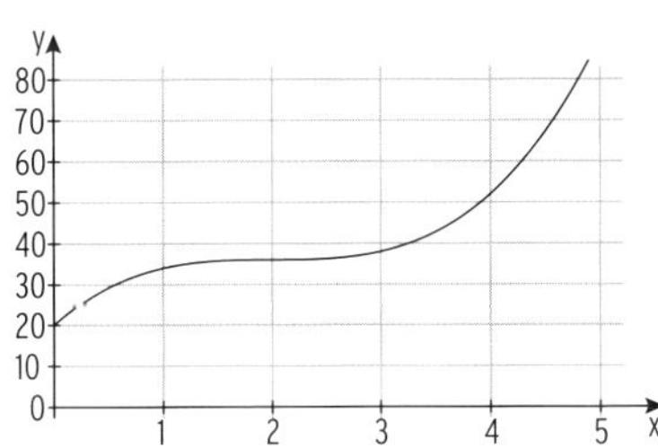 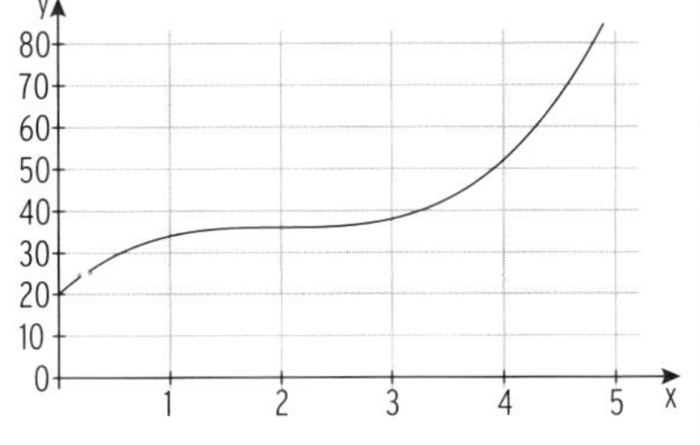 | |
| $A(x) = -0{,}1x^3 + x^2 + 2{,}3x + 1{,}2;$<br>$x \in \mathbb{R}_+$ 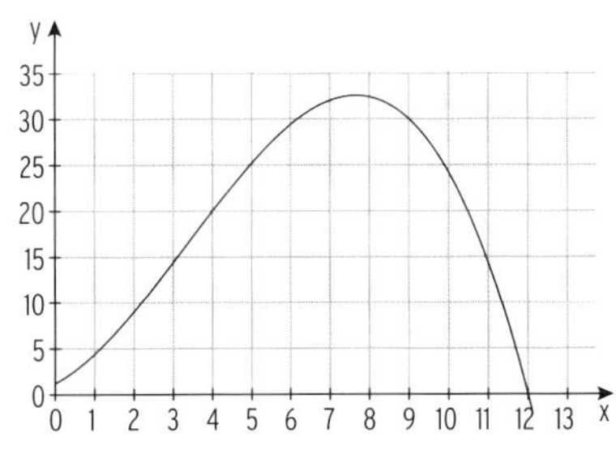 |  |

# 3 Kurvenuntersuchung

1 Die Abbildung zeigt den Graph einer ertragsgesetzlichen Kostenfunktion und einer Erlösfunktion.

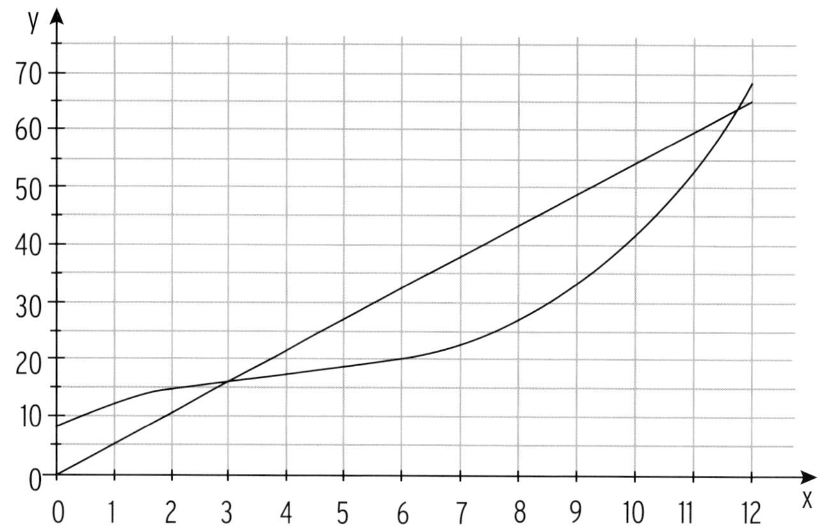


Beschreiben Sie den Verlauf der beiden Graphen, indem Sie den Lückentext mit folgenden Begriffen sinnvoll ergänzen:

steigen, steigend, monoton, degressiv, progressiv, Wendepunkt, linksgekrümmt, Rechtskrümmung, zu, geringer, geringsten, maximal, Fixkosten, Kapazitätsgrenze, ökonomisch sinnvollen, Gewinnschwelle, größten, 3, 8

Der Graph der Gesamtkostenfunktion K mit $K(x) = \frac{1}{12}x^3 - x^2 + 5x + 8$ verläuft im ______________ Definitionsbereich $D_{ök} = [0; 12]$ ______________, d.h. mit zunehmender Produktionsmenge ____________ die Gesamtkosten. 12 ist die ______________. Der Graph beginnt in (0 | 8). Dies entspricht den ___________ in Höhe von ___ GE. Bis zu einer Produktionsmenge von 4 ME steigt der Graph ___________ an. Es liegt eine ___________ vor, d.h. die Gesamtkosten nehmen ___ , aber diese Zunahme wird ____________ . Bei einer Produktion von genau 4 ME steigen die Gesamtkosten am _________, hier liegt ein ___________ vor. Danach verlaufen die Gesamtkosten ___________ steigend, die Gesamtkostenkurve ist ___________.

Die Schnittstelle von Kostenkurve und Erlösgerade liegt bei _____ ME und wird als ____________ bezeichnet. Bei etwa 8 ME ist der Abstand der y-Werte von K und E am __________ , der Gewinn wird hier____________ .

2 Die Abbildung zeigt das Schaubild der 1. Ableitungsfunktion einer Funktion f. Begründen Sie mithilfe der Zeichnung, dass das Schaubild von f einen Hoch-, einen Tief- und einen Wendepunkt mit positiver Steigung besitzt.

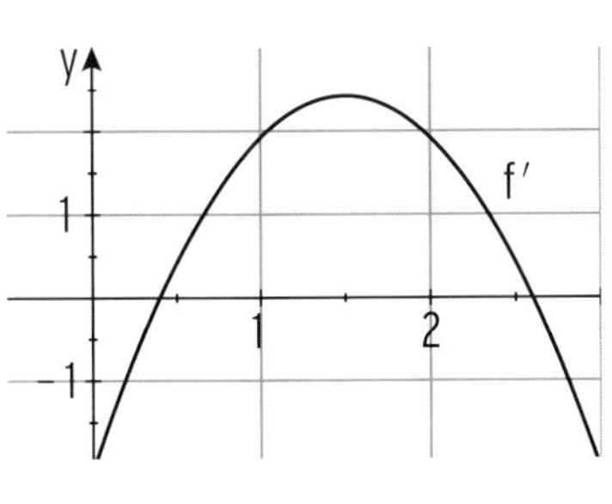

3 Vervollständigen Sie folgende Aussagen.

a) Eine Polynomfunktion 3. Grades hat höchstens ______ Extremstellen, denn ihre Ableitung ist vom Grad ______ .

b) Die Funktion f mit $f(x) = x^3 + 2;\ x \in \mathbb{R}$, ist ______________ , denn ihre Ableitung ist stets ___________ .

4 Gegeben ist der Graph der Funktion f. Tragen Sie die wichtigen Punkte ein und lesen Sie die Koordinaten ab. Skizzieren Sie das Schaubild der 1. Ableitung. Bestimmen Sie mithilfe der Abbildung die Bereiche, in denen das Schaubild der Funktion f steigend ist bzw. rechtsgekrümmt ist.

Wichtige Punkte:

__________ ; __________ ; __________

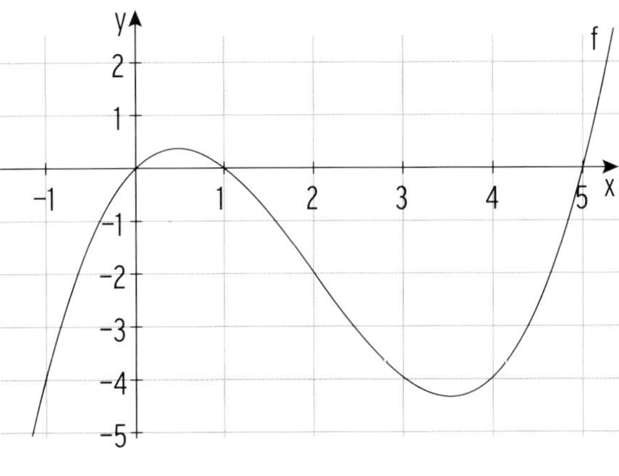


Der Graph von f ist steigend für

__________

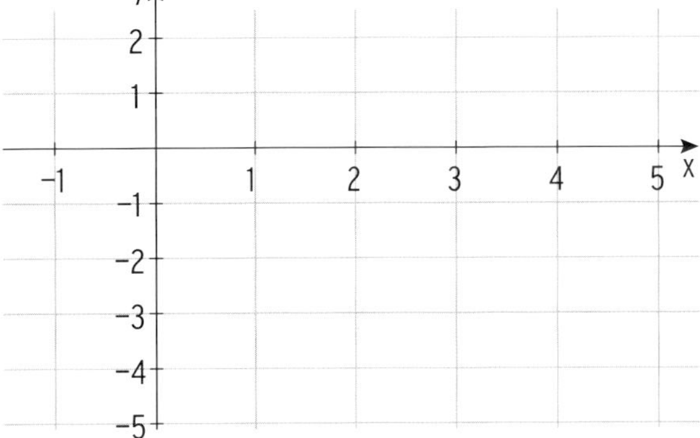


Der Graph von f ist rechtsgekrümmt für

__________

5 Gegeben ist das Schaubild der Ableitungsfunktion $f'$ für $1{,}4 \leq x \leq 3{,}2$.
Die nachfolgenden Aussagen sind entweder wahr oder falsch. Entscheiden Sie.
Begründen Sie Ihre Entscheidung.

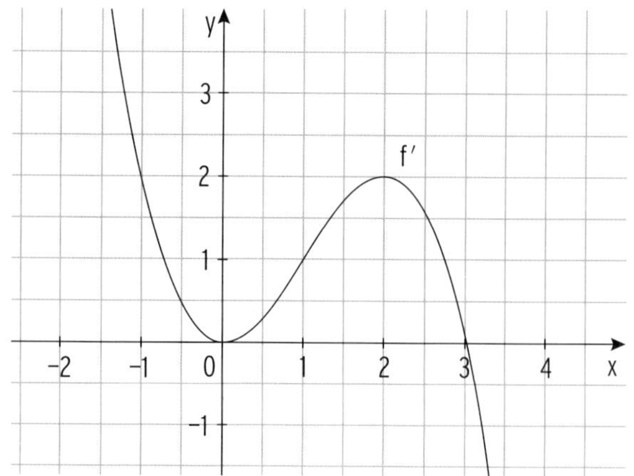


| Aussage | | |
|---|---|---|
| Das Schaubild von f hat genau drei Extrempunkte. | ☐ (w) ☐ (f) | |
| Das Schaubild von f hat genau drei Wendepunkte. | ☐ (w) ☐ (f) | |
| Das Schaubild von f hat einen Sattelpunkt auf der y-Achse. | ☐ (w) ☐ (f) | |
| $f'(x) < 2$ | ☐ (w) ☐ (f) | |
| $f'(2{,}5) > 0$ | ☐ (w) ☐ (f) | |
| $f''(3) > 0$ | ☐ (w) ☐ (f) | |
| Das Schaubild von f ist symmetrisch zur y-Achse. | ☐ (w) ☐ (f) | |
| Das Schaubild von f ist bei $x = -1$ monoton steigend. | ☐ (w) ☐ (f) | |
| $f(2) > f(0)$ | ☐ (w) ☐ (f) | |
| Das Schaubild von f verläuft in $P(2 \mid f(2))$ steiler als die 1. Winkelhalbierende. | ☐ (w) ☐ (f) | |

6 Gegeben ist das Schaubild der Funktion f für $x \in [-4; 2]$.
Die nachfolgenden Aussagen sind entweder wahr oder falsch. Entscheiden Sie.
Begründen Sie Ihre Entscheidung.

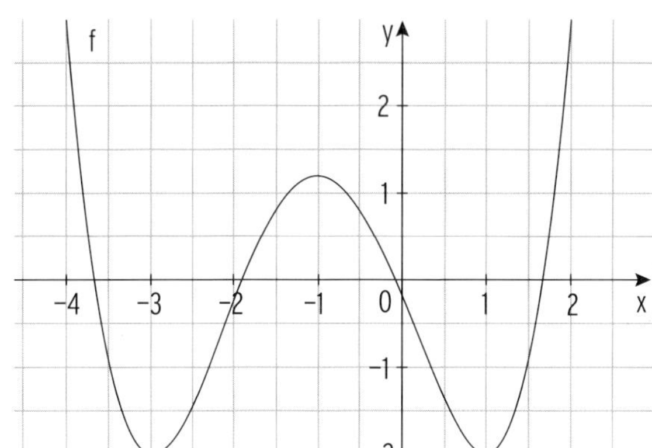


| | | |
|---|---|---|
| f ′ besitzt genau drei Nullstellen. | ☐ (w) ☐ (f) | |
| Das Schaubild von f hat genau einen Wendepunkt. | ☐ (w) ☐ (f) | |
| f′ hat eine doppelte Nullstelle. | ☐ (w) ☐ (f) | |
| Das Schaubild von f′ verläuft bei $x = -0{,}5$ oberhalb der x-Achse. | ☐ (w) ☐ (f) | |
| $f'(-1{,}5) > 0$ | ☐ (w) ☐ (f) | |
| $f''(-1{,}5) > 0$ | ☐ (w) ☐ (f) | |
| Das Schaubild von f′ ist symmetrisch zum Ursprung. | ☐ (w) ☐ (f) | |
| $f''(-1{,}5) < f''(1)$ | ☐ (w) ☐ (f) | |
| Die Tangente an das Schaubild von f an der Stelle $x = -2$ hat die Steigung 1. | ☐ (w) ☐ (f) | |

7 Bestimmen Sie den Parameter, so dass die gegebene Bedingung erfüllt wird.

| Aufgabe | Lösung |
|---|---|
| $K_a(x) = x^3 + ax^2 + 10x + 87$<br>Für 3 ME entstehen Kosten von 27 GE. | $K_a(3) = 27 + 9a + 30 + 87 = 27$<br>$9a = -117 \Leftrightarrow a = -13$ |
| $K_a(x) = \frac{1}{100}x^3 + ax^2 + 50x + 1080$<br>Für 10 ME entstehen Kosten von 1690 GE. | |
| $K_a(x) = 0{,}1x^3 + ax^2 + 186x + 540$<br>Der kleinste Kostenzuwachs ist in $x = 20$. | |
| $p_N(x) = -x^3 - 1{,}5x^2 + ax + 7$<br>$p_N$ ist monoton fallend auf $D_{ök}$. | |
| $K_q(x) = x^3 - 5x^2 + 9qx + 2;\ q \in \mathbb{N}$<br>Die kurzfristige Preisuntergrenze liegt bei etwa 12,50 GE/ME. | |
| $p_N(x) = -\frac{1}{32}x^2 + bx + 5$<br>Der Graph von $p_N$ ist rechtsgekrümmt. | |
| $p_A(x) = (x + 0{,}25)^2 + k$<br>Der Mindestangebotspreis liegt bei 8,50 GE/ME. | |

# 4 Aufstellen von Funktionstermen

1 Formulieren Sie Bedingungen mithilfe des Textes. Das Schaubild von f ...

| | |
|---|---|
| hat den Hochpunkt H(2 \| 3). | $f(2) = 3$ und $f'(2) = 0$ |
| hat den Wendepunkt W(− 1 \| 0). | |
| hat den Tiefpunkt T(− 2 \| 1). | |
| berührt die x-Achse an der Stelle $x = 5$. | |
| hat an der Stelle $x = 0$ die Tangente mit der Gleichung $y = 3x - 4$. | |
| verläuft an der Stelle $x = -4$ parallel zur 1. Winkelhalbierenden. | |
| hat an den Stellen $x = 1$ und $x = 3$ dieselbe Steigung. | |
| ist an der Stelle $x = 1$ rechtsgekrümmt. | |

2 Das Schaubild der Funktion p mit $p(x) = ax^2 + bx - 1$ hat den Tiefpunkt T(2 | − 3).

Berechnen Sie die Werte von a und b und geben Sie den Funktionsterm an.

Ableitung:

Bedingungen:

Lineares Gleichungssystem:

Lösung des linearen Gleichungssystems:

Funktionsterm:

3 Kreuzen Sie die für den Graphen von f zutreffende Bedingung an.

| | | |
|---|---|---|
| P(2 \| − 3) liegt auf dem Graphen G von f. | ☐ $f'(2) = -3$ | ☐ $f(2) = -3$ |
| Der Graph von f hat einen Wendepunkt W(− 4 \| 1). | ☐ $f'(-4) = 1$ | ☐ $f''(-4) = 0$ |
| Der Graph von f hat einen Hochpunkt in x = 5. | ☐ $f'(5) = 0$ | ☐ $f''(5) = 1$ |
| Der Graph von f hat an der Stelle x = 1 die Steigung 1. | ☐ $f'(1) = 0$ | ☐ $f'(1) = 1$ |
| Der Graph von f ist an der Stelle x = 1 linksgekrümmt. | ☐ $f''(1) = 0$ | ☐ $f''(1) > 0$ |
| In P(− 2 \| 5) wechselt der Graph von f das Monotonieverhalten. | ☐ $f(-2) = 5$ | ☐ $f'(-2) = 0$ |
| In x = 1 ist der Graph von f steigend. | ☐ $f'(1) > 0$ | ☐ $f'(1) = -2$ |

4 Formulieren Sie zum folgenden Aufschrieb eine geeignete Aufgabenstellung.

$f(x) = ax^3 + bx^2 + cx + d$

$f(x) = ax^3 + cx;\quad f'(x) = 3ax^2 + c$

$f(2) = -3 \qquad 8a + 2c = -3$

$f'(2) = 0 \qquad 12a + c = 0$

Aufgabenstellung:

5 Ordnen Sie jeder Bedingung die zugehörige Angabe zu.

| | | |
|---|---|---|
| Bei einer Produktionsmenge von 10 ME liegt das Minimum der Grenzkosten. | ☐ $K'(10) = 0$ | ☐ $K''(10) = 0$ |
| Bei 8 ME sind die Kosten gerade gedeckt. | ☐ $K(8) = E(8)$ | ☐ $G'(8) = 0$ |
| Bei 4 ME betragen die variablen Stückkosten 30 GE | ☐ $k(4) = 30$ | ☐ $k_v(4) = 30$ |
| Bei einer Produktionsmenge von 4 ME betragen die Gesamtkosten 24 GE. | ☐ $K(4) = 24$ | ☐ $K'(4) = 0$ |
| Die variablen Stückkosten sind bei 6 ME minimal. | ☐ $k_v'(6) = 0$ | ☐ $k'(6) = 6$ |
| Bei 5 ME betragen die Grenzkosten 20 GE/ME. | ☐ $K'(5) = 0$ | ☐ $K'(5) = 20$ |

6 Bei der Überprüfung der Kosten- und Gewinnsituation erhält die Buchhaltung folgende Angaben:
Die Grenzkosten lassen sich beschreiben durch die Funktion f mit $f(x) = 3x^2 - 12x + 15$, wobei x die produzierte Menge in Mengeneinheiten (ME) bezeichnet. Bei einer Produktionsmenge von 4 ME betragen die Stückkosten 10 Geldeinheiten (GE).

Ermitteln Sie eine Polynomfunktion dritten Grades, die den Zusammenhang zwischen Produktionsmenge und Gesamtkosten beschreibt.

Ansatz: $K(x) =$
Bedingung:

Funktionsterm: $K(x) =$

7 Die Gesamtkosten eines Unternehmens werden durch eine ganzrationale Funktion 3. Grades beschrieben. Der Verkaufspreis beträgt 83 GE pro ME. Die fixen Kosten betragen 65 GE. Bei der Produktion von 6 ME wird ein Gewinn von 145 GE erzielt. Bei der Produktion von 1 ME betragen die variablen Stückkosten 18 GE/ME und die Grenzkosten 9 GE/ME.
Geben Sie die lineare Erlösfunktion E an.
Stellen Sie mithilfe der Angaben ein LGS zur Bestimmung der Gesamtkostenfunktion K auf.

lineare Erlösfunktion: $E(x) =$ ____________

Ansätze: $K(x) =$ ____________ $K'(x) =$ ____________

$k(x) =$ ____________ $k_v(x) =$ ____________

Bedingungen: Lineares Gleichungssystem:



3 Merkur-Nr. 2666

8 Die Kostenfunktion eines Produktes lautet $K(x) = x^3 - 12x^2 + 96x + 216$. Die Kapazitätsgrenze liegt bei 10 ME, die derzeitige Produktion bei 6 ME.

a) Ermitteln Sie die Grenzkosten, die Stückkosten und die variablen Stückkosten an der Kapazitätsgrenze. Geben Sie jeweils auch die Funktionsgleichungen an.

$K'(x) =$ ______________________

$k(x) =$ ______________________

$k_v(x) =$ ______________________

b) Berechnen Sie das Grenzkostenminimum. Interpretieren Sie den Wert.

Bed.:

c) Ermitteln Sie das Betriebsminimum und die kurzfristige Preisuntergrenze. Interpretieren Sie die Werte.

Bed.:

9 Die untenstehende Wertetabelle gehört zu einer ganzrationalen Funktion g.

| x | − 2 | − 1 | 0 | 1 | 2 | 3 | 4 |
|---|---|---|---|---|---|---|---|
| g(x) | − 4 | 0 | − 2 | − 4 | 0 | 16 | 50 |
| g′(x) | 9 | 0 | − 3 | 0 | 9 | 24 | 45 |
| g″(x) | − 12 | − 6 | 0 | 3 | 6 | 18 | 24 |

Das zugehörige Schaubild besitzt ...

die gemeinsamen Punkte mit der x-Achse:

den Schnittpunkt mit der y-Achse:

den Hochpunkt:

den Tiefpunkt:

den Wendepunkt:

Die Funktion muss mindestens den Grad _____

haben, da ______________________________

______________________________.

Skizze des zugehörigen Schaubilds:

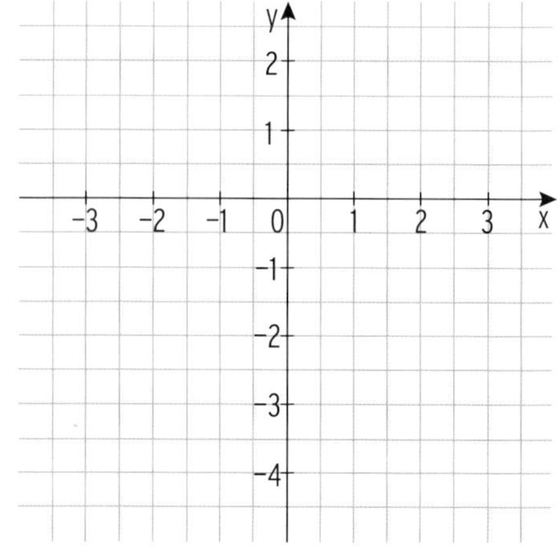

# 5 Differenzialrechnung bei Exponentialfunktionen

1 Bilden Sie die erste Ableitung.

| | |
|---|---|
| $f(x) = 2 \cdot e^x + 1$ | $f'(x) = 2 \cdot e^x$ |
| $f(x) = 5e^x + 2x - 1$ | $f'(x) =$ |
| $f(x) = ae^x + b$ | $f'(x) =$ |

2 Bilden Sie die erste Ableitung mithilfe der Kettenregel.

| | |
|---|---|
| $f(x) = 2 \cdot e^{-3x}$ | $f'(x) = 2 \cdot e^{-3x} \cdot (-3) = -6 \cdot e^{-3x}$ |
| $f(x) = \frac{5}{2}e^{4x} + 5x$ | $f'(x) =$ |
| $f(x) = 0{,}25e^{x-1} + 2$ | $f'(x) =$ |
| $f(x) = -1{,}2e^{2-3x} + x^3$ | $f'(x) =$ |
| $f(x) = 2ae^{bx+c}$ | $f'(x) =$ |
| $f(x) = \frac{9}{5}e^{x^2+1} + 2$ | $f'(x) =$ |

3 Bestimmen Sie die 1. Ableitung mithilfe der Produktregel.

| $f(x) = (x - 8)e^x$ | $f(x) = (2 - 6x)e^x$ | $f(x) = 10 \cdot x \cdot e^x$ |
|---|---|---|
| $u(x) = x - 8 \Rightarrow u'(x) = 1$<br>$v(x) = e^x \Rightarrow v'(x) = e^x$<br>$f'(x) = 1 \cdot e^x + (x - 8)e^x$<br>$f'(x) = e^x \cdot (1 + x - 8)$<br>$f'(x) = (x - 7)e^x$ | | |

4 Bestimmen Sie die 1. Ableitung.

| $f(x) = 4xe^{-3x}$ | $f(x) = x^2 e^{-\frac{1}{2}x}$ | $f(x) = (4 - x) \cdot e^{-2x}$ |
|---|---|---|
| | | |

5 Kreuzen Sie die richtige Ableitung an.

| | | |
|---|---|---|
| $f(x) = (x-3)e^x$ | ☐ $f'(x) = (x-2)e^x$ | ☐ $f'(x) = (x-2)e^{2x}$ |
| $f(x) = 4x - e^{2x}$ | ☐ $f'(x) = 4 - 2e^x$ | ☐ $f'(x) = 4 - 2e^{2x}$ |
| $f(x) = -3 \cdot e^{2x-1}$ | ☐ $f'(x) = -6 \cdot e^{2x}$ | ☐ $f'(x) = -6 \cdot e^{2x-1}$ |
| $f(x)=\frac{1}{7}e^{4x} + \frac{3}{7}e^{-3x}$ | ☐ $f'(x) = \frac{4}{7}x^{3x} + \frac{9}{7}e^{-3x}$ | ☐ $f'(x) = \frac{1}{7}(4e^{4x} - 9e^{-3x})$ |

6 Bilden Sie die erste und die zweite Ableitung.

| | | |
|---|---|---|
| $f(x) = 0{,}5 \cdot e^{-4x} + 2x$ | $f'(x) = -2e^{-4x} + 2$ | $f''(x) = 8e^{-4x}$ |
| $f(x) = 3x - e^{2x} - 1$ | $f'(x) =$ | $f''(x) =$ |
| $f(x) = 2x \cdot e^x$ | $f'(x) =$ | $f''(x) =$ |
| $f(x) = \frac{1}{16}(e^{4x} + x^2 - 8)$ | $f'(x) =$ | $f''(x) =$ |
| $f(x) = 5(e^{3x} - t \cdot x)$ | $f'(x) =$ | $f''(x) =$ |

7 Berechnen Sie die Gleichung der Tangente an das Schaubild von f an der Stelle x = u.

$f(x) = 5 - 2e^{0{,}25x}$

$u = 4$

$f(x) = x \cdot e^{3x} + 4$

$u = 0$

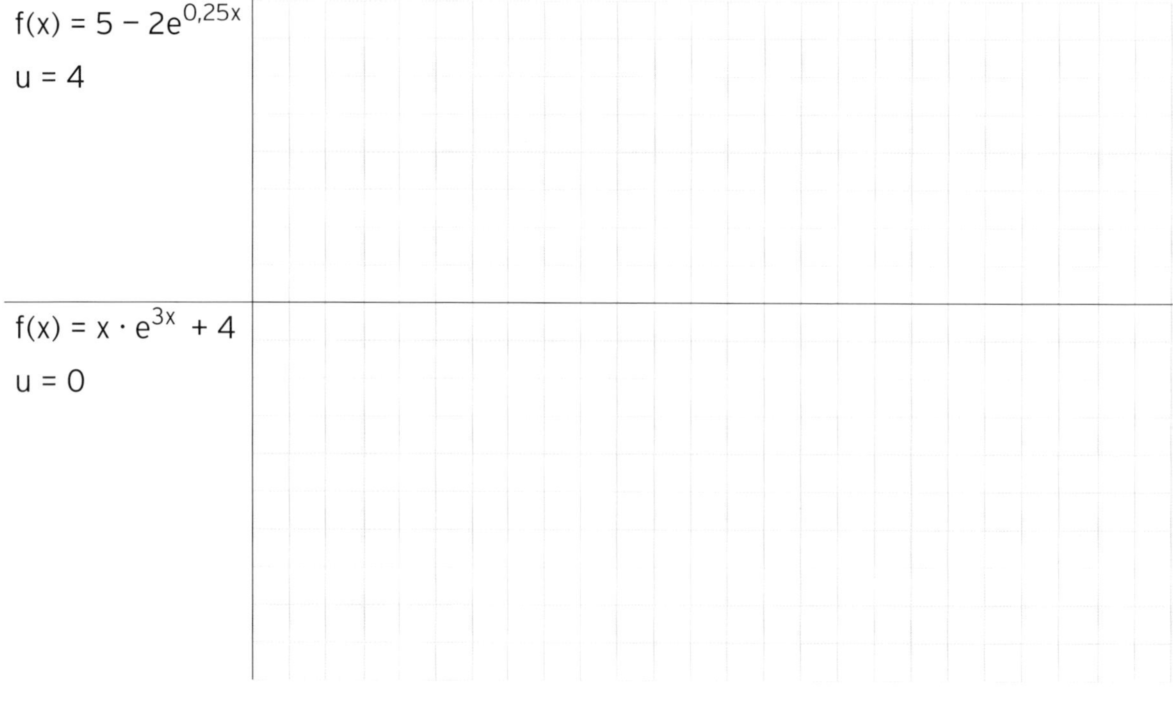

8 Gezeichnet ist das Schaubild einer Funktion h mit der Definitionsmenge D = [− 0,5; 8]. Prüfen Sie für jede der folgenden Aussagen, ob sie wahr oder falsch ist.

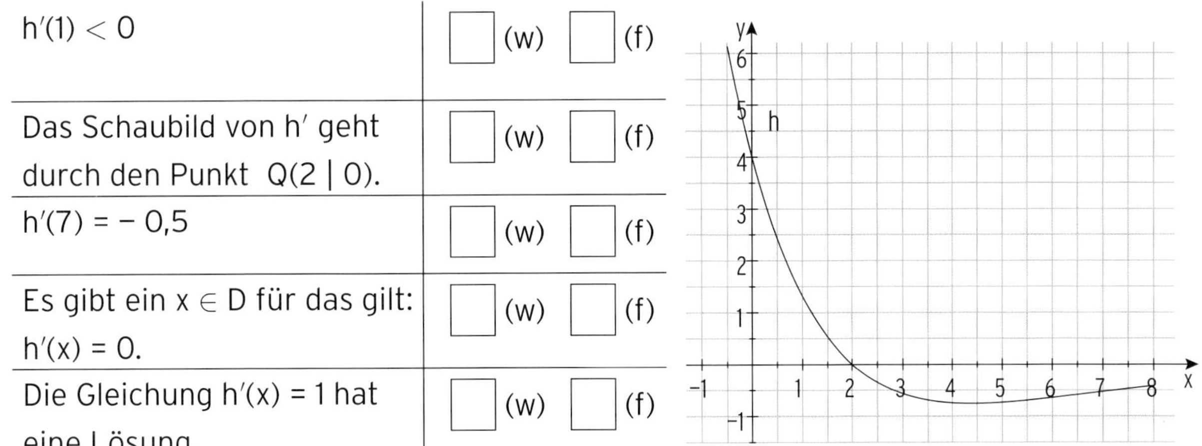


| Aussage | | |
|---|---|---|
| $h'(1) < 0$ | ☐ (w) | ☐ (f) |
| Das Schaubild von h′ geht durch den Punkt Q(2 \| 0). | ☐ (w) | ☐ (f) |
| $h'(7) = -0{,}5$ | ☐ (w) | ☐ (f) |
| Es gibt ein $x \in D$ für das gilt: $h'(x) = 0$. | ☐ (w) | ☐ (f) |
| Die Gleichung $h'(x) = 1$ hat eine Lösung. | ☐ (w) | ☐ (f) |

9 Zeigen Sie, f mit $f(x) = \frac{1}{4}e^{1-2x} + 1$; $x \in \mathbb{R}$, ist auf $\mathbb{R}$ monoton fallend.

Ableitung: ______________________________

______________________________

______________________________

10 Gegeben ist die Funktion f. Berechnen Sie die Koordinaten der Hoch- und Tiefpunkte des Graphen von f.

| | |
|---|---|
| $f(x) = x - 2e^{0,25x}$; $x \in \mathbb{R}$ | |
| $f(x) = (x - 2)e^{x}$; $x \in \mathbb{R}$ | |

11 Bestimmen Sie die Krümmungsbereiche des Graphen von f mit Hilfe der Abbildung.

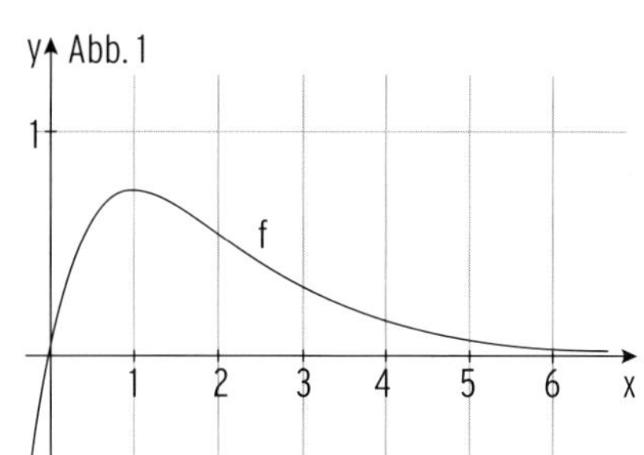


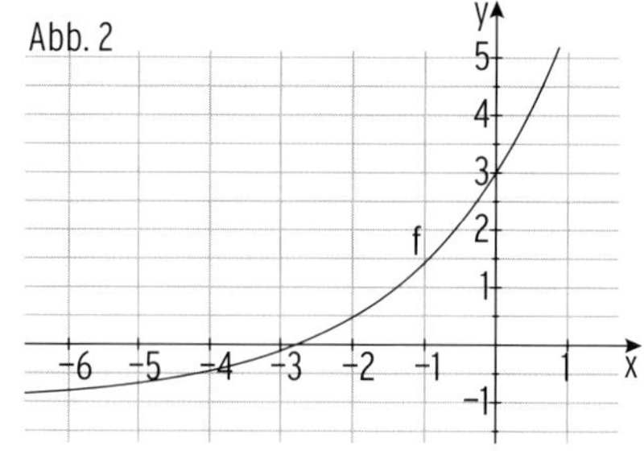


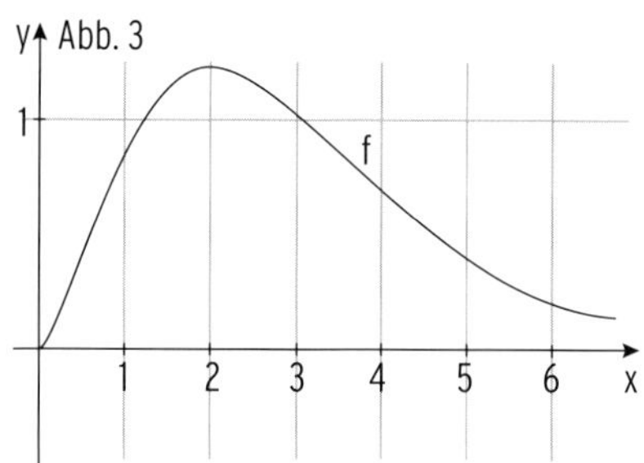


Abb. 1: ______________ Abb. 2: ______________ Abb. 3: ______________

12 Zeigen Sie, das Schaubild von f mit $f(x) = \frac{1}{2}e^{-x} + x$; $x \in \mathbb{R}$, ist linksgekrümmt auf $\mathbb{R}$.

Ableitungen:

13 Gegeben ist die Funktion f. Berechnen Sie die Koordinaten der Wendepunkte des Graphen von f mithilfe der notwendigen Bedingung. (Auf den Nachweis der hinreichenden Bedingung wird verzichtet.) Bestimmen Sie die Gleichung der Wendetangente.

| | |
|---|---|
| $f(x) = x \cdot e^{2x}$; $x \in \mathbb{R}$ | $f'(x) = 1 \cdot e^{2x} + 2x \cdot e^{2x} = (2x + 1) \cdot e^{2x}$;<br>$f''(x) = 2 \cdot e^{2x} + (2x + 1) \cdot e^{2x} \cdot 2 = (4x + 4) \cdot e^{2x}$<br>Notwendige Bedingung: $f''(x) = 0$ $\quad 4x + 4 = 0 \quad (e^{2x} \neq 0)$<br>Wendestelle: $\quad x = -1$<br>Mit $f(-1) = -e^{-2}$: $\quad W(-1 \mid -e^{-2})$<br>$f'(-1) = -e^{-2} = m$ und $y = mx + b$: $-e^{-2} = -e^{-2} \cdot (-1) + b \Rightarrow b = -2e^{-2}$<br>Wendetangente: $y = -e^{-2} \cdot x - 2e^{-2}$ |
| $f(x) = (x + 1)e^{-x}$; $x \in \mathbb{R}$ | |

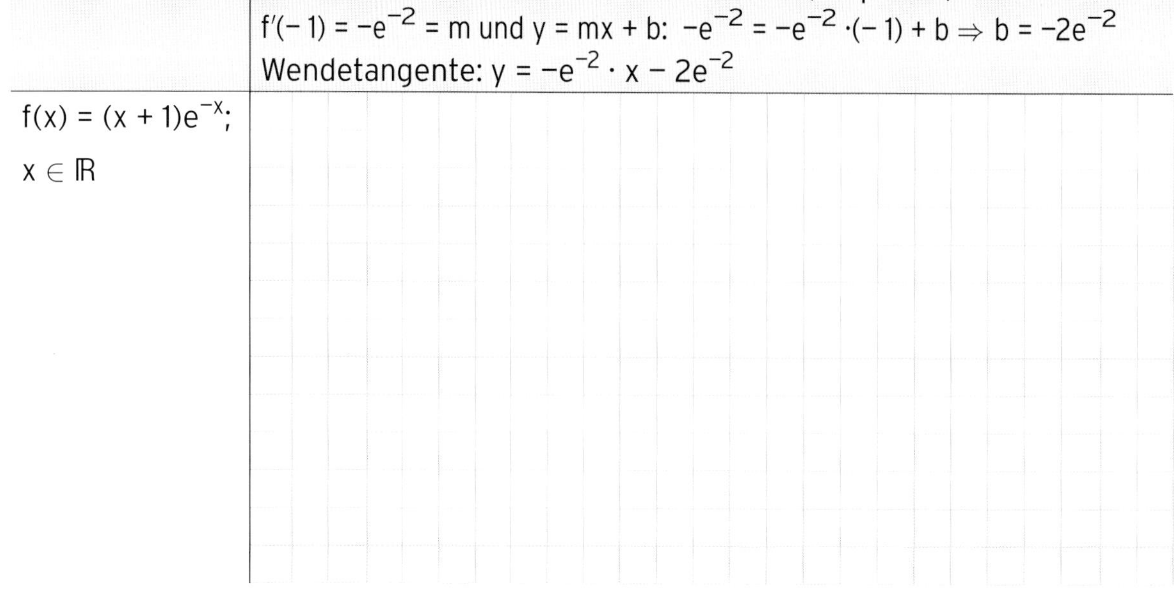

14 Gegeben ist der Graph der Funktion f. Tragen Sie die wichtigen Punkte ein und lesen Sie die Koordinaten ab. Bestimmen Sie mithilfe der Abbildung die Bereiche, in denen der Graph von f steigend bzw. rechtsgekrümmt ist.

a) Wichtige Punkte: ______________________________

______________________________

steigend für ______________________________

rechtsgekrümmt für ______________________________

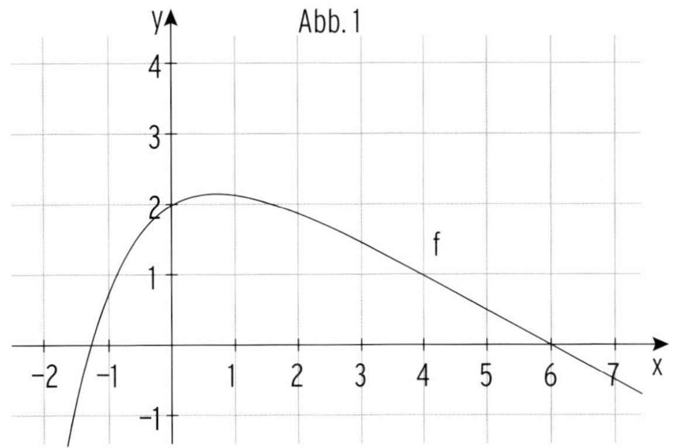


b) Wichtige Punkte: ______________________________

______________________________

steigend für ______________________________

rechtsgekrümmt für ______________________________

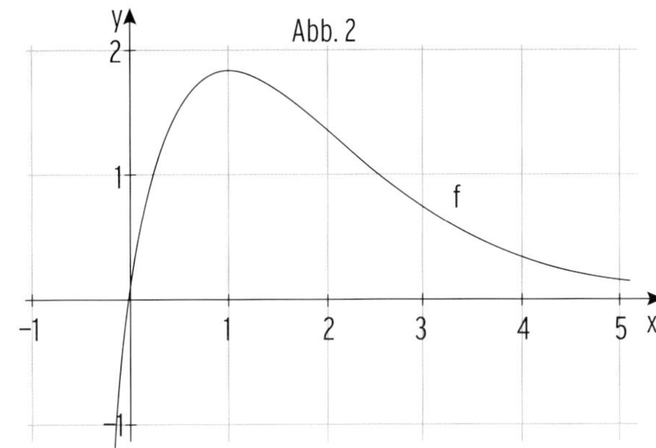


c) Wichtige Punkte: ______________________________

______________________________

steigend für ______________________________

rechtsgekrümmt für ______________________________

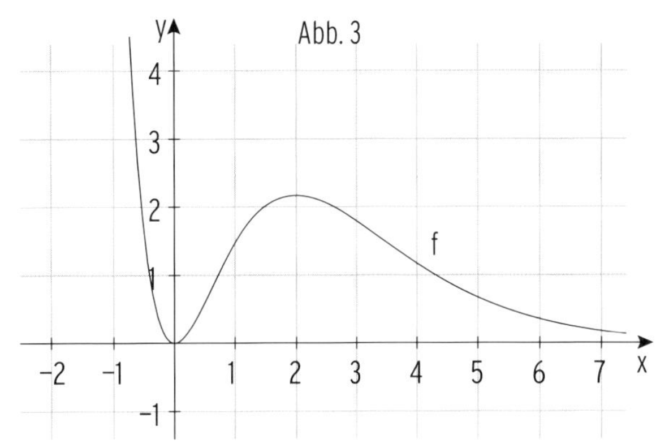


d) Wichtige Punkte: ______________________________

______________________________

steigend für ______________________________

rechtsgekrümmt für ______________________________

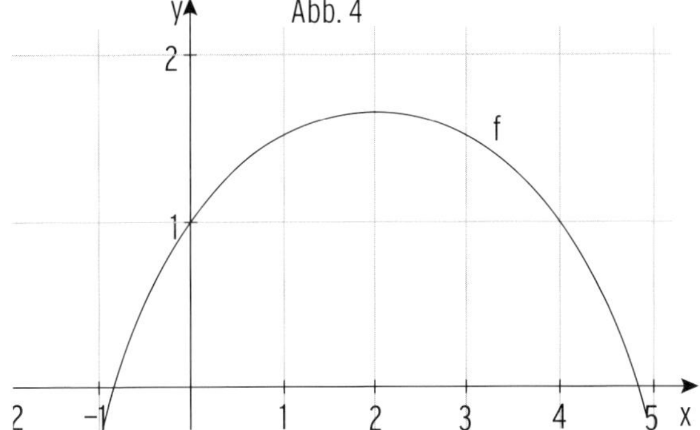

# 6 Anwendungen der Differenzialrechnung

1 Die Abbildungen zeigen die Absatzentwicklungen neuer Produkte A und B.

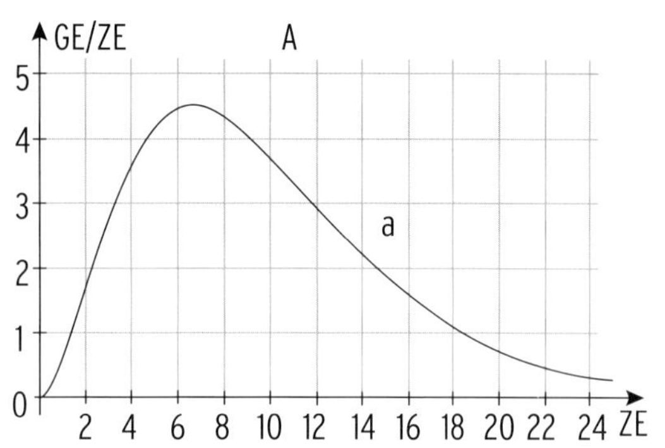


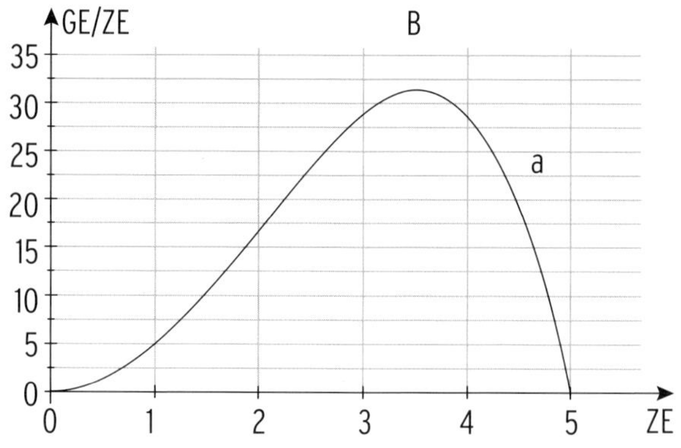


a) Bestimmen Sie den maximalen Absatz.

A: B:

b) Skizzieren Sie das Schaubild der Funktion, die die Absatzänderung beschreibt, in die Abbildung ein und bestimmen Sie die größte Absatzsteigerung.

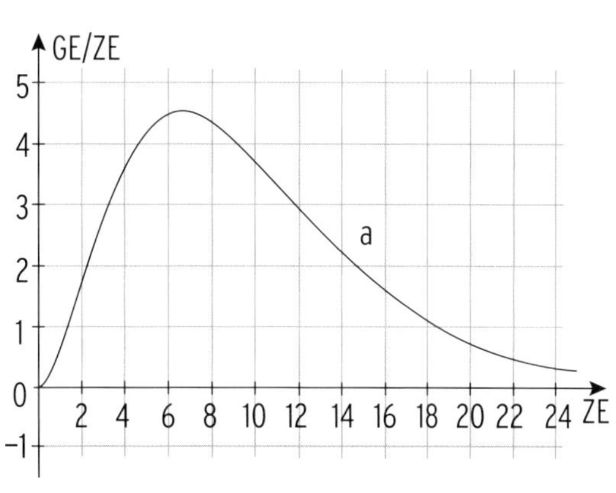


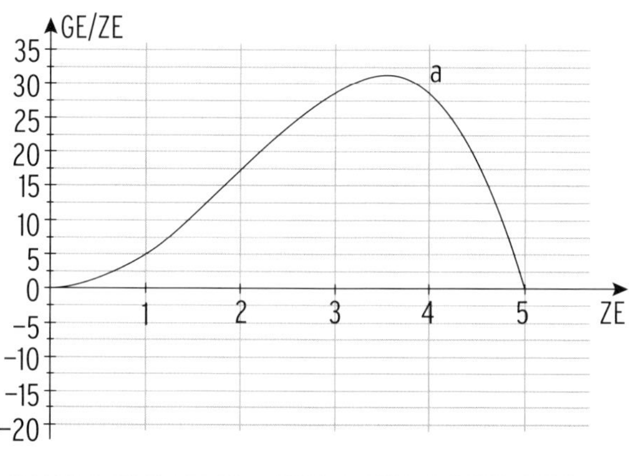


c) Ordnen Sie den Verlauf der Absatzzahlen den folgenden Phasen zu.

| Phase | Wachstum | Reife | Sättigung | Degeneration |
|---|---|---|---|---|
| Absatz | progressiv steigend | degressiv steigend | langsam fallend | stark fallend |

A:

B:

2 Die Abbildung zeigt die Modellierung des Absatzes von neu auf dem Markt eingeführter Setzlinge im Zeitraum von 0 bis 30 Jahren durch die Funktion f.

Begründen Sie, welche der drei Abbildungen dem Graphen der Funktion f′ entsprechen könnte und welche beiden nicht.

A

B

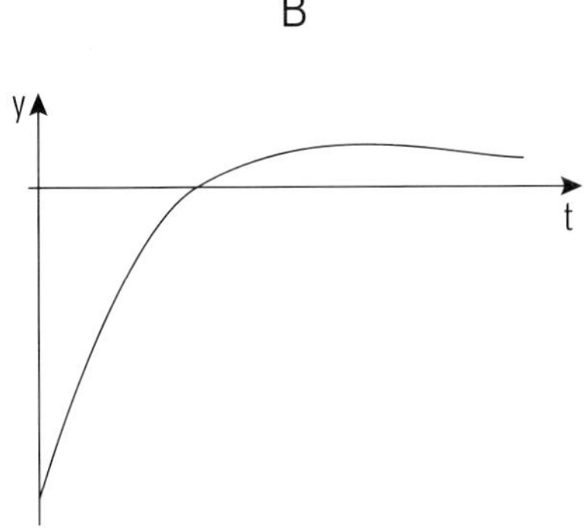


C

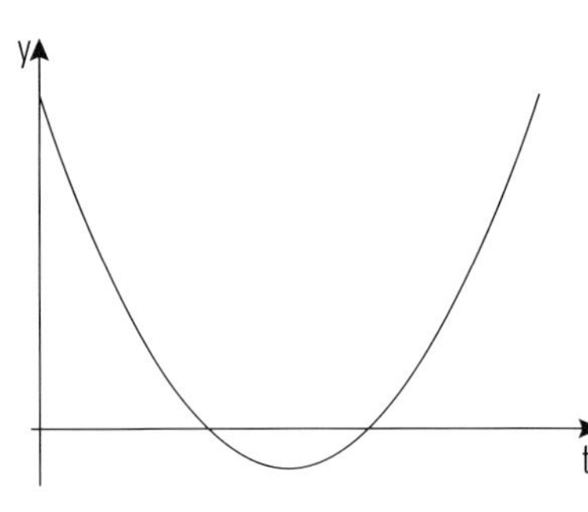


3 Die Abbildung zeigt den Graphen der Gewinnfunktion G. Beurteilen Sie begründet anhand des Graphen von G folgende Aussagen:

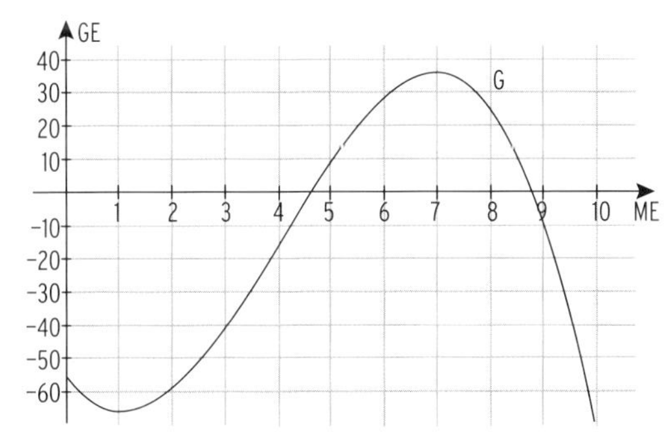


a) Die Gewinnschwelle wird bei ca. 4,6 ME erreicht.

b) Bei ca. 6,9 ME wechselt der Grenzgewinn vom Positiven ins Negative.

c) Die fixen Kosten betragen weniger als 50 GE.

d) Der maximale Gewinn beträgt ca. 35 GE.

4 Die Abbildung zeigt die Erlös- und die Gewinnsituation der Wald AG.
Das Verhältnis von Gewinn zu Erlös wird als Rentabilität bzw. Gewinnquote bezeichnet.
Entsprechend wird die Funktion der Rentabilität definiert als Quotient aus Gewinnfunktion und Erlösfunktion: $R(x)=\frac{G(x)}{E(x)}$.

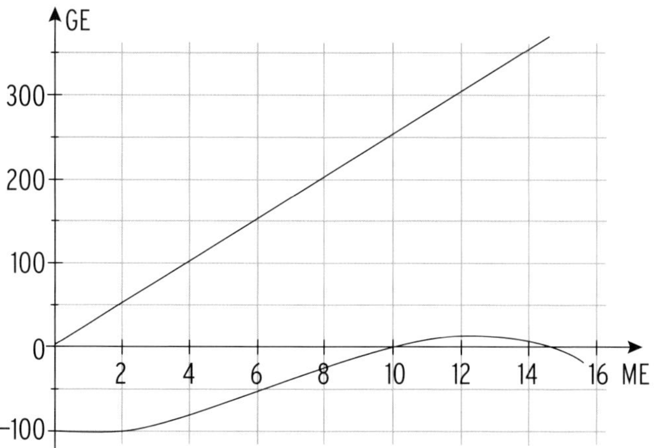


a) Bestimmen Sie jeweils die Rentabilität für 8 ME, 10 ME und 12 ME. Interpretieren Sie Ihre Ergebnisse hinsichtlich der Gewinnsituation.

b) Zeigen Sie allgemein, dass die Rentabilität nicht größer als 1 werden kann.

5 Die Elastizität einer Funktion f ist definiert durch $e(x) = \frac{f(x)}{x \cdot f'(x)}$.

Bestimmen Sie die Elastizität der Funktion f an der Stelle x = 1.

a) $f(x) = 4 - x^2$

$f'(x) = -2x$; $e(x) = \frac{4-x^2}{x \cdot (-2x)} = \frac{4-x^2}{-2x^2}$; $e(1) = -\frac{3}{2}$

b) $f(x) = 0{,}5x^2 + x + 1$

6 Bestimmen Sie die Stelle x, so dass für die Elastizität der Funktion f mit

$f(x) = -4x + 12$ gilt: $e(x) = -1$.

7 Die Abbildungen zeigen Graphen der Elastizitätsfunktion einer Angebots- bzw. einer Nachfragefunktion.

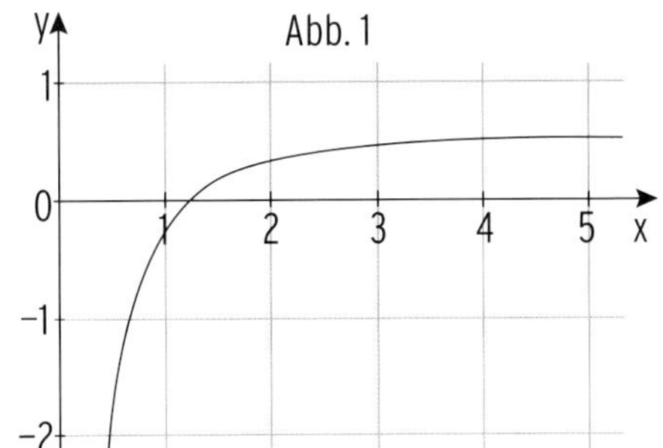


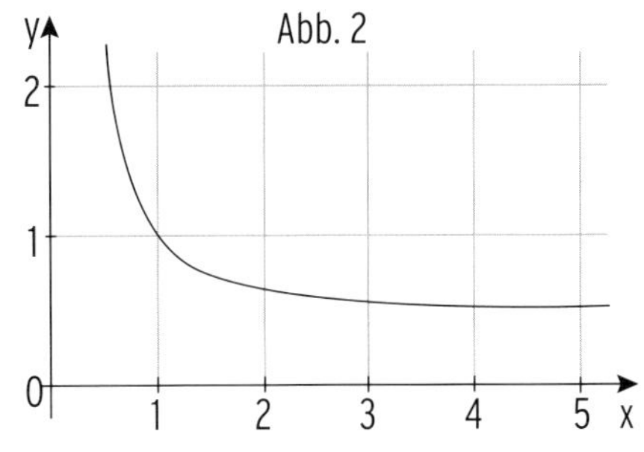


a) Entscheiden Sie, welche Abbildung die Elastizität eines Angebots bzw. die Elastizität einer Nachfrage beschreibt.

b) Bestimmen Sie die Elastizitätsbereiche.

8 Die Gesamtkosten der Ventus AG lassen sich bestimmen mit $K(x) = 0{,}01x^3 - 0{,}9x^2 + 130x + 6000$.

a) Begründen Sie: K weist einen ertragsgesetzlichen Verlauf auf.

b) Die Abbildung zeigt den Graphen der Grenzkostenfunktion, der Stückkosten- und der variablen Stückkostenfunktion. Bezeichnen Sie die Graphen. Ermitteln Sie das Betriebsoptimum, das Betriebsminmum, die kurzfristige und die langfristige Preisuntergrenze mithilfe der Abbildung.

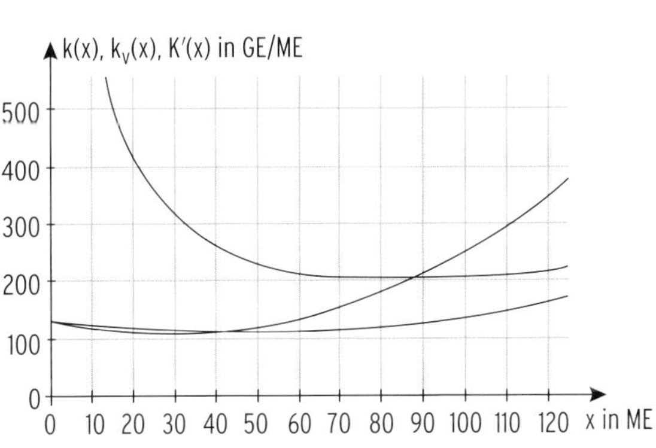

9 Eine heisse Pizza wird aus dem Ofen genommen und auf einen Teller gelegt. Die Tabelle enthält die Temperatur der Pizza zu verschiedenen Zeitpunkten.

| Zeit t (in min) | 0 | 5 | 10 | 15 | 20 | 25 | 30 |
|---|---|---|---|---|---|---|---|
| Temperatur in °C | 175 | 82,8 | 46,4 | 31,1 | 25,1 | 21,8 | 20,7 |

a) Stellen Sie den Abkühlungsprozess im Koordinatensystem dar.

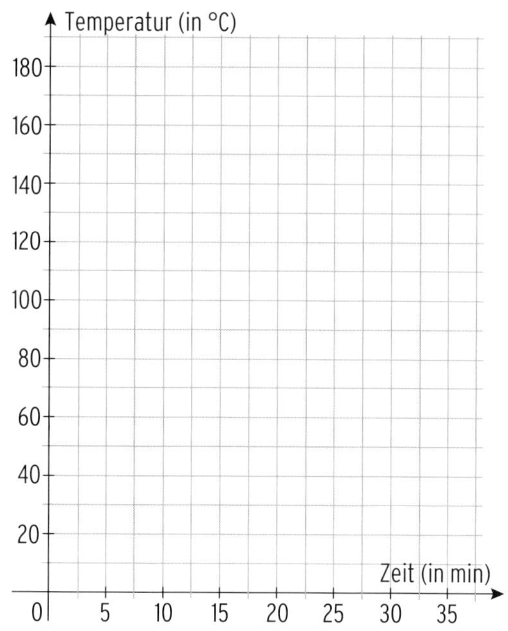


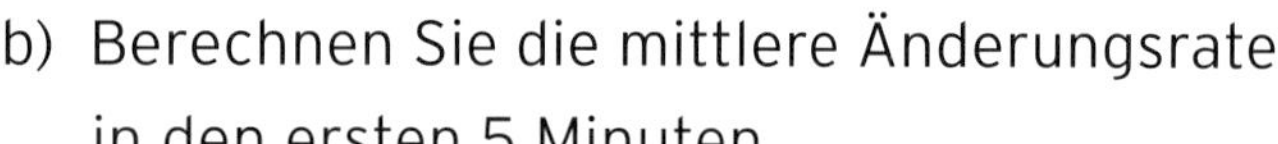

b) Berechnen Sie die mittlere Änderungsrate in den ersten 5 Minuten.

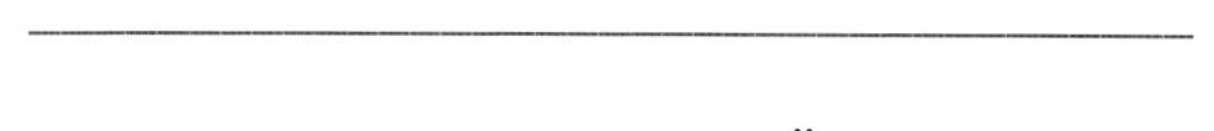

______________________________

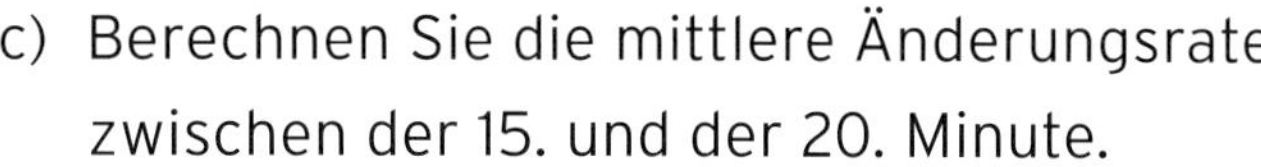

c) Berechnen Sie die mittlere Änderungsrate zwischen der 15. und der 20. Minute.

______________________________

d) Die mittlere Änderungsrate ist negativ, da

______________________________ .

e) Begründen Sie anhand der obigen Wertetabelle, dass der Vorgang nicht durch eine Funktion f mit $f(t) = a \cdot e^{kt}$ bzw. $f(t) = a \cdot b^t$ modelliert werden kann.

**Begründung durch Rechnung:** Die prozentuale Temperaturverringerung beträgt in den ersten 5 Minuten ________________ % pro Minute und von der 15. bis zur 20. Minute ________________ % pro Minute.
Da dieser Wert nicht __________ ist, kann der Prozess nicht durch einen solchen Funktionsterm modelliert werden.

**Begründung durch Argumentation:** Ein solcher Funktionsterm ist zur Modellierung ungeeignet, da die x-Achse ________________ ist und sich die Temperatur somit langfristig dem Wert ___°C annähern würde, was unrealistisch ist.

f) Nehmen Sie eine Zimmertemperatur von 20 °C an und ermitteln Sie einen geeigneten Funktionsterm durch Regression. Da das CAS durch Regression nur einen Funktionsterm der Form $f(t) = a \cdot e^{kt}$ bzw. $f(t) = a \cdot b^t$ ermitteln kann, müssen bei der Eingabe alle Temperaturwerte um 20°C vermindert werden.

Insgesamt erhält man: f(t) = __________ + 20.

# *II Integralrechnung*

## 1 Stammfunktion

1 Ein Mitschüler versteht nicht, weshalb eine Funktion mehrere Stammfunktionen be sitzt.

a) Erklären Sie anhand der Ableitungsregeln.

b) Erklären Sie grafisch, anhand von Schaubildern.

Skizzieren Sie hierfür die Schaubilder von

$F_1$ mit $F_1(x) = \frac{1}{2}x^2$

$F_2$ mit $F_2(x) = \frac{1}{2}x^2 + 2$

$F_3$ mit $F_3(x) = \frac{1}{2}x^2 - 1$

f mit f(x) = x

Graphen von $F_1$, $F_2$, $F_3$

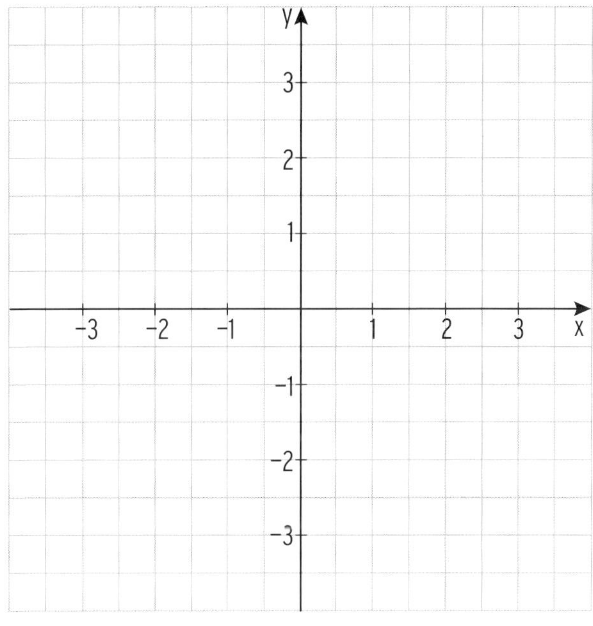


Graph von f

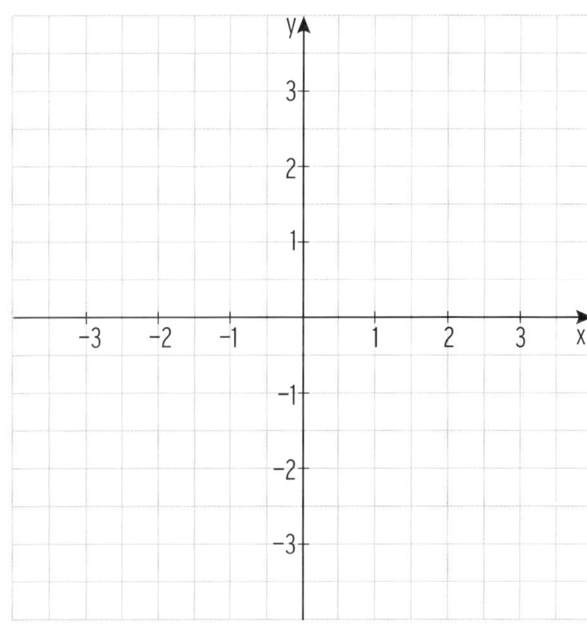

2 Bilden Sie eine Stammfunktion.

| | |
|---|---|
| $f(x) = 2x^3 + x^2 + 6$ | $F(x) = \frac{1}{2} \cdot x^4 + \frac{1}{3} \cdot x^3 + 6 \cdot x$ |
| $f(x) = \frac{1}{4}x^3 + x^4 + 3$ | $F(x) =$ |
| $f(x) = \frac{1}{32}x^3 + x^2 + x - 4$ | $F(x) =$ |
| $f(x) = 5 \cdot e^{2x} + 2x - 1$ | $F(x) =$ |
| $f(x) = a \cdot e^{-3x} + b$ | $F(x) =$ |
| $f(x) = \frac{3}{5}(x^3 - 2x^4)$ | $F(x) =$ |
| $f(x) = 4x - 1 - 4 \cdot e^{1-2x}$ | $F(x) =$ |

3 Bilden Sie eine Stammfunktion mit F(a) = b.

| | |
|---|---|
| $f(x) = -4x^2 + 3$; $F(1) = 2$ | $F(x) = -\frac{4}{3} \cdot x^3 + 3 \cdot x + C$; $F(1) = -\frac{4}{3} + 3 + C = 2 \Rightarrow C = \frac{1}{3}$<br>$F(x) = -\frac{4}{3} \cdot x^3 + 3 \cdot x + \frac{1}{3}$ |
| $f(x) = e^{2x} - 3$; $F(0) = 0$ | $F(x) =$<br>$F(x) =$ |
| $f(x) = -\frac{1}{32}x^3 + x^2 + 3x$; $F(1) = 0$ | $F(x) =$<br>$F(x) =$ |
| $f(x) = \frac{1}{2}(x^2 + 6x - 1)$; $F(-1) = 1$ | $F(x) =$<br>$F(x) =$ |
| $f(x) = 0{,}2 \cdot e^{2x+1} + 2{,}25$; $F(0) = 4$ | $F(x) =$<br>$F(x) =$ |
| $f(x) = 2a \cdot (e^{4-4x} + 1)$; $F(1) = 0$ | $F(x) =$<br>$F(x) =$ |
| $f(x) = \frac{4}{5}(x^5 - 2x^4)$; $F(-2) = 3$ | $F(x) =$<br>$F(x) =$ |
| $f(x) = \frac{4x}{3} - \frac{4x^3}{3} - e^{x-1}$; $F(1) = \frac{2}{3}$ | $F(x) =$<br>$F(x) =$ |

4 Entscheiden Sie, ob hier richtig oder falsch integriert wurde. Beschreiben Sie gegebenenfalls kurz, worin der Fehler besteht.

| Funktion f<br>Stammfunktion F | richtig (r)<br>falsch (f) | richtig wäre ... | Was wurde nicht beachtet? |
|---|---|---|---|
| $f(x) = 2x^3 - 4x^2$<br>$F(x) = 2x^4 - 4x^3$ | ☐ (r)<br>☒ (f) | $F(x) = \frac{1}{2}x^4 - \frac{4}{3}x^3$ | $g(x) = x^3 \Rightarrow G(x) = \frac{1}{4}x^4$<br>$h(x) = x^2 \Rightarrow H(x) = \frac{1}{3}x^3$ |
| $f(x) = 1 + x$<br>$F(x) = \frac{1}{2}x^2 + x + 2$ | ☐ (r)<br>☐ (f) | F(x) = | |
| $f(x) = e^{3x-2}$<br>$F(x) = \frac{1}{3}e^{3x}$ | ☐ (r)<br>☐ (f) | F(x) = | |
| $f(x) = 2 \cdot e^{2x}$<br>$F(x) = e^x$ | ☐ (r)<br>☐ (f) | F(x) = | |
| $f(x) = e^{2x} \cdot (2x + 1)$<br>$F(x) = e^{2x} \cdot x$ | ☐ (r)<br>☐ (f) | F(x) = | |
| $f(x) = e^{2x} - e^x$<br>$F(x) = \frac{1}{2}e^{2x} - e^x + 1$ | ☐ (r)<br>☐ (f) | F(x) = | |
| $f(x) = 0{,}25x^4 + x^2$<br>$F(x) = x^3 + 2x$ | ☐ (r)<br>☐ (f) | F(x) = | |
| $f(x) = -\frac{5}{2}(x^3 - 3x^2)$<br>$F(x) = -\frac{5}{2}(\frac{1}{4}x^4 - x^3)$ | ☐ (r)<br>☐ (f) | F(x) = | |
| $f(x) = (2x - 1)^3$<br>$F(x) = \frac{1}{4}(2x - 1)^4$ | ☐ (r)<br>☐ (f) | F(x) = | |
| $f(x) = 2x(2x + 5)$<br>$F(x) = x^2(x^2 + 5x)$ | ☐ (r)<br>☐ (f) | F(x) = | |

5 Skizzieren Sie das Schaubild einer Stammfunktion F von f.

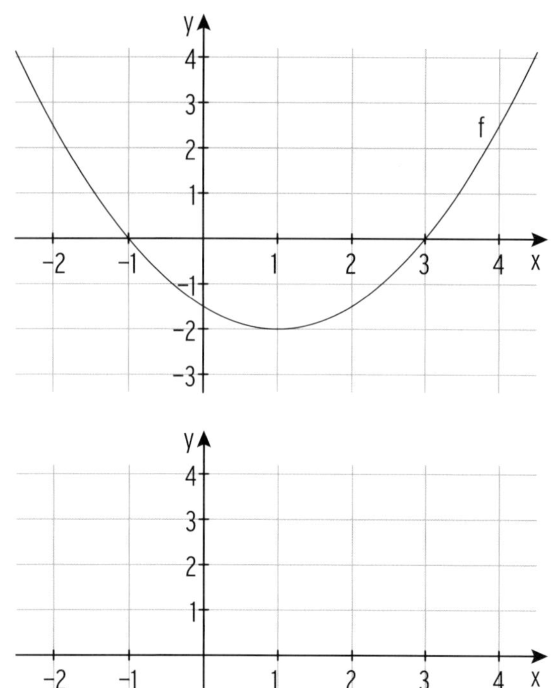


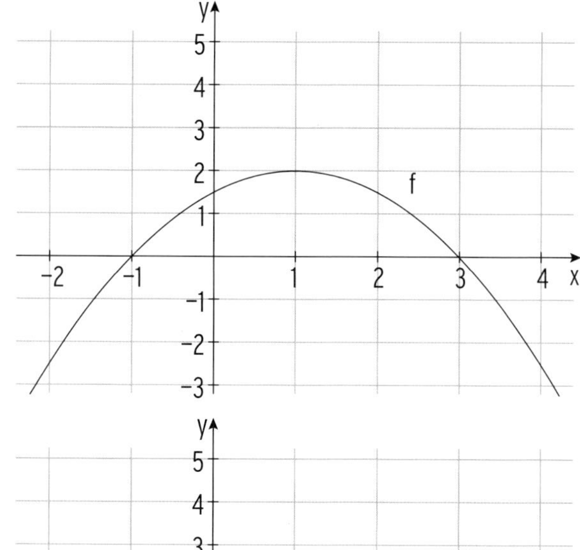


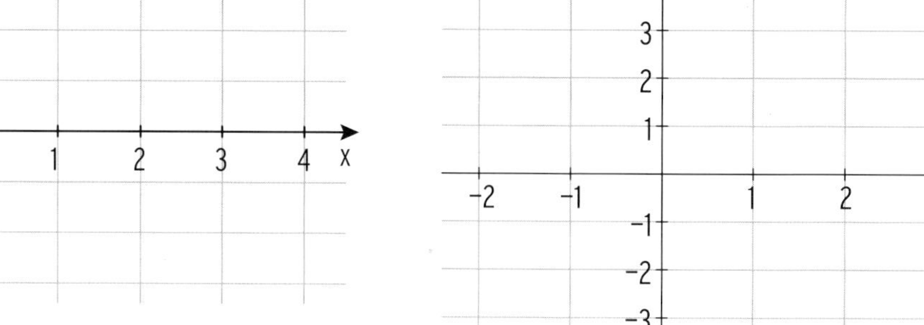

6 Skizzieren Sie das Schaubild einer Stammfunktion F von f
a) durch den Ursprung.
b) durch P(0 | 1).

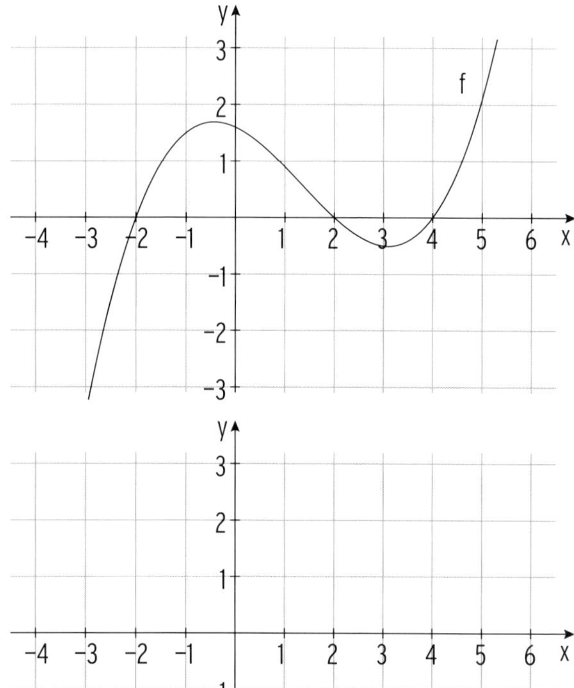


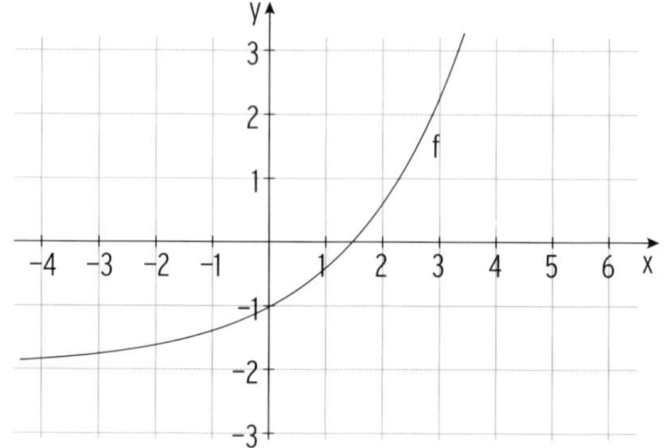


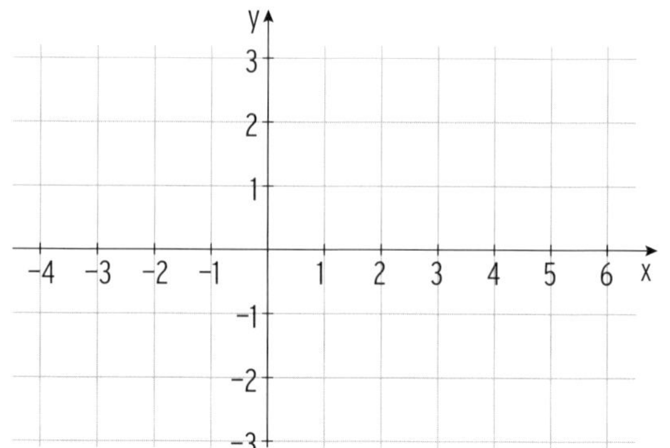

7 Gegeben ist das Schaubild der Funktion f. Zeichnen Sie das Schaubild ihrer Ableitungsfunktion f′ und das Schaubild einer Stammfunktion F von f.

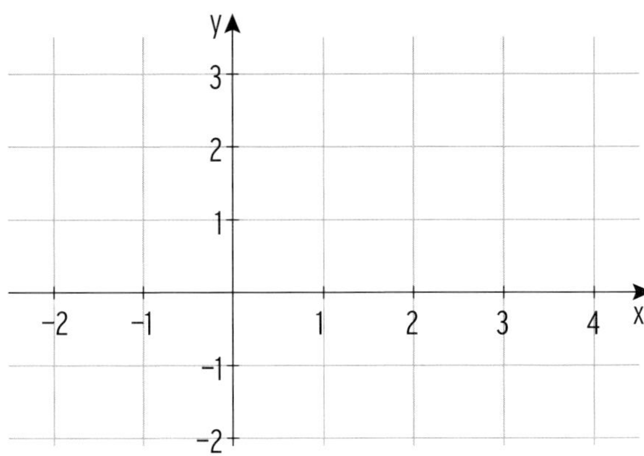

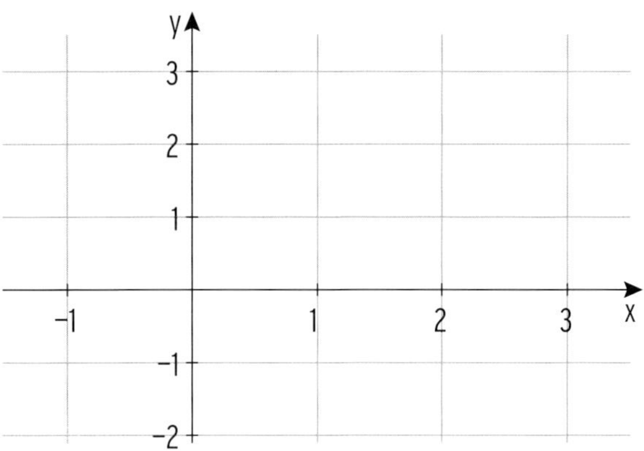

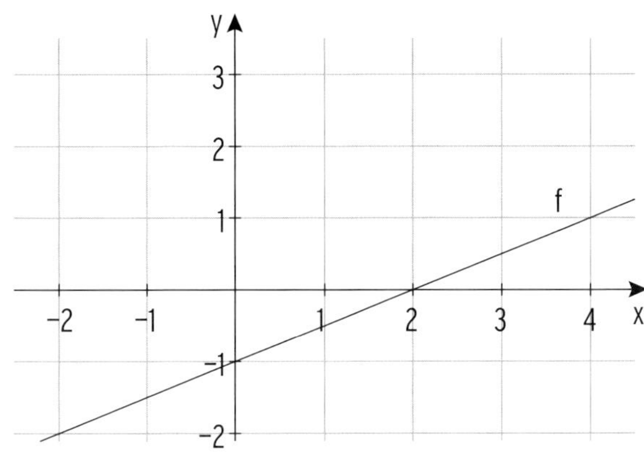


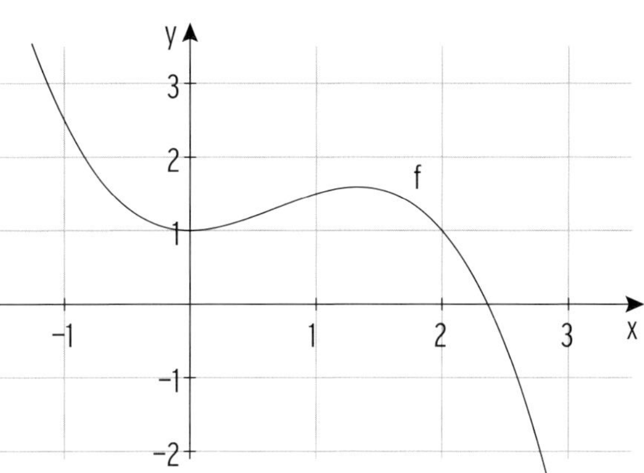


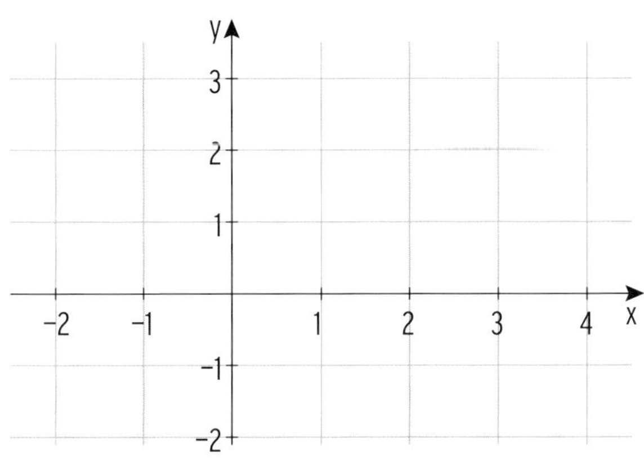

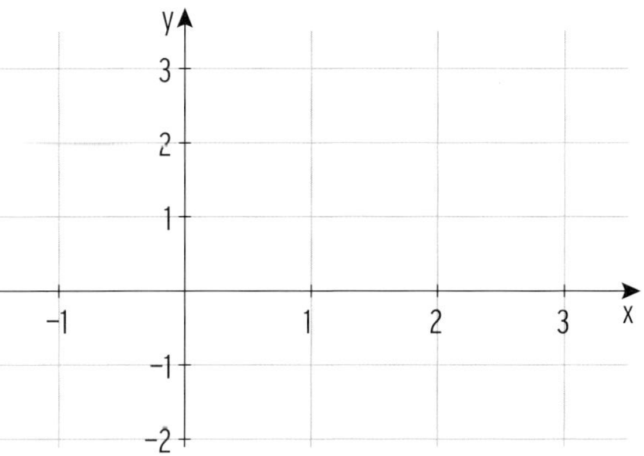



5 Merkur-Nr. 2666

8 Die Abbildung zeigt den Graphen der Ableitungsfunktion h′ einer Funktion h. Entscheiden Sie, welche der folgenden Aussagen wahr sind oder welche falsch sind. Begründen Sie Ihre Entscheidungen.

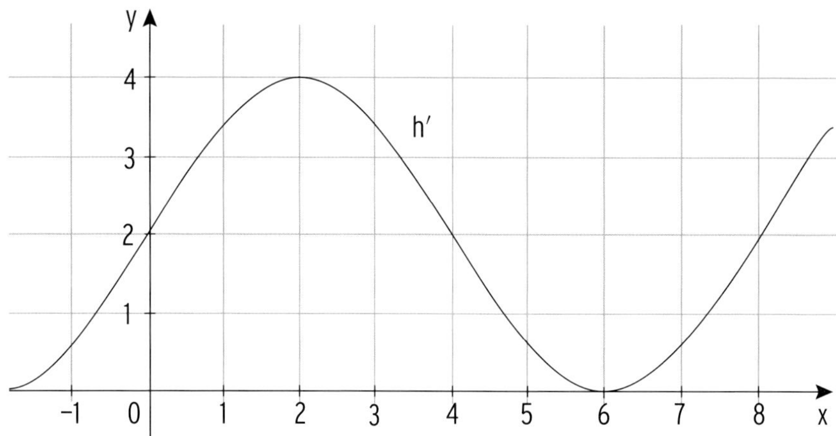


| Aussage | | |
|---|---|---|
| Die Funktion h hat bei $x = 6$ eine Extremstelle. | ☐ (w) ☐ (f) | |
| Die Tangente an den Graphen von h im Schnittpunkt mit der y-Achse ist parallel zur ersten Winkelhalbierenden. | ☐ (w) ☐ (f) | |
| Der Graph von h ist auf $[0; 1{,}8]$ linksgekrümmt. | ☐ (w) ☐ (f) | |
| h ist monoton wachsend für $2 < x < 8$ | ☐ (w) ☐ (f) | |
| $h(0) > h(5)$ | ☐ (w) ☐ (f) | |
| Der Graph von h hat auf $[0; 7]$ zwei Wendepunkte. | ☐ (w) ☐ (f) | |
| Der Graph einer Stammfunktion von h ist für alle $x \in [-1; 5]$ linksgekrümmt. | ☐ (w) ☐ (f) | |

## 2 Bestimmtes Integral

1 Berechnen Sie das bestimmte Integral.

| | |
|---|---|
| $\int_1^0 (e^{0,5x} + 1)dx$ | $\int_1^0 (e^{0,5x} + 1)dx = \left[2e^{0,5x} + x\right]_1^0$ <br> $= 2 - (2e^{0,5} + 1) = 1 - 2e^{0,5}$ |
| $\int_0^1 (e^{-2x} + x)dx$ | |
| $\int_{-1}^0 (e^{-0,25x} - 2)dx$ | |
| $\int_{-1}^3 (x^2 - 3x)dx$ | |
| $\int_{-1}^1 (x^3 - 2x)dx$ | |
| $\int_{-2}^2 (x^4 + 3x^2 + 1)dx$ | |

2 Beschreiben Sie die Fehler in der Berechnung.

| | |
|---|---|
| $\int_1^0 (e^{0,1x} - 1)dx = \left[0,1e^{0,1x} - x\right]_1^0$ <br> $= (0,1e^{0,1} - 1) - 0,1$ <br> $= 0,1e^{0,1} - 1,1$ | Stammfunktion falsch <br> Richtig: $F(x) = 10e^{0,1x} - x$ <br> Einsetzen in falscher Reihenfolge <br> Richtig: $F(0) - F(1)$ |
| $\int_0^1 (3e^{-2x} + x)dx = \left[-\frac{3}{2} \cdot e^{-2x} + 1)\right]_0^1$ <br> $= -\frac{3}{2} \cdot e^{-2} - \frac{3}{2} \cdot e^0$ <br> $= -\frac{3}{2} \cdot e^{-2}$ | |
| $\int_{-1}^1 (5x^4 - 4x^3 - 2)dx$ <br> $= \left[x^5 + x^4 - 2x\right]_{-1}^1$ <br> $= -1 + 1 + 2 - 0$ <br> $= 2$ | |

# 3 Flächeninhaltsberechnungen

1 Das Schaubild von f begrenzt mit der x-Achse eine Fläche. Berechnen Sie den Inhalt.

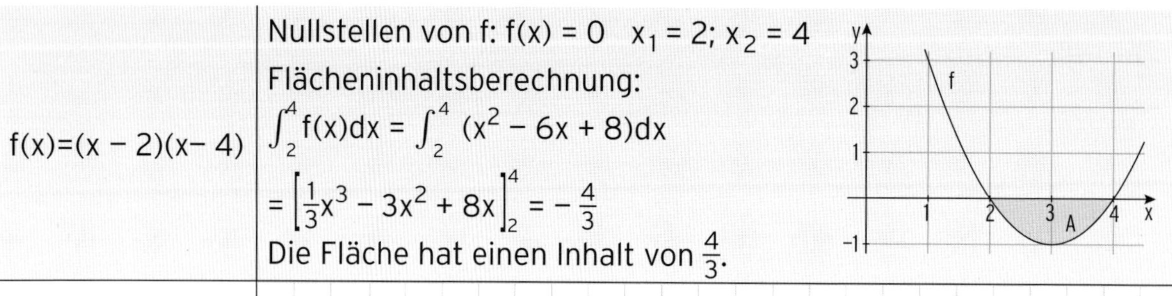

| | |
|---|---|
| $f(x)=(x-2)(x-4)$ | Nullstellen von f: $f(x) = 0 \quad x_1 = 2;\ x_2 = 4$<br>Flächeninhaltsberechnung:<br>$\int_2^4 f(x)dx = \int_2^4 (x^2 - 6x + 8)dx$<br>$= \left[\frac{1}{3}x^3 - 3x^2 + 8x\right]_2^4 = -\frac{4}{3}$<br>Die Fläche hat einen Inhalt von $\frac{4}{3}$. |
| $f(x) = -x^2(x-4)$ | |
| $f(x) = x^4 - 2x^2$ | |

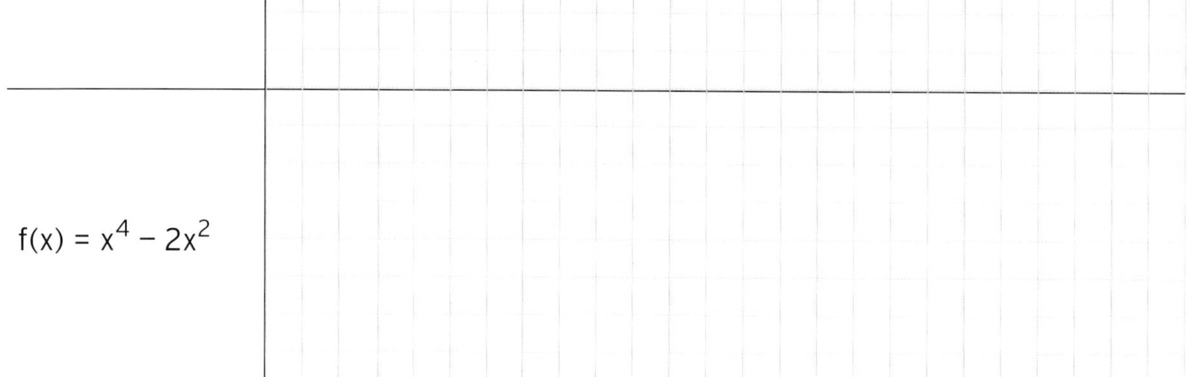

2 Das Schaubild von f begrenzt mit der x-Achse auf [a; b] eine Fläche. Berechnen Sie den Inhalt.

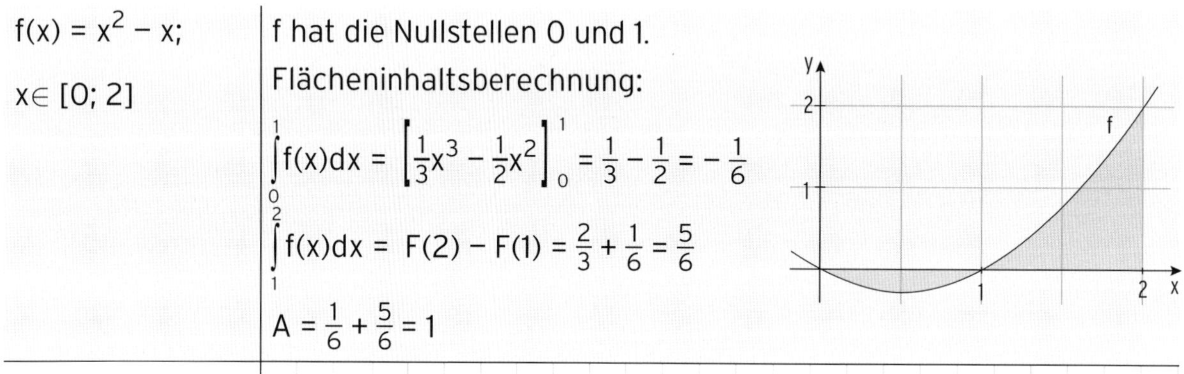

| | |
|---|---|
| $f(x) = x^2 - x;$<br>$x \in [0; 2]$ | f hat die Nullstellen 0 und 1.<br>Flächeninhaltsberechnung:<br>$\int_0^1 f(x)dx = \left[\frac{1}{3}x^3 - \frac{1}{2}x^2\right]_0^1 = \frac{1}{3} - \frac{1}{2} = -\frac{1}{6}$<br>$\int_1^2 f(x)dx = F(2) - F(1) = \frac{2}{3} + \frac{1}{6} = \frac{5}{6}$<br>$A = \frac{1}{6} + \frac{5}{6} = 1$ |
| $f(x) = e^{x-2} - 4;$<br>$x \in [0; 2]$ | |

3 f hat die gegebenen Nullstellen. Berechnen Sie den Inhalt der markierten Fläche.

$f(x) = -x^3 - x^2 + 3x + 3$;
$x_1 = -1{,}73$; $x_2 = -1$; $x_3 = 1{,}73$

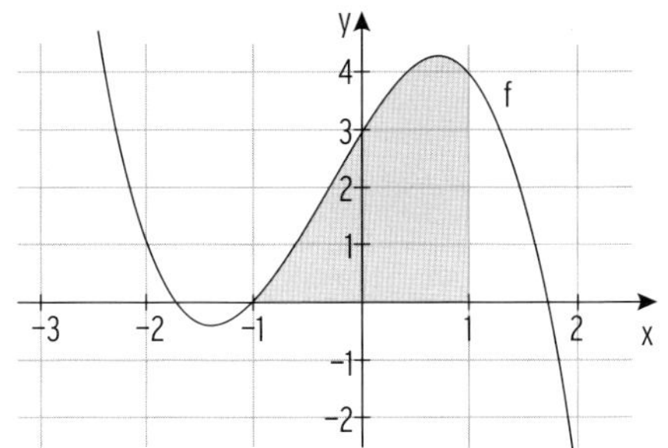


$f(x) = e^{0,5x} - 3$; $x_1 = 2\ln(3)$

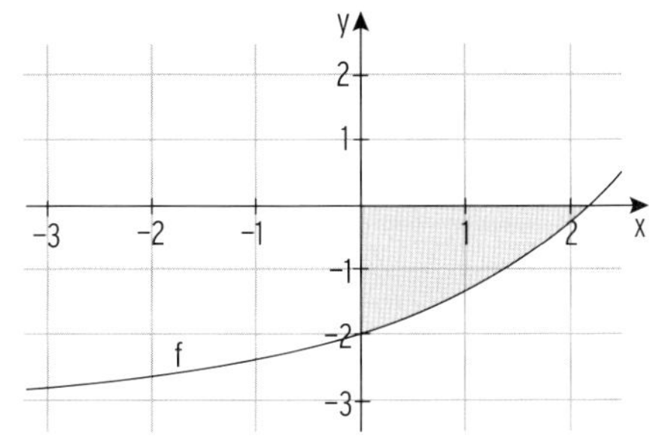


$f(x) = \frac{1}{4}x^2 - x$; $x_1 = 0$ ; $x_2 = 4$

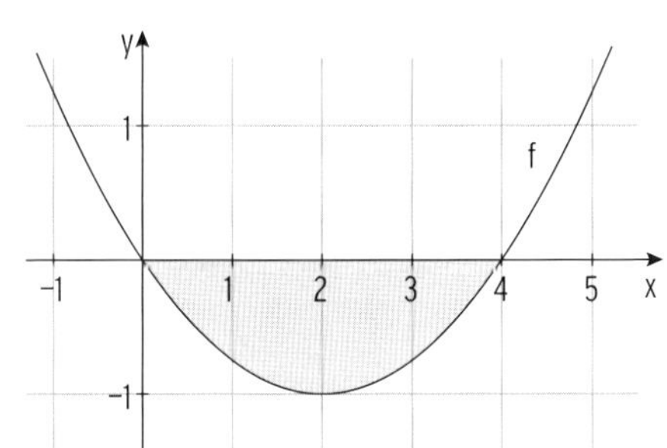


$f(x) = \frac{1}{16}(x^2 - 4)^2$; $x_1 = -2$ ; $x_2 = ?$

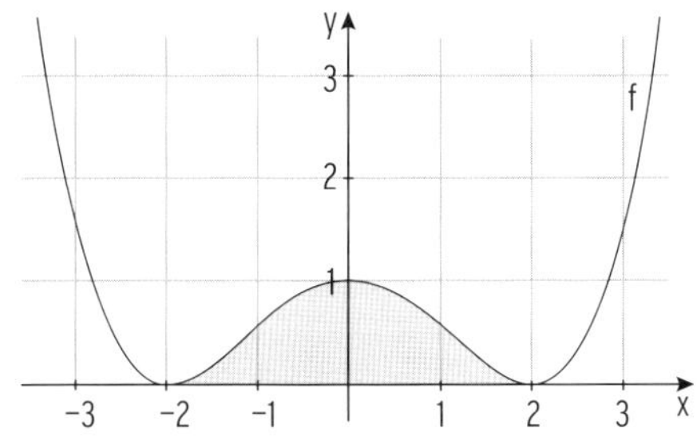

4 Die Graphen von f und g begrenzen eine Fläche vollständig.
Berechnen Sie den Inhalt der Fläche.

| | |
|---|---|
| $f(x) = \frac{1}{8}x^3 - x^2 + 2x$<br>$g(x) = 2x$ | Schnittstellen: $f(x) = g(x)$ $\quad \frac{1}{8}x^3 - x^2 + 2x = 2x$<br>Nullform: $\quad \frac{1}{8}x^3 - x^2 = 0$<br>Ausklammern: $\quad x^2(\frac{1}{8}x - 1) = 0$<br>Schnittstellen: $\quad x_{1\|2} = 0;\ x_3 = 8$<br>Integration über $f(x) - g(x) = \frac{1}{8}x^3 - x^2$: $\int_0^8 (\frac{1}{8}x^3 - x^2)\,dx$<br>$= \left[\frac{1}{32}x^4 - \frac{1}{3}x^3\right]_0^8 = -\frac{128}{3};\ A = \frac{128}{3}$ |
| $f(x) = -x^2(x - 4)$<br>$g(x) = 4x$ | |
| $f(x) = \frac{1}{2}(x - 2)(x - 4)$<br>$g(x) = (x - 2)^2$ | |
| $f(x) = -\frac{1}{4}x^2 - \frac{1}{2}x + 4$<br>$g(x) = 2$ | |

5 Die Abbildung zeigt das Schaubild einer Funktion h.
H ist eine Stammfunktion von h.
Begründen Sie für jede der folgenden Behauptungen, ob sie richtig oder falsch ist.

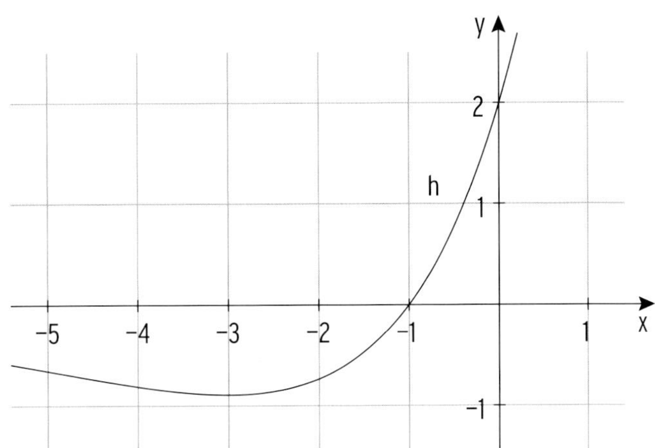


| | | |
|---|---|---|
| $H'(0) = 2$ | ☐ (r) ☐ (f) | |
| $h(-2) - h(0) < 0$ | ☐ (r) ☐ (f) | |
| Das Schaubild von H hat einen Tiefpunkt. | ☐ (r) ☐ (f) | |
| $\int_{-5}^{-1} h(x)dx < -5$ | ☐ (r) ☐ (f) | |
| $\int_{-1}^{0} h'(x)dx = 2$ | ☐ (r) ☐ (f) | |
| Das Schaubild von H hat einen Wendepunkt mit negativer x-Koordinate. | ☐ (r) ☐ (f) | |
| 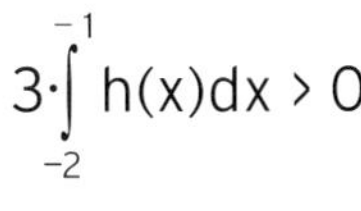 $3\cdot\int_{-2}^{-1} h(x)dx > 0$ | ☐ (r) ☐ (f) | |

# 4 Anwendungen des Integrals

1 Berechnen Sie den Mittelwert $\overline{m}$ der Funktionswerte f(x) im Intervall [a; b]

| | |
|---|---|
| $f(x) = -x^2 + 1$ <br> $[a; b] = [-1; 1]$ | $\frac{1}{1-(-1)}\int_{-1}^{1}(-x^2+1)dx = \frac{1}{2}\left[-\frac{1}{3}x^3 + x\right]_{-1}^{1} = \frac{1}{2}(-\frac{1}{3} + 1 - (\frac{1}{3} - 1)) = \frac{2}{3}$ <br> $\overline{m} = \frac{2}{3}$ |
| $f(x) = 2x - 4$ <br> $[a; b] = [-3; 0]$ | |
| $f(x) = e^{-0,5x} + 2$ <br> $[a; b] = [-2; 2]$ | |

2 Bestimmen Sie den mittleren Funktionswert $\overline{m}$ auf dem gegebenen Intervall. Zeichnen Sie die Gerade mit $y = \overline{m}$ ein.

| | |
|---|---|
| $f(x) = (x+1)(3-x);\ x \in [-1; 3]$ <br> 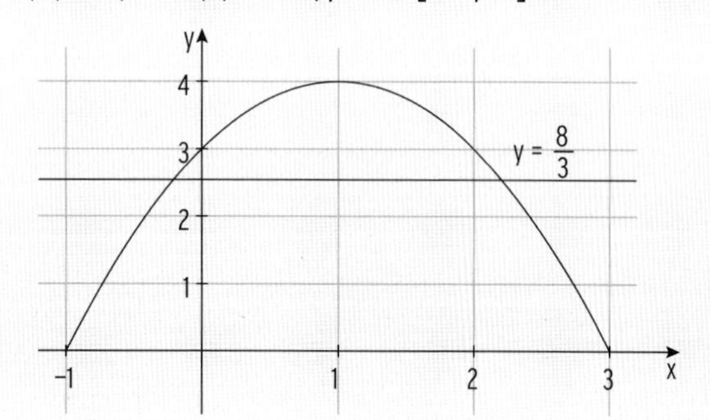  | $\overline{m} = \frac{1}{3-(-1)}\int_{-1}^{3}(-x^2+2x+3)dx$ <br> $= \frac{1}{4}\left[-\frac{1}{3}x^3 + x^2 + 3x\right]_{-1}^{3} = \frac{8}{3}$ <br> mittlerer Funktionswert: $\overline{m} = \frac{8}{3}$ |
| $f(x) = 0,5e^{-0,5x} - x;\ x \in [-2; 2]$ <br> 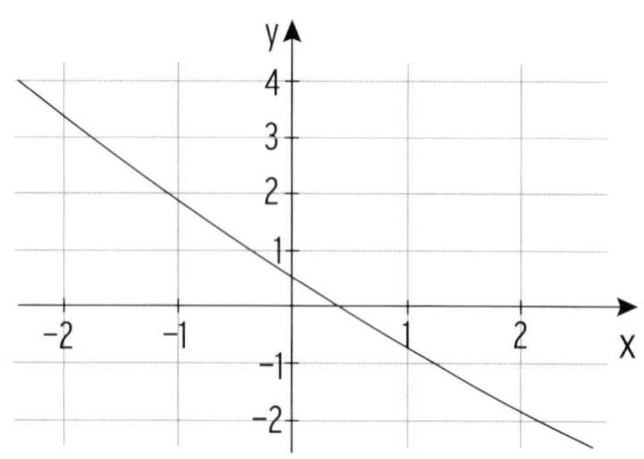  |  |

3 Die Funktion f mit $f(t) = 100e^{0{,}25t} - 300$ gibt für die ersten 9 Minuten den momentanen Wasserzu- bzw. abfluss in einem Wasserspeicher an. Das zugehörige Schaubild ist nebenstehend dargestellt. Positive Werte stehen hierbei für einen Wasserzufluss, negative für einen Wasserabfluss.

a) Bestimmen Sie den Zeitpunkt, indem am meisten Wasser abfließt.

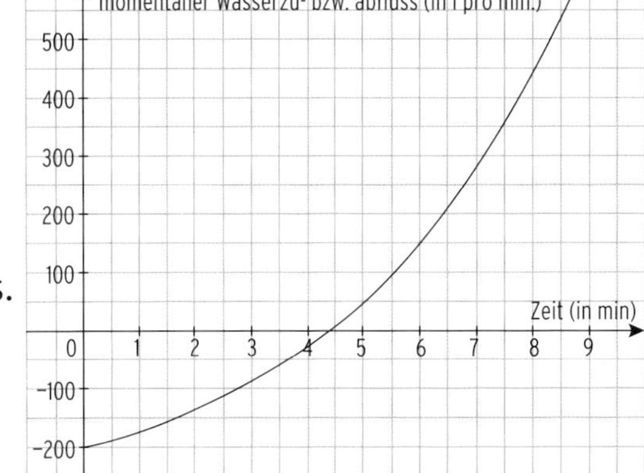


b) Ermitteln Sie den Zeitraum des Wasserabflusses.

c) Geben Sie die gesamte abgeflossene Wassermenge an.

d) Beschreiben Sie die Änderung der vorhandenen Wassermenge im Becken zwischen $t = 3$ und $t = 6$.

e) Zu Beginn befanden sich 550 l Wasser im Becken. Ermitteln Sie den Term der Funktion, welche für jeden Zeitpunkt die gesamte Wassermenge im Becken angibt. Zeichnen Sie diese in das Koordinatensystem ein.

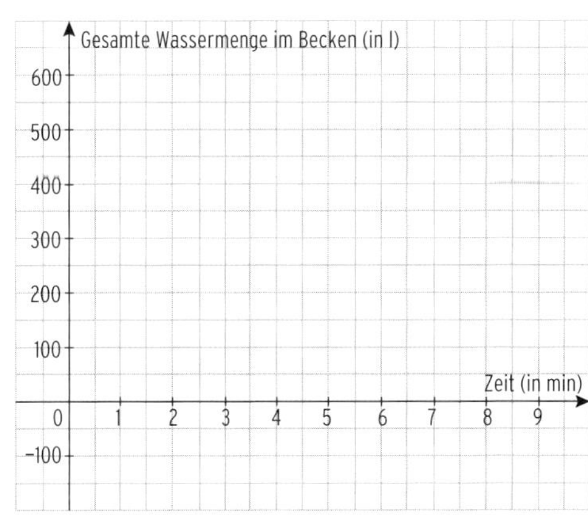


f) Bestimmen Sie die durchschnittliche Wassermenge im Becken zwischen $t = 2$ und $t = 7$.



6 Merkur-Nr. 2666

4 Die Abbildung zeigt den momentanen Absatz a der Pyrokomet AG in ME/ZE.

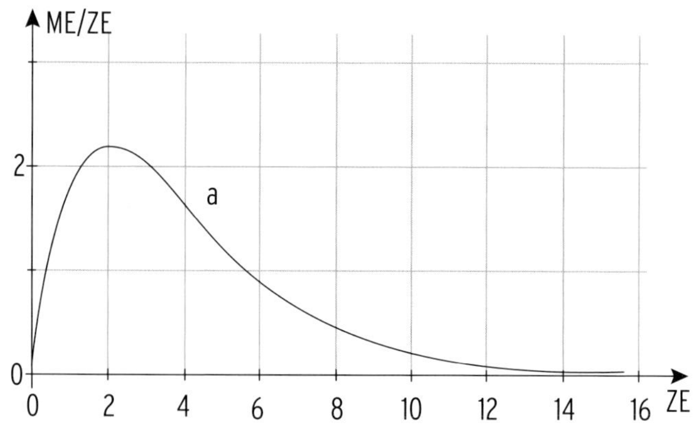


Der Gesamtabsatz der Pyrokomet AG in ME für die Zeit seit Einführung lässt sich modellieren durch eine Funktion A.

Ordnen Sie begründet zu, welche Abbildung den Graphen der Funktion A zeigt.

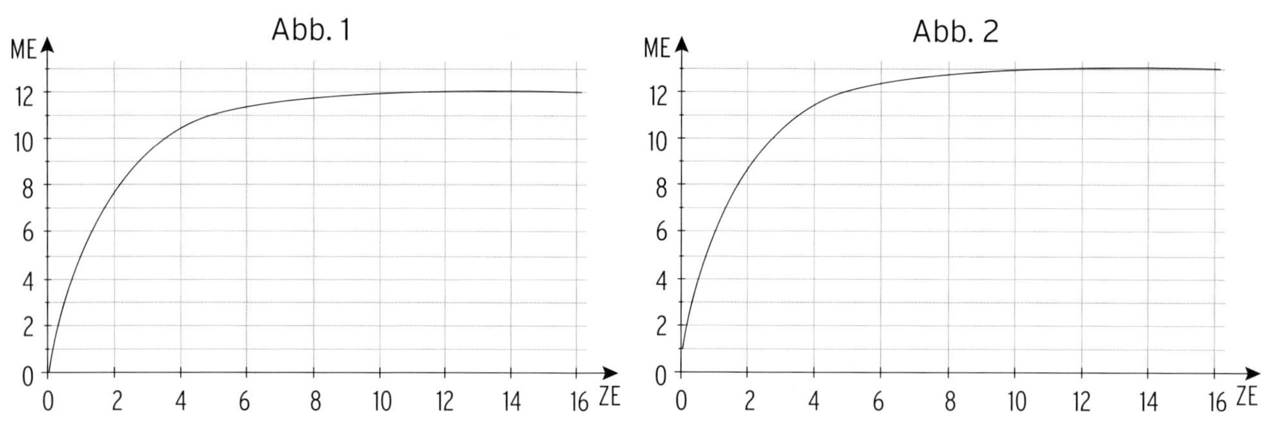


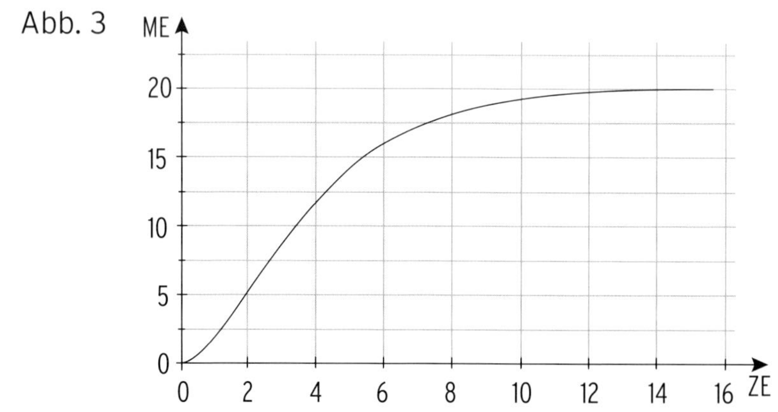

5 Zum Entfernen von Farbresten werden Eisenteile mit einer Spezialflüssigkeit besprüht. Diese befindet sich in einem Behälter, der zum Zeitpunkt 0 mit 7 Litern Flüssigkeit gefüllt ist. Durch den Verbrauch sinkt die Flüssigkeitsmenge im Behälter und muss daher wieder aufgefüllt werden. Entnahme und Zuführung der Flüssigkeit geschehen nicht gleichzeitig. Der Zu- bzw. Abfluss der Flüssigkeit wird modellhaft beschrieben durch den Graph der Funktion f mit $f(t) = 0{,}1t(t-12)(t-18)(t-24)$; $0 \leq t \leq 24$ (siehe Abb.)

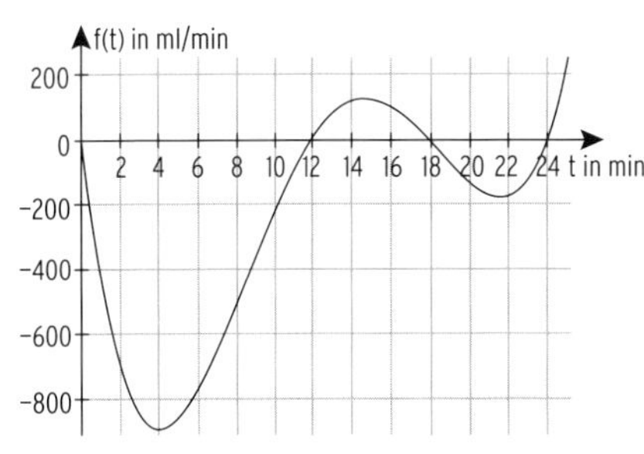


Nehmen Sie begründet Stellung zu folgenden Aussagen:

a) Nach 12 Minuten und nach 18 Minuten wird weder Flüssigkeit aufgetragen noch in den Behälter nachgefüllt.

b) Innerhalb der ersten 12 Minuten werden 6428,16 ml Flüssigkeit entnommen.

c) Zu keiner Zeit innerhalb der ersten 24 Minuten wird die Mindestfüllmenge des Behälters von 500 ml unterschritten.

d) Für ein Eisenteil werden 4 ml dieser Spezialflüssigkeit benötigt. Von Minute 20 bis zur Minute 23 sind insgesamt 121 Eisenteile besprüht worden.

6 Beschriften Sie die Abbildung zum Thema Angebot und Nachfrage.

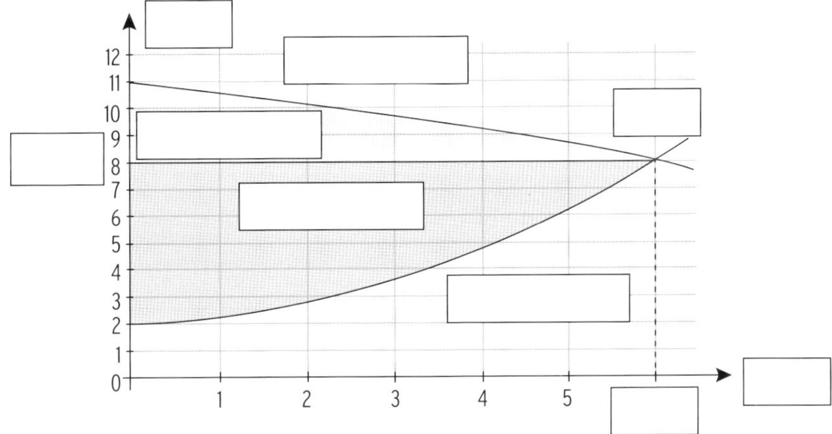

7 Angebot und Nachfrage auf dem Markt für das Produkt BiapA werden beschrieben durch $p_A(x) = 0{,}1(x + 2)^2 + 5$ bzw. $p_N(x) = 12 - 0{,}15x^2$; $x \geq 0$.

a) Bestimmen Sie die Sättigungsmenge, Höchstpreis und Mindestangebotspreis und das Marktgleichgewicht.

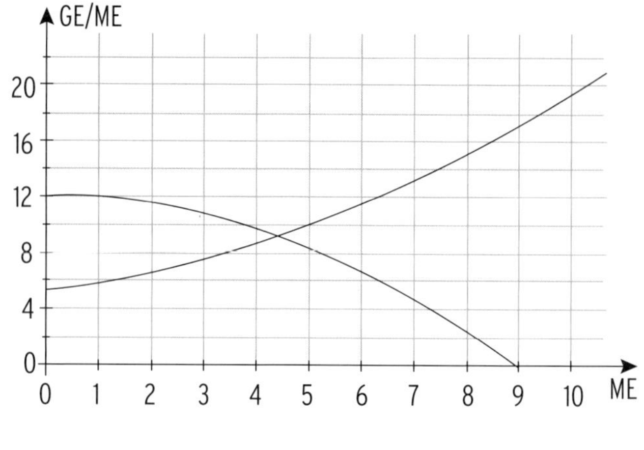


b) Die Gleichgewichtsmenge liegt bei 4,4 ME und das Verhältnis zwischen der Konsumentenrente und der Produzentenrente ist 1:1. Beurteilen Sie diese Aussage unter Verwendung entsprechender Stammfunktionen.

8 Die Marktanalyse der Wald AG ergibt für $x \geq 0$:
$p_A(x) = a \cdot x^2 + 8{,}5$ bzw. $p_N(x) = 40 - 0{,}015x^2$

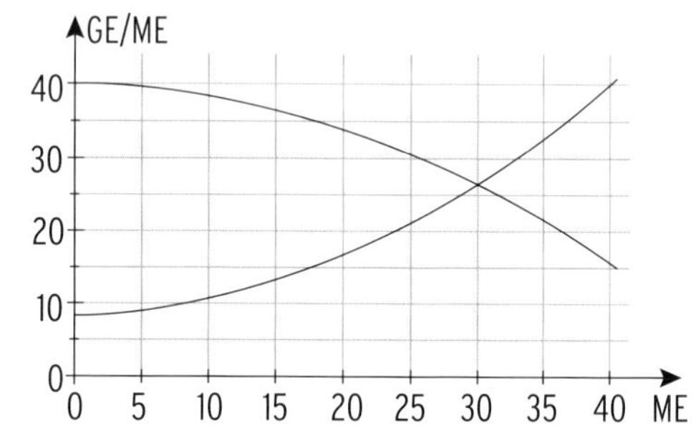


a) Ordnen Sie die Graphen begründet zu. Bestimmen Sie den Wert des Parameters a für die im Schaubild abgebildete Situation.

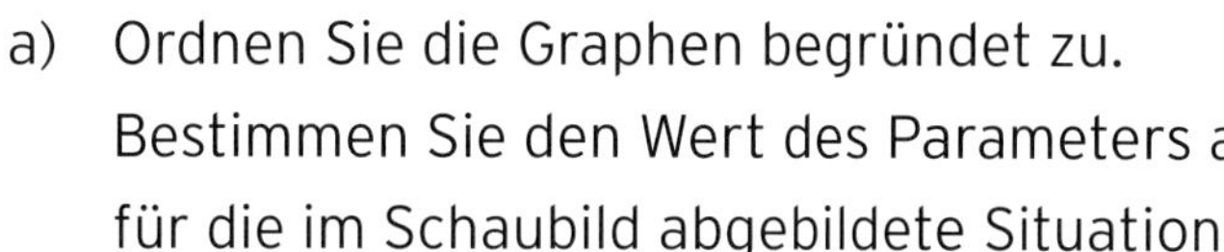

b) Kennzeichnen Sie die Konsumentenrente und die Produzentenrente. Die Konsumentenrente beträgt 75 % der Produzentenrente. Nehmen Sie Stellung.

# III Stochastik

## 1 Zufallsexperimente und Ereignisse

1 Stellen Sie das Zufallsexperiment durch ein Baumdiagramm dar und geben Sie die zugehörige Ergebnismenge S an.
In einer Urne befinden sich eine blaue, eine rote und eine grüne Kugel.

a) Es werden zwei Kugeln gezogen. Gezogene Kugeln werden zurückgelegt.

Baumdiagramm: S = {____________________________}

b) Es werden zwei Kugeln gezogen. Nur falls eine gezogene Kugel blau ist, wird diese zurückgelegt.

Baumdiagramm: S = {____________________________}

c) Es werden so lange Kugeln gezogen, bis die rote Kugel gezogen wurde. Gezogene Kugeln werden nicht zurückgelegt.

Baumdiagramm: S = {____________________________}

2 Stellen Sie das Zufallsexperiment durch ein Baumdiagramm dar und geben Sie die zugehörige Ergebnismenge S an.

a) Ein Basketballspieler wirft 3 Freiwürfe. Er interessiert sich für die Anzahl der Treffer.

Baumdiagramm: S = {____________________}

b) Ein Kartenstapel aus 4 Karten enthält zwei Asse. Lara hebt 3 Karten ab. Sie interessiert sich für die Anzahl der gezogenen Asse.

Baumdiagramm: S = {____________________}

3 In einer Urne befinden sich 2 rote und 2 blaue Kugeln. Schließen Sie von den bekannten Informationen auf Eigenschaften der durchgeführten Zufallsexperimente.

| Über das Zufallsexperiment ist bekannt: | Anzahl gezogener Kugeln | Mit/ohne Zurücklegen |
|---|---|---|
| S = {rrr, rrb, rbb, brr, brb, rbr, bbr, bbb} | | ☐ mit ☐ ohne ☐ unentscheidbar |
| S = {rrbb, rbrb, rbbr, brrb, brbr, bbrr} | | ☐ mit ☐ ohne ☐ unentscheidbar |
| einzelnes Ergebnis: rbbrb | | ☐ mit ☐ ohne ☐ unentscheidbar |
| einzelnes Ergebnis: rrb | | ☐ mit ☐ ohne ☐ unentscheidbar |

4 Die gegebenen Zufallsexperimente sollen über Ziehungen aus Urnen modelliert werden. Geben Sie die Anzahl der gezogenen Kugeln an. Entscheiden Sie, ob eine Ziehung mit Zurücklegen oder ohne Zurücklegen stattfindet.

| | Zufallsexperiment | Anzahl gezogener Kugeln | Mit/ohne Zurücklegen |
|---|---|---|---|
| a) | Ein Würfel wird vier Mal geworfen. | | ☐ mit ☐ ohne |
| b) | Ein Kartenstapel enthält 4 Herz-Karten und 2 Karo-Karten. Ein Spieler zieht drei Karten aus dem Stapel. | | ☐ mit ☐ ohne |
| c) | Ein Glücksrad mit 3 roten und 2 blauen Feldern wird sieben Mal gedreht. | | ☐ mit ☐ ohne |
| d) | Ein Bogenschütze trifft 80 % der Schüsse und schießt fünf Mal. | | ☐ mit ☐ ohne |
| e) | In einer Lostrommel befinden sich 5 Gewinnlose und 25 Nieten. Es werden 4 Lose gezogen. | | ☐ mit ☐ ohne |
| f) | Es befinden sich 10 Teile in einem Karton, von denen 3 defekt sind. Aus dem Karton werden zwei Teile entnommen. | | ☐ mit ☐ ohne |
| g) | Es befinden sich immer 10 Teile in einem Karton, von denen 3 defekt sind. Es werden sieben Kartons kontrolliert. | | ☐ mit ☐ ohne |

5 Ein Würfel wird ein Mal geworfen und die Augenzahl wird notiert. Die Ereignisse A bis I sind in Worten beschrieben. Ordnen Sie jedem Ereignis die zugehörige Mengenschreibweise zu.

| | | |
|---|---|---|
| A: Eine ungerade Zahl | ______ | = {1, 2, 3, 4} |
| B: Eine größere Zahl als 2 | ______ | = {2, 3, 5} |
| C: Höchstens die Zahl 4 | ______ | = {1, 2} |
| D: Mindestens 4 | ______ | = { } |
| E: Eine Primzahl | ______ | = {1, 2, 3, 4, 5, 6} |
| F: Höchstens eine 6 | ______ | = {4, 5, 6} |
| G: Kleiner 3 | ______ | = {3, 4, 5, 6} |
| H: Gegenereignis von E | ______ | = {1, 4, 6} |
| I: Die Zahl 8 | ______ | = {1, 3, 5} |

6 Ein Würfel wird ein Mal geworfen und die Augenzahl wird notiert. Die Ereignisse $A = \{1; 2; 4\}$, $B = \{1; 5; 6\}$ und $C = \{2; 3; 6\}$ sind gegeben. Geben Sie die durch die Verknüpfungen hervorgehenden Ereignisse in aufzählender Schreibweise an.

a) $A \cap B = \{ \quad \}$ b) $A \cup C = \{ \quad \}$

c) $A \cap \overline{A} = \{ \quad \}$ d) $\overline{A} \cap B = \{ \quad \}$

7 Die Düfa AG verkauft Fahrräder, darunter auch E-Bikes. Betrachtet werden die nächsten 3 verkauften Fahrräder. Beschreiben Sie die Ereignisse in Worten bzw. in aufzählender Schreibweise (D: Fahrrad ohne E-Antrieb; E: E-Bike)

| | |
|---|---|
| A= {DDD, EEE} | A: |
| B = { } | B: Das 3. Fahrrad ist ein E-Bike. |
| C= { } | C: Mindestens zwei E-Bikes |
| $D = \overline{C}$ | D = { } |
| E: genau zwei E-Bikes | E = |
| F = {DED, EDE} | F: |

8 Die Schülerinnen einer beruflichen Schule werden zum privaten Einsatz von internetfähigen Geräten befragt. Das Ereignis A sei „eine zufällig ausgewählte Schülerin besitzt ein Smartphone", das Ereignis B sei „eine zufällig ausgewählte Schülerin besitzt ein Tablet". Beschreiben Sie die durch die Verknüpfungen hervorgehenden Ereignisse in Worten. Eine zufällig ausgewählte Schülerin besitzt...

$\overline{A}$:

$A \cap B$:

$A \cup B$:

$\overline{A} \cap B$:

$A \cup \overline{B}$:

9 Drei weiße und 7 rote Bälle liegen in einer Kiste. Ein Besucher entnimmt 3 Bälle nacheinander ohne Zurücklegen aus der Kiste. Beschreiben Sie das folgende Ereignis.

A: Der zweite Ball ist weiß. A=

B: Mindestens ein Ball ist weiß. B =

C: genau zwei Bälle haben die gleiche Farbe. C =

# 2 Wahrscheinlichkeit

1 Nebenstehend sind die Marktanteile der im Jahr 2014 in Deutschland eingesetzten Smartphones dargestellt.
Ein zufällig ausgewählter Nutzer eines Smartphones wird in diesem Jahr befragt.
Bestimmen Sie die Wahrscheinlichkeit dafür, dass dieser ...

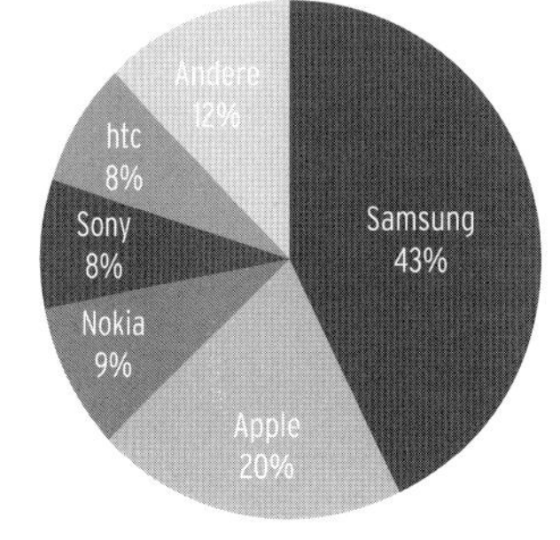


a) ein Smarthone von htc hat.

b) ein Smartphone von Sony, Nokia oder htc hat.

c) kein Smarthone der Marke Samsung hat.

d) kein Smartphone von Samsung oder Apple hat.

2 Die 98 Schüler der Jahrgangsstufe 1 eines Wirtschaftsgymnasiums werden nach ihrem Alter und nach der gewählten Naturwissenschaft befragt.

| | 16 Jahre | 17 Jahre | 18 Jahre | 19 Jahre | 20 Jahre |
|---|---|---|---|---|---|
| Biologie | 1 | 16 | 14 | 5 | 1 |
| Chemie | 1 | 19 | 14 | 4 | 2 |
| Physik | 2 | 6 | 7 | 5 | 1 |

Bestimmen Sie die Wahrscheinlichkeit. P =

a) Ein zufällig ausgewählter Schüler hat Chemie gewählt. ______

b) Ein zufällig ausgewählter Schüler ist 19 Jahre alt. ______

c) Ein zufällig ausgewählter Schüler ist 16 Jahre alt und hat Physik gewählt. ______

d) Ein zufällig ausgewählter Schüler ist nicht 18 Jahre alt.

e) Ein Schüler hat Chemie gewählt. Mit welcher Wahrscheinlichkeit ist er 20 Jahre alt?

f) Ein Schüler ist 17 Jahre alt. Mit welcher Wahrscheinlichkeit hat er nicht Physik gewählt? ______

3 Eine Fußballmannschaft hat 72 % der letzten 35 Spiele gewonnen. Somit beträgt die Wahrscheinlichkeit, dass die Mannschaft das nächste Spiel gewinnt, ungefähr 72 %. Nehmen Sie Stellung.

7 Merkur-Nr. 2666

4 Entscheiden Sie, ob ein Laplace-Experiment vorliegt.

| | |
|---|---|
| a) Eine verbeulte Münze wird geworfen. | ☐ ja ☐ nein |
| b) Ein Würfel wird geworfen. | ☐ ja ☐ nein |
| c) Aus einer Urne mit 3 roten und 4 blauen Kugeln wird eine Kugel gezogen. | ☐ ja ☐ nein |
| d) Ziehen eines Loses auf einem Jahrmarkt: Es interessiert, ob ein Gewinn oder eine Niete gezogen wurde. | ☐ ja ☐ nein |
| e) Ein Radiergummi (keine Würfelform) fällt vom Tisch. Es interessiert, ob die markierte Seite nach oben zeigt. | ☐ ja ☐ nein |

5 In einem Stapel aus 13 Karten befinden sich 3 Asse, 2 Buben und ein König. Ein Spieler hebt eine Karte ab. Bestimmen Sie die Wahrscheinlichkeit.

a) Er erhält ein Ass. P = ________

b) Er erhält keinen Buben. P = ________

c) Er erhält ein Ass oder einen König. P = ________

d) Er erhält kein Ass oder einen Buben. P = ________

e) Drei weitere Könige werden in den Stapel eingemischt. Er zieht genau einen König. P = ________

6 Stellen Sie das Zufallsexperiment durch ein Baumdiagramm dar.

a) In einer Keksdose befinden sich 7 Vollkornkekse und 3 Nusskekse. Adrian entnimmt ohne hinzuschauen 3 Kekse.

Baumdiagramm:

b) Bei einer Polizeikontrolle sind üblicherweise 15 % der Fahrer alkoholisiert. Es werden 2 Autos kontrolliert.

Baumdiagramm:

7 Vervollständigen Sie das Baumdiagramm.
Schließen Sie vom Baumdiagramm auf die Eigenschaften des zugrunde liegenden Zufallsexperimentes, bei welchem Kugeln aus einer Urne entnommen werden.

Baumdiagramm:

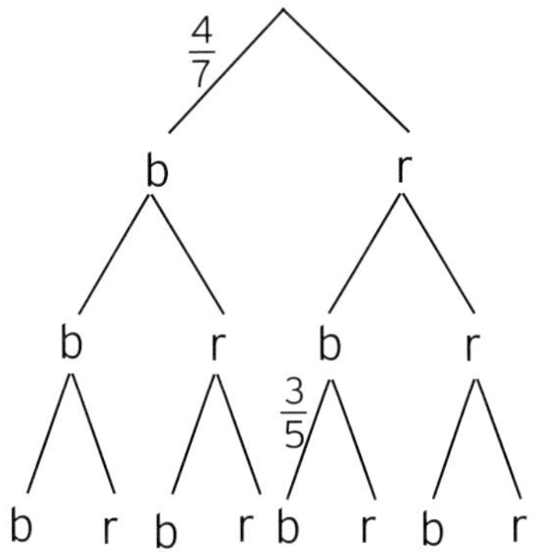

$\frac{4}{7}$

b r

b r b r

$\frac{3}{5}$

b r b r b r b r

Zufallsexperiment:
Die Urne enthält beispielsweise ____ blaue Kugeln und ____ rote Kugeln. Es werden ____ Kugeln gezogen.
Gezogene Kugeln werden ____ zurückgelegt.

8 Zeichnen Sie ein Baumdiagramm und berechnen Sie die Wahrscheinlichkeit.

a) Zwei Glücksräder, deren Einzelsektoren alle gleich groß sind, werden gleichzeitig gedreht. Das eine Glücksrad hat 2 rote und 4 blaue Felder. Das andere Glücksrad hat
2 rote, 2 grüne und 3 blaue Felder.
Bestimmen Sie die Wahrscheinlichkeit, dass beide Glücksräder auf der Farbe rot stehen bleiben.

Lösung: ______________________

Baumdiagramm:

b) Eine Rubbelkarte enthält 25 mit einer undurchsichtigen Schicht überzogene Felder, von welchen
10 Gewinne und 15 Nieten sind.
Daniela rubbelt 2 Felder auf.
Bestimmen Sie die Wahrscheinlichkeit, dass sie genau ein Gewinnfeld aufgerubbelt hat.

Lösung: ______________________

Baumdiagramm:

9 In einem Stapel aus 10 Karten befinden sich 5 Asse, 3 Könige und 2 Damen. Ein Spieler hebt drei Karten ab.

a) Berechnen Sie die Wahrscheinlichkeiten der Ereignisse
A: Der Spieler erhält genau 2 Asse.
B: Der Spieler erhält mindestens ein Ass.
Vervollständigen Sie das zugehörige Baumdiagramm.

Baumdiagramm:

P(A) =

P(B) =

b) Berechnen Sie die Wahrscheinlichkeiten der Ereignisse C, D und E.
C: Der Spieler erhält genau einen König. P(C) =

D: Der Spieler erhält höchstens zwei Damen. P(D) =

E: Der Spieler erhält alle Kartenwerte. P(E) =

10 Die Personalabteilung eines Unternehmens möchte 3 Plätze für ein Duales Studium unter gleich qualifizierten Bewerbern verlosen. Von den Bewerbern aus dem beruflichen Gymnasium sind 3 weiblich und 2 männlich. Von den Bewerbern aus dem allgemeinbildenden Gymnasium sind 2 weiblich und 2 männlich.
Berechnen Sie die Wahrscheinlichkeiten der folgenden Ereignisse.

a) Alle Plätze werden an Bewerber aus dem beruflichen Gymnasium vergeben.

P =

b) Mindestens ein männlicher Bewerber erhält einen Platz.

P =

c) Zwei weibliche Bewerberinnen aus dem beruflichen Gymnasium erhalten einen Platz.

P =

d) Der Geschäftsführer schlägt statt der Verlosung einen Multiple-ChoiceTest vor, bei welchem es zu jeder Frage 4 Antwortmöglichkeiten gibt, von denen genau eine richtig ist. Berechnen Sie die Wahrscheinlichkeiten, dass ein unvorbereiteter Bewerber bei 6 Fragen kein einziges Mal die richtige Antwort errät.
P =

# 3 Bedingte Wahrscheinlichkeit

1 Bestimmen Sie folgende Wahrscheinlichkeiten mit Hilfe der Vierfeldertafel.

| | A | B | Summe |
|---|---|---|---|
| D | 0,1 | 0,05 | 0,15 |
| $\overline{D}$ | 0,6 | 0,25 | 0,85 |
| Summe | 0,70 | 0,30 | 1 |

$P(A \cap D) =$ $\quad$ $P_D(A) =$ $\quad$ $P_{\overline{D}}(B) =$

$P_A(D) =$ $\quad$ $P_B(D) =$ $\quad$ $P_A(\overline{D}) =$

2 Ein Unternehmen wirbt auf einer Internetseite für sein Produkt. Es wird angenommen, dass 60 % der Besucher der Seite die Werbung wahrnehmen und 42 % dieser Besucher das Produkt kaufen. Von den Besuchern der Seite, die die Werbung nicht wahrnehmen, kaufen nur 12 % das Produkt.
(W: Werbung wahrgenommen; K: Produkt gekauft.)

a) Stellen Sie die Aufgabenstellung in einem Baumdiagramm dar.

b) Füllen Sie die Vierfeldertafel aus.

| | K | $\overline{K}$ | |
|---|---|---|---|
| W | | | 0,6 |
| $\overline{W}$ | | | |
| | | | 1 |

c) Bestimmen Sie die Wahrscheinlichkeit, dass ein Besucher der Seite das Produkt kauft.

d) Der Geschäftsführer ist von der Wirksamkeit der Werbeanzeige nicht überzeugt und behauptet, dass das Wahrnehmen der Werbeanzeige und der Kauf des Produktes unabhängig voneinander sind. Untersuchen Sie dies rechnerisch.

e) Ein Besucher der Internetseite hat das Produkt gekauft. Bestimmen Sie die Wahrscheinlichkeit, dass er die Anzeige wahrgenommen hat.

3 Ein Betrieb stellt Kopfhörer her. 2 % der hergestellten Kopfhörer sind fehlerhaft. In der Qualitätskontrolle werden 1 % der einwandfreien Kopfhörer irrtümlich als fehlerhaft aussortiert, während 96 % der fehlerhaften Kopfhörer auch als solche erkannt und aussortiert werden. (F - Fehlerhaft; A - Aussortiert.)

a) Stellen Sie die Aufgabenstellung in einem Baumdiagramm oder einer Vierfeldertafel dar.

Baumdiagramm

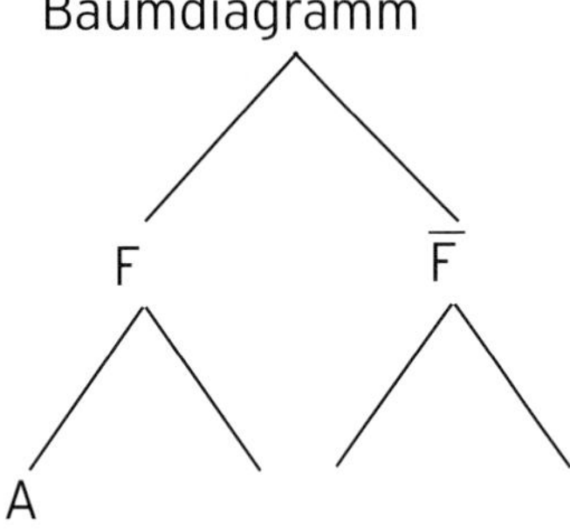


Vierfeldertafel

| | F | $\overline{F}$ | |
|---|---|---|---|
| A | | | |
| $\overline{A}$ | | | |
| | | | 1 |

b) Bestimmen Sie die Wahrscheinlichkeit mit der ein zufällg ausgewählter Kopfhörer aussortiert wird.

c) Bestimmen Sie die Wahrscheinlichkeit, dass ein Kopfhörer, welcher nicht aussortiert wurde, fehlerhaft ist.

4 Bei der Herstellung der Feuerwerksraketen werden Oxidationsmittel benötigt. Diese werden von drei Händlern geliefert. Händler A liefert 30 %, Händler B liefert 40 % und Händler C liefert 30 % der Oxidationsmittel. Die Qualitätskontrolle beim Eingang der Lieferung ergibt folgendes Ergebnis:
Durchschnittlich 5 % der Lieferungen von Händler A und 2 % der Lieferungen von Händler B werden zurückgeschickt.
Insgesamt werden durchschnittlich 4 % der Lieferungen zurückgeschickt.
Erstellen Sie zu dieser Situation ein vollständiges Baumdiagramm und geben Sie die Wahrscheinlichkeit an, mit der eine zufällig untersuchte Lieferung von Händler C stammt und zurückgeschickt wird.

# 4 Zufallsvariable

1 Bestimmen Sie die Werte, die die Zufallsvariable X annehmen kann.

| | |
|---|---|
| Aus einer Urne mit 6 s, 4 r und 5 w Kugeln wird dreimal eine Kugel gezogen.<br>X ist die Anzahl der schwarzen Kugeln. | X nimmt Werte an aus {0; 1; 2; 3} |
| Jana kauft 5 Lose.<br>X ist die Anzahl der Gewinnlose. | |
| Aus der Produktion von Walzen wird eine Stichprobe von 10 Walzen entnommen.<br>X ist die Anzahl der defekten Walzen. | |
| Die Firma Velo verkauft täglich 100 Solarmodule.<br>X ist die Anzahl der bei der Endkontrolle aussortierten Module. | |

2 Ein Elektronikbetrieb produziert Speicherchips. Die Chips werden in drei Produktionsstufen hergestellt, die technisch unabhängig voneinander sind. Die Fehlerwahrscheinlichkeit in jeder Produktionsstufe beträgt 20 %. Die Zufallsvariable X gibt die Anzahl der Fehler bei einem Chip an.

a) Erstellen Sie ein Baumdiagramm.

b) Geben Sie die Wahrscheinlichkeitsverteilung von X an.

| Ergebnisse | | | | |
|---|---|---|---|---|
| $x_i$ | | | | |
| $P(X = x_i)$ | | | | |

3 Bei einem Spiel wird drei Mal gewürfelt. Falls bei allen Würfen die gleiche Augenzahl erscheint, bekommt der Spieler 10 EUR. Falls genau zwei Mal eine 1 gewürfelt wird, bekommt der Spieler 2 EUR. Ansonsten erhält der Spieler nichts.
Die Zufallsvariable X gibt die Auszahlung an.
Geben Sie die Wahrscheinlichkeitsverteilung von X an.

| Ergebnisse | | | |
|---|---|---|---|
| $x_i$ | | | |
| $P(X = x_i)$ | | | |

4 Berechnen Sie Erwartungswert, Varianz und Standardabweichung der Zufallsvariablen X.

a) Wahrscheinlichkeitsverteilung

| $x_i$ | 0 | 1 | 2 |
|---|---|---|---|
| $P(X = x_i)$ | 0,5 | 0,25 | 0,25 |

Erwartungswert
$E(X) = 0 \cdot 0{,}5 + 1 \cdot 0{,}25 + 2 \cdot 0{,}25 = 0{,}75$

Varianz
$\sigma^2 = (0 - 0{,}75)^2 \cdot 0{,}5 + (1 - 0{,}75)^2 \cdot 0{,}25$
$+ (2 - 0{,}75)^2 \cdot 0{,}25 = 0{,}6875$

Standardabweichung $\sigma = \sqrt{0{,}6875} = 0{,}8292$

b) Wahrscheinlichkeitsverteilung

| $x_i$ | − 2 | 0 | 4 |
|---|---|---|---|
| $P(X = x_i)$ | 40 % | 30 % | 30 % |

c) Wahrscheinlichkeitsverteilung

| $x_i$ | − 10 | 5 | 20 |
|---|---|---|---|
| $P(X = x_i)$ | $\frac{1}{2}$ | $\frac{3}{8}$ | $\frac{1}{8}$ |

d) Wahrscheinlichkeitsverteilung

| $x_i$ | − 2 | − 1 | 1 | 5 |
|---|---|---|---|---|
| $P(X = x_i)$ | $\frac{1}{12}$ | $\frac{1}{6}$ | $\frac{1}{3}$ | |

5 Frau Bader fährt mit dem Bus zur Arbeit. Ihr Nachbar und Kollege Herr Rössler wird von seiner Frau mit dem Auto zur Arbeit gebracht. Frau Bader meint, dass sie mit dem Bus schneller zur Arbeit käme. Um dies zu überprüfen, notieren beide an 30 Arbeitstagen die Fahrzeiten.

Die folgende Tabelle zeigt, wie oft die notierten Fahrzeiten mit dem PKW bzw. mit dem Bus erreicht wurden:

| Zeit in min | 20 | 21 | 22 | 23 | 24 | 25 | 26 | 27 | 28 | 29 | 30 | 31 |
|---|---|---|---|---|---|---|---|---|---|---|---|---|
| Bus | 0 | 0 | 3 | 1 | 4 | 2 | 8 | 3 | 5 | 4 | 0 | 0 |
| PKW | 1 | 2 | 4 | 6 | 0 | 5 | 2 | 4 | 3 | 0 | 0 | 3 |

a) Berechnen Sie jeweils Erwartungswert und Standardabweichung für Bus und PKW.

b) Vergleichen Sie und ziehen Sie eine Schlussfolgerung.

6 Die Zulieferfirma für Fahrzeugsitze lässt den Zuschnitt aus großen Lederbahnen auf auf zwei Maschinen I und II durchführen. Die Güteklasse des Zuschnitts mit den zugehörigen Wahrscheinlichkeiten und die Folgekosten in EUR sind in der Tabelle aufgelistet.

Maschine I

| Güteklasse | A | B | C |
|---|---|---|---|
| Folgekosten X | 0 | 10 | 24 |
| $P(X = x_i)$ | 0,96 | 0,03 | 0,01 |

Maschine II

| Güteklasse | A | B | C |
|---|---|---|---|
| Folgekosten Y | 0 | 8 | 22 |
| $P(Y = y_i)$ | 0,95 | 0,04 | 0,01 |

Eine Maschine soll stillgelegt werden. Entscheiden Sie.

8 Merkur-Nr. 2666

# 5 Binomialverteilung

## Bernoulli-Formel

1 Untersuchen Sie, ob es sich hier um einen Bernoulli-Versuch handelt. Geben Sie in diesem Fall die Länge der Bernoullikette und die Trefferwahrscheinlichkeit an.

| | |
|---|---|
| Ein Würfel wird 10-mal geworfen. Nach jedem Wurf wird die Augenzahl notiert. | ☐ kein Bernoulli-Versuch<br>☐ Bernoulli-Versuch; n =___; p = ___ |
| Ein Würfel wird 10-mal geworfen. Nach jedem Wurf wird notiert ob eine Eins gewürfelt wurde. | ☐ kein Bernoulli-Versuch<br>☐ Bernoulli-Versuch; n =___; p = ___ |
| Unter 10 Personen befinden sich 3 Schmuggler. Ein Zollbeamter kontrolliert die Personen nacheinander. | ☐ kein Bernoulli-Versuch<br>☐ Bernoulli-Versuch; n =___; p = ___ |
| Im Schnitt haben 15 % aller Autos abgefahrene Reifen. Ein Polizist überprüft die Reifen von 20 Autos. | ☐ kein Bernoulli-Versuch<br>☐ Bernoulli-Versuch; n =___; p = ___ |
| Von den 24 Schülern aus einer Klasse besitzen 7 ein i-Phone. Nacheinander werden 6 Schüler aus der Klasse befragt, ob sie ein i-Phone besitzen. | ☐ kein Bernoulli-Versuch<br>☐ Bernoulli-Versuch; n =___; p = ___ |
| In 87 % aller Haushalte in Deutschland ist mindestens ein Fernseher vorhanden. Es werden 50 Haushalte befragt, ob mindestens ein Fernseher vorhanden ist. | ☐ kein Bernoulli-Versuch<br>☐ Bernoulli-Versuch; n =___; p = ___ |

2 Berechnen Sie den Wert der Binomialkoeffizienten ohne Hilfsmittel.

| | |
|---|---|
| $\binom{4}{2} = \frac{4 \cdot 3}{1 \cdot 2} = 6$ | $\binom{3}{2} =$ |
| $\binom{10}{1} =$ | $\binom{10}{8} =$ |
| $\binom{6}{2} =$ | $\binom{20}{0} =$ |
| $\binom{8}{7} =$ | $\binom{14}{1} =$ |

3 Vervollständigen Sie die Bernoulliformel.

| $P(X = \_\_) = \binom{4}{2} \cdot 0{,}7^{\square} \cdot \triangle^{\bigcirc}$ | Lösung: $P(X = 2) = \binom{4}{2} \cdot \mathbf{0{,}7^2 \cdot 0{,}3^2}$ |
|---|---|
| $P(X = \_\_) = \binom{10}{1} \cdot 0{,}4^{\square} \cdot \triangle^{\bigcirc}$ | $P(X = 5) = \binom{12}{\diamond} \cdot 0{,}1^{\square} \cdot \triangle^{\bigcirc}$ |
| $P(X = 10) = \binom{50}{\diamond} \cdot \triangle^{\bigcirc} \cdot 0{,}99^{\square}$ | $P(X = \_\_) = \binom{20}{0} \cdot 0{,}05^{\square} \cdot \triangle^{\bigcirc}$ |
| $P(X = 7) = \binom{8}{7} \cdot 0{,}4^{\square} \cdot \triangle^{\bigcirc}$ | $P(X = \_\_) = \binom{\ }{\ } \cdot 0{,}1^{5} \cdot \triangle^{15}$ |

4 Berechnen Sie die gesuchten Wahrscheinlichkeiten mithilfe der Bernoulliformel.

| | |
|---|---|
| Eine Maschine produziert mit einer Wahrscheinlichkeit von 95 % fehlerfreie Schrauben. Bei einer Qualitätskontrolle werden 100 Schrauben überprüft. Bestimmen Sie die Wahrscheinlichkeit, dass genau 89 fehlerfrei sind. | X:____<br>P(X =__)<br>= ____<br>= ____ |
| Eine verbeulte Münze, die mit einer Wahrscheinlichkeit von 42 % „Wappen" zeigt, wird 25 Mal geworfen. Bestimmen Sie die Wahrscheinlichkeit, dass 12 Mal „Zahl" erscheint. | X:____<br>P(X =__)<br>= ____<br>= ____ |
| Ein Glücksrad hat 4 gleich große Felder mit den Farben gelb, grün, rot und blau. Das Glücksrad wird 13 Mal gedreht. Bestimmen Sie die Wahrscheinlichkeit, dass 8 Mal die Farbe blau erscheint. | X:____<br>P(X =__)<br>= ____<br>= ____ |
| Ein Basketballspieler verwandelt einen Freiwurf mit einer Wahrscheinlichkeit von 78 %. Bestimmen Sie die Wahrscheinlichkeit, dass er von 20 Freiwürfen zwei nicht verwandelt. | X:____<br>P(X =__)<br>= ____<br>= ____ |
| Bei der Endkontrolle werden 50 Bälle überprüft. 10 % der produzierten Bälle sind defekt und damit nicht wettkampftauglich. Bestimmen Sie die Wahrscheinlichkeit für genau 5 defekte Bälle. | X:____<br>P(X =__)<br>= ____<br>= ____ |

5 Andreas möchte eine 10-tätige Gebirgstour machen. Die Wahrscheinlichkeit für einen Regentag beträgt dort in dieser Jahreszeit 34 %.
Berechnen Sie die gesuchten Wahrscheinlichkeiten mithilfe der Bernoulliformel.

X: Anzahl ________________ ; X ist ________ -verteilt

| | |
|---|---|
| Wahrscheinlichkeit für 2 Regentage | P(X =___) <br> = ______________________________ |
| Wahrscheinlichkeit für 3 oder 4 Regentage | P(X =___) + P(____) <br> = ______________________________ |
| Wahrscheinlichkeit für mindestens einen Regentag | 1 − P(X =___) <br> = ______________________________ |
| Wahrscheinlichkeit für höchstens 8 Regentage | 1 − P(X =___) − ____ <br> = ______________________________ |

6 Bei einer Tombola führen 10 % der Lose zu einem Gewinn. Jan kauft 12 Lose.
Geben Sie jeweils eine Aufgabenstellung an, deren Lösung auf die folgende Weise berechnet wird. Gehen Sie von einer Binomialverteilung aus.
Berechnen Sie die Wahrscheinlichkeit, dass Jan:

| | |
|---|---|
| | $P = \binom{12}{3} \cdot 0{,}10^3 \cdot 0{,}90^9$ |
| | $P = \binom{12}{2} \cdot 0{,}10^2 \cdot 0{,}90^{10} + \binom{12}{3} \cdot 0{,}10^3 \cdot 0{,}90^9$ |
| | $P = 1 - \binom{12}{0} \cdot 0{,}10^0 \cdot 0{,}90^{12}$ |
| | $P = \binom{12}{0} \cdot 0{,}10^0 \cdot 0{,}90^{12} + \binom{12}{1} \cdot 0{,}10^1 \cdot 0{,}90^{11}$ |

7 Vervollständigen Sie die Wahrscheinlichkeitsverteilung und die kumulierte Wahrscheinlichkeitsverteilung der binomialverteilten Zufallsvariablen. Geben Sie außerdem die Länge der Bernoulli-Kette und die Trefferwahrscheinlichkeit an.

a) n = ____ p = 0,5

| k | 0 | 1 | 2 |
|---|---|---|---|
| P(X = k) | | | 0,25 |
| P(X ≤ k) | 0,25 | 0,75 | |

Weisen Sie mit der Bernoulli-Formel nach, dass P(X = 0) = P(X = 2) gilt.

b) n = ____ p = 0,8

| k | 0 | 1 | 2 | 3 | 4 |
|---|---|---|---|---|---|
| P(X = k) | 0,0016 | 0,0256 | | | |
| P(X ≤ k) | | | 0,1808 | 0,5904 | 1 |

Weisen Sie mit der Bernoulli-Formel nach, dass P(X = 3) = P(X = 4)gilt.

8 Eine Zufallsvariable ist $B_{6;\,0,5}$-verteilt. Geben Sie die Wahrscheinlichkeitsverteilung und die kumulierte Wahrscheinlichkeitsverteilung $F_{6;\,0,5}$ an und stellen Sie diese grafisch dar.

| k | 0 | 1 | 2 | 3 | 4 | 5 | 6 |
|---|---|---|---|---|---|---|---|
| P(X = k) | | | | | | | |
| P(X ≤ k) | | | | | | | 1 |

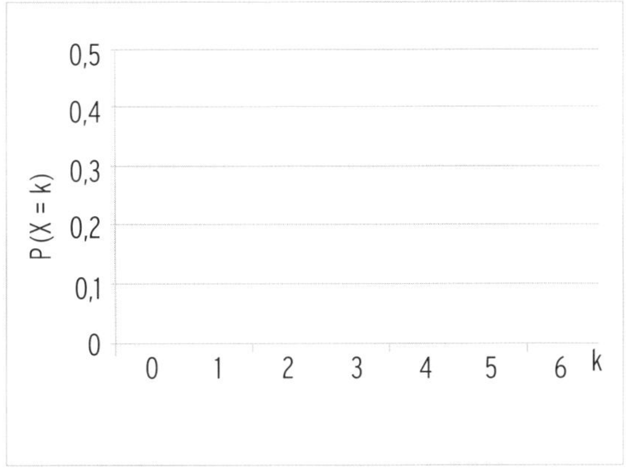


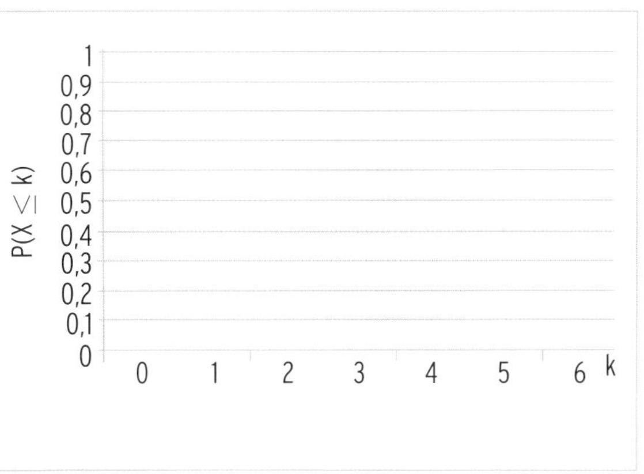

9 Bestimmen Sie die Wahrscheinlichkeiten.

X ist $B_{20;\,0,25}$-verteilt: $P(X = 5) = B_{20;\,0,25}(5) = 0,2023$

$P(X \leq 5) = F_{20;\,0,25}(5) = 0,6172$

| | | |
|---|---|---|
| $B_{11;\,0,9}(5) =$ | $B_{100;\,0,3}(30) =$ | $F_{11;\,0,9}(8) =$ |
| $B_{50;\,0,05}(2) =$ | $F_{250;\,0,15}(20) =$ | $B_{500;\,0,02}(10) =$ |
| $B_{50;\,0,1}(6) =$ | $F_{25;\,0,5}(10) =$ | $F_{50;\,0,1}(6) =$ |

10 Schreiben Sie mit dem Summenzeichen.

X ist $B_{20;\,0,2}$-verteilt: $P(X \leq 5) = \sum_{i=0}^{5} P(X = x_i) = \sum_{i=0}^{5} B_{20;\,0,2}(i)$

X ist $B_{100;\,0,05}$-verteilt: $P(X \leq 30) =$

X ist $B_{50;\,0,01}$-verteilt: $P(10 \leq X \leq 20) =$

11 Eine Zufallsvariable zählt die Anzahl der Treffer bei einem Bernoulli-Versuch. Ordnen Sie jedem Ereignis den zugehörigen Berechnungsansatz durch einen Pfeil zu.

| Ereignis | | | Berechnungsansatz |
|---|---|---|---|
| Genau 3 Mal. | ☐ | ☐ | $P(X \leq 2)$ |
| Höchstens 3 Mal. | ☐ | ☐ | $P(X = 3) + P(X = 4)$ |
| Weniger als 3 Mal. | ☐ | ☐ | $1 - P(X \leq 3)$ |
| Mindestens 3 Mal. | ☐ | ☐ | $P(X \leq 4) - P(X \leq 1)$ |
| Mindestens 2 und höchstens 4 Mal. | ☐ | ☐ | $P(X \leq 3)$ |
| 3 oder 4 Mal. | ☐ | ☐ | $P(X = 4)$ |
| Genau 4 Mal. | ☐ | ☐ | $1 - P(X \leq 2)$ |
| Mehr als 3 Mal. | ☐ | ☐ | $P(X \leq 4) - P(X \leq 2)$ |
| Mehr als 2 Mal, aber weniger als 5 Mal. | ☐ | ☐ | $P(X = 3)$ |

12 Die Zufallsvariable X ist binomialverteilt mit n = 16 und p = 0,58. Bestimmen Sie die Wahrscheinlichkeiten mit einem Hilfsmittel.

| | |
|---|---|
| $P(X = 7) =$ | $P(X < 9) =$<br>$=$ |
| $P(X \geq 5) =$<br>$=$ | $P(X > 6) =$<br>$=$ |
| $P(X = 10) + P(X = 11)$<br>$=$ | $P(4 < X < 8) =$<br>$=$ |
| $P(3 \leq X \leq 8) =$<br>$=$ | $P(1 \leq X \leq 5) =$<br>$=$ |

13 Ein Glücksrad hat 6 gleich große Felder. 2 der Felder sind grün, 3 sind rot und eines ist blau. Das Glücksrad wird 15 Mal gedreht.

Bestimmen Sie mit einem Hilfsmittel die Wahrscheinlichkeit

| | |
|---|---|
| für höchstens 5 Mal grün. | $p = \frac{1}{3}$; $P(X \leq 5) = 0{,}6184$ |
| für mehr als 7 Mal grün. | |
| für höchstens 6 Mal rot. | |
| für höchstens 5 Mal grün. | |
| für mehr als 2 Mal und weniger als 10 mal grün. | |
| für 5 oder 6 Mal blau. | |
| für mindestens 7 und höchstens 12 Mal rot. | |
| für mehr als 8 Mal rot oder blau. | |

14 Ein Medikament verursacht bei 5 % aller Patienten Nebenwirkungen. Bei einem Test nehmen 170 Personen das Medikament ein.

a) Bestimmen Sie die Wahrscheinlichkeit, dass bei mindestens 13 Personen Nebenwirkungen auftreten.

b) Bestimmen Sie die Wahrscheinlichkeit, dass bei höchstens 10 % aller Personen Nebenwirkungen auftreten.

c) Bestimmen Sie die Wahrscheinlichkeit, dass bei höchstens 5 % aller Personen Nebenwirkungen auftreten.

15 Die Tabelle zeigt die Wahrscheinlichkeitsverteilung einer binomialverteilten Zufallsgröße X.

| k | 0 | 1 | 2 | 3 | 4 | 5 | 6 |
|---|---|---|---|---|---|---|---|
| P(X = k) | 0,0467 | 0,1866 | 0,3110 | 0,2765 | 0,1382 | 0,0369 | 0,0041 |

Bestimmen Sie die Wahrscheinlichkeiten mithilfe der Tabelle.

| | |
|---|---|
| $P(X = 4)$ | |
| $P(X \leq 1)$ | |
| $P(X \geq 4)$ | |
| $P(3 \leq X \leq 5)$ | |
| $\sum_{i=0}^{2} P(X = x_i)$ | |
| $\sum_{i=4}^{6} P(X = x_i)$ | |
| $P(X > 5)$ | |

# Erwartungswert und Standardabweichung

1 Es liegt eine binomialverteilte Zufallsvariable vor. Ergänzen Sie die Tabelle.

| n | 50 | 50 | 80 | | 125 |
|---|---|---|---|---|---|
| p | 0,2 | 0,6 | | 0,5 | |
| $\mu$ | $n \cdot p = 10$ | | 40 | 60 | 12,5 |
| $\sigma$ | $\sqrt{n \cdot p \cdot (1-p)} = 2{,}83$ | | | | |

2 Eine Maschine produziert mit einer Wahrscheinlichkeit von 85 % fehlerfreie Schrauben. Bei einer Qualitätskontrolle werden 3 Schrauben überprüft. Die Zufallsvariable X gibt die Anzahl an fehlerfreien Schrauben bei der Qualitätskontrolle an.

a) Berechnen Sie den Erwartungswert $\mu$ der Zufallsvariablen: ______________________

b) $\mu$ gibt ____________________________________________ an.

c) Geben Sie eine Wahrscheinlichkeitsverteilung der Zufallsvariablen X an.

| k | 0 | 1 | 2 | 3 |
|---|---|---|---|---|
| P(X = k) | | | | |

d) Berechnen Sie $\mu$ erneut. Verwenden Sie hierzu jedoch die Wahrscheinlichkeitsverteilung. $\mu$ = ____________________________________________

e) Berechnen Sie die Standardabweichung von X: ______________________________

f) $\sigma$ gibt ____________________________________________ an.

3 In einem Hallenbad gibt der Eintrittskartenautomat jedem zwölften Besucher eine unbrauchbare Eintrittskarte aus. An einem Samstag Vormittag benutzen 155 Personen den Automat.
X ist die Anzahl der Personen, die eine unbrauchbare Eintrittskarte erhalten.
Berechnen Sie den Erwartungswert und die Standardabweichung von X.

$\mu$ = ____________________________________________

Berechnen Sie $P(\mu - \sigma \leq X \leq \mu + \sigma)$ : P = ______________________________

Interpretieren Sie diese Wahrscheinlichkeit. ______________________________

____________________________________________



9 Merkur-Nr. 2666

4 Vervollständigen Sie die Tabelle. Ordnen Sie dann die Schaubilder zu.

| n | 250 | 50 | 80 | 60 |
|---|---|---|---|---|
| p | 0,1 | 0,5 | 0,6 | 0,8 |
| μ | | | | |
| σ | | | | |
| Schaubild | | | | |

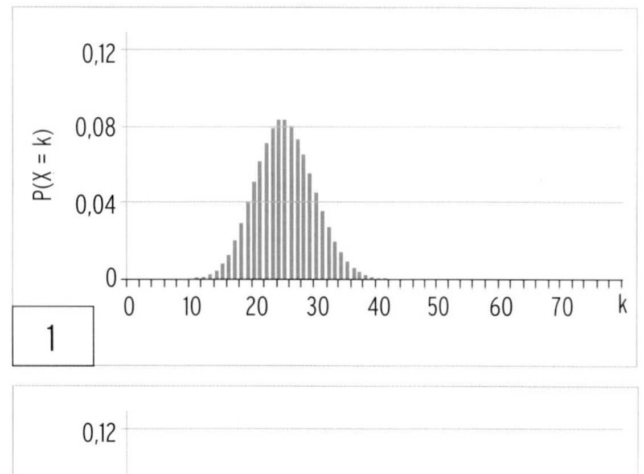


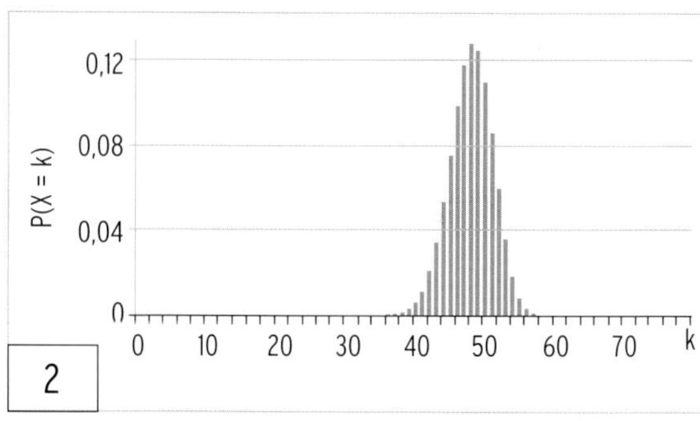


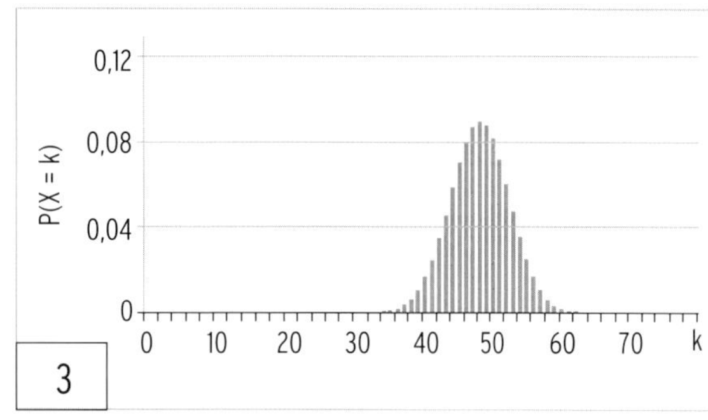


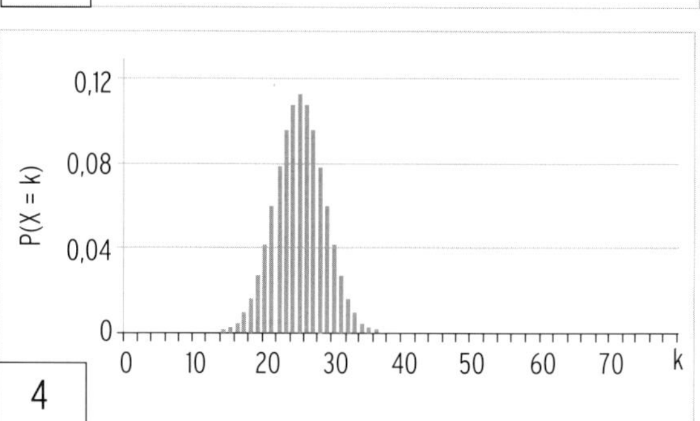


5 Ein Glücksrad hat drei farbige Sektoren, die beim einmaligen Drehen mit folgenden Wahrscheinlichkeiten angezeigt werden: Rot 20 %; Grün 30 %; Blau 50 %.
Das Glücksrad wird n-mal gedreht. Die Zufallsvariable X gibt an, wie oft die Farbe Rot angezeigt wird.

a) Begründen Sie, dass X binomialverteilt ist.

b) Die Tabelle zeigt einen Ausschnitt der Wahrscheinlichkeitsverteilung von X.

| k | 0 | 1 | 2 | 3 | 4 | 5 | 6 | 7 | ... |
|---|---|---|---|---|---|---|---|---|---|
| P(X = k) | 0,01 | 0,06 | 0,14 | 0,21 | 0,22 | 0,17 | 0,11 | 0,05 | |

Bestimmen Sie die Wahrscheinlichkeit, dass mindestens 3-mal rot angezeigt wird.

Entscheiden Sie, welcher der folgenden Werte von n der Tabelle zugrunde liegen kann: 20, 25 oder 30. Begründen Sie Ihre Entscheidung.

# 6 Normalverteilung

1 Die Zufallsgröße X sei ein normalverteiltes Merkmal mit den Parametern $\mu = 80$ und $\sigma = 5$. Berechnen Sie folgende Wahrscheinlichkeiten.

a) $P(X \leq 70) =$ b) $P(40 \leq X \leq 90) =$

c) $P(X > 65) =$

d) Berechnen Sie $P(\mu - 2\sigma \leq X \leq \mu + 2\sigma)$ und vergleichen Sie ihr Ergebnis mit der Sigmaregel.

2 Vervollständigen Sie den Term, geben Sie die Eigenschaften der normalverteilten Variablen X an und berechnen Sie den Wert des Terms.

a) $P(X \leq 40) = \Phi\left(\frac{\ldots\ldots - 10 + 0{,}5}{3}\right) =$ ; X ist

b) $P(X \leq \ldots\ldots) = \Phi\left(\frac{370 - 375 + 0{,}5}{3{,}8}\right) =$ ; X ist

c) $n = 500$; $p = 0{,}9$; $P(X \leq \ldots\ldots) = \Phi\left(\frac{446 - \ldots\ldots + 0{,}5}{\ldots\ldots}\right) =$

X ist

d) $n = 1000$; $P(400 \leq X \leq \ldots\ldots) = \Phi\left(\frac{500 - \ldots\ldots + 0{,}5}{14{,}49}\right) - \Phi\left(\frac{\ldots\ldots - \ldots\ldots - 0{,}5}{14{,}49}\right) =$

X ist

3 Die Hama AG stellt unter anderem in hoher Stückzahl Chips für Laptops her. Aufgrund von technischen Problemen wird davon ausgegangen, dass durchschnittlich 10 % der Chips fehlerhaft sind. Eine Lieferung umfasst 1500 Chips.

a) Bestimmen Sie die Wahrscheinlichkeit dafür, dass in einer Lieferung höchstens 160 Chips fehlerhaft sind.

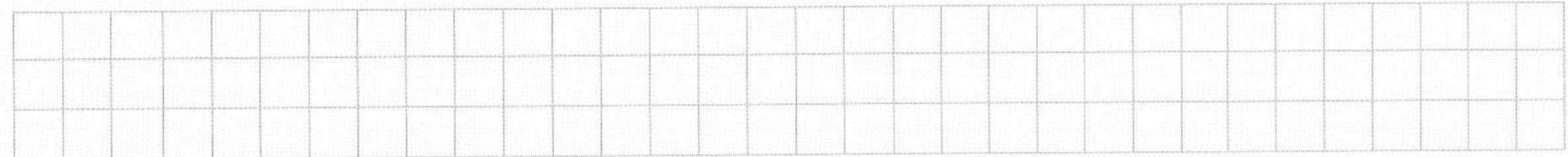

b) Ermitteln Sie für die Anzahl der fehlerhaften Chips in einer Lieferung eine Obergrenze, die nur mit einer Wahrscheinlichkeit von 0,05 überschritten wird.

4 Die Abbildungen zeigen die Normalverteilung einer Zufallsgröße X mit $\sigma = 3{,}2$.

Berechnen Sie die dargestellten Wahrscheinlichkeiten.

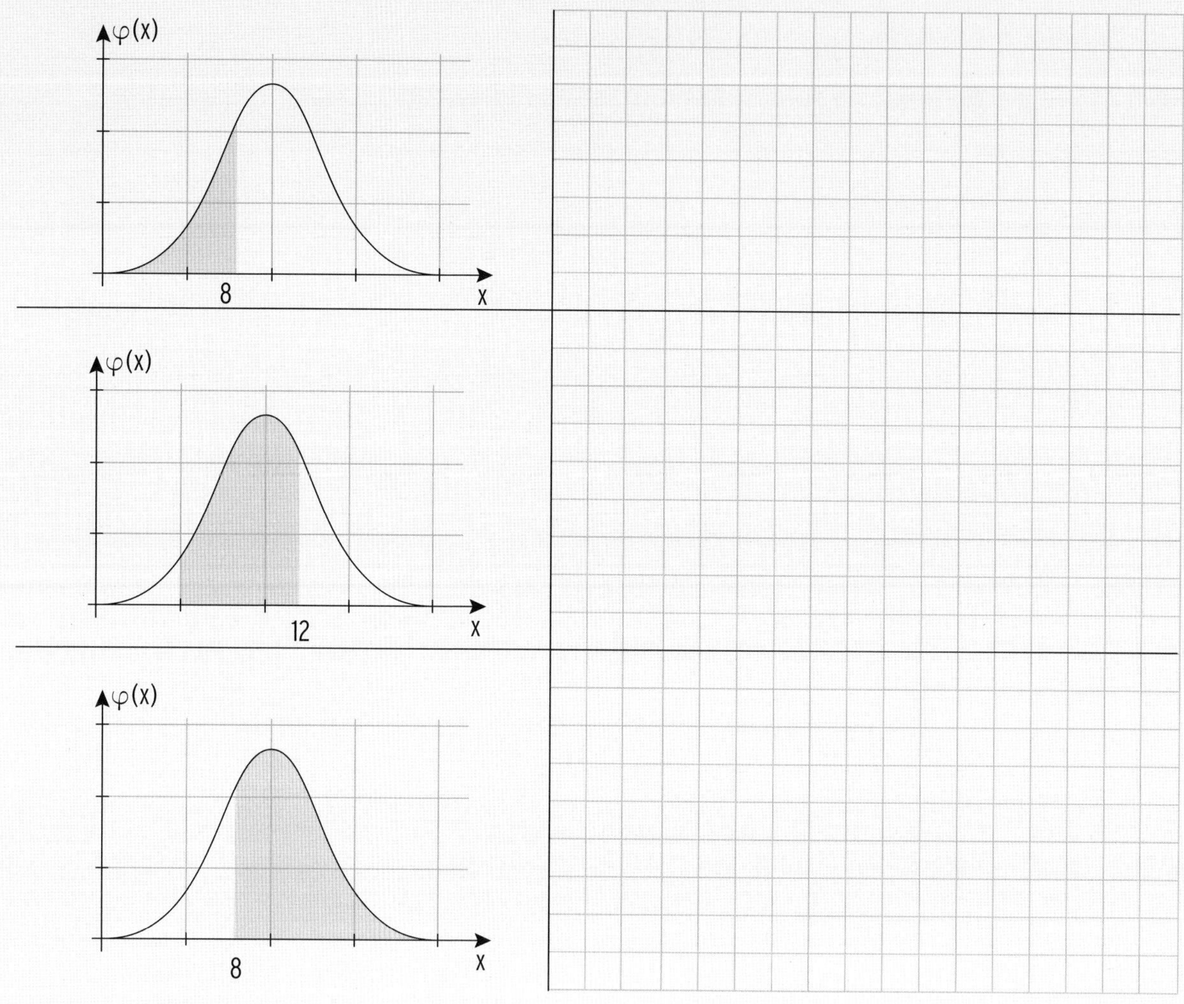


5 Die Zufallsvariable X ist binomialverteilt, Prüfen Sie, ob die Binomialverteilung durch eine Normalverteilung angenähert werden kann und berechnen Sie die gesuchten Wahrscheinlichkeiten (mit CAS).

$n = 800$; $p = 0{,}4$

$P(X \leq 300)$

$P(200 \leq X \leq 300)$

$P(X \geq 600)$

$n = 20$; $p = 0{,}5$

$P(X \leq 8)$

$P(5 \leq X \leq 10)$

$n = 1200$; $p = 0{,}01$

$P(X \leq 10)$

$P(2 \leq X \leq 10)$

$P(X \geq 6)$

# 7 Hypothesentest

1 Die Zufallsgröße X beschreibt die Anzahl der defekten Handies in der Produktion. X ist binomialverteit mit $n = 50$ und $p = 0{,}1$.
Testen Sie die Nullhypothese $H_0$: $p = 0{,}1$ linksseitig auf einem Signifikanzniveau von $\alpha \leq 0{,}05$ .
Bestimmen Sie einen Ablehnungsbereich und entwickeln Sie eine Entscheidungsregel.

2 X sei die Anzahl der fehlerfreien Küchen von 80 getesteten. X ist binomialverteilt mit $n = 80$ und $p = 0{,}85$.
$H_0$: Mindestens 85 % der Küchen sind fehlerfrei (d.h. $p \geq 0{,}85$)
$H_1$: Weniger als 85 % der Küchen sind fehlerfrei (d.h. $p < 0{,}85$)
Begründen Sie, auf welchem Bereich $H_0$ mit einer Unsicherheit von 5% abgelehnt werden kann: $\overline{A} = \{0; 1; \ldots ;62\}$ (1) ; $\overline{A} = \{63; 64; \ldots ;80\}$ (2) ; $\overline{A} = \{0; 1; \ldots ;52\}$ (3)

3 Ein Lottospieler vermutet, dass die Zahl 17 mit einer Wahrscheinlichkeit von mindestens 14 % gezogen wird. Bestimmen Sie die Mindestanzahl der Ziehungen von Zahl 17 bei 300 Ziehungen und einem Signifikanzniveau von 3 %, wenn die Vermutung bestätigt werden soll.

4 X ist $B_{n;\,0{,}25}$-verteilt. $H_0$: p = 0,25 soll linksseitig getestet werden auf dem Signifikanzniveau von $\alpha \leq 0{,}05$. Füllen Sie die Tabelle aus.

| n | $\overline{A}$ | $\alpha$-Fehler | $\beta$-Fehler für p = 0,35 | $\beta$-Fehler für p = 0,3 |
|---|---|---|---|---|
| 50 | | | | |
| 200 | | | | |
| 1000 | | | | |

5 Die Mumm AG bezieht Extrakt für Pastillen in Dosen. Der Zulieferer behauptet, dass bei durchschnittlich 95 % der Dosen der Reinheitsgrad des Extraktes dem Höchststandard „exzellent" entspricht. Die Mumm AG möchte auf der Basis eines Hypothesentestes zeigen, dass das Qualitätsversprechen nicht eingehalten wird. Dazu werden 50 Dosen einer Lieferung entnommen und geprüft. (Signifikanzniveau 5 %).

Nullhypothese $H_0$: $p \geq$ ______ Gegenhypothese $H_1$: ____________

X ist binomialverteilt mit ________________________

Es liegt ein ________________________ Hypothesentest vor.

$P(X \leq 43)$=________ ; $P(X \leq 44)$=________ ; $P(X \leq 45)$=________

Ablehnungsbereich $\overline{A}$ = ______________ Annahmebereich: A = ____________

Die Nullhypothese wird verworfen, falls nur maximal ____________________________

_____________________. Auf diesem Bereich ist die Annahme der Huma AG bei 5 %

_____________________ gezeigt.

Die Mumm AG will in Zukunft größere Mengen von Dosen bestellen und führt daher zur Absicherung, ob durchschnittlich 95 % der Dosen exzellent sind, einen Test mit 500 Dosen durch. 7 % der getesteten Dosen entsprechen nicht dem Höchststandard (Signifikanzniveau 5 %). Prüfen Sie unter Verwendung der Näherungsformel von Moivre-Laplace, ob die Mumm AG weiter bei dem Zulieferer bestellen sollte.

Anzahl der minderwertigen Dosen __________

Anzahl der Dosen mit Höchststandard: ______________

X: Anzahl der __________________________; X ist binomialverteilt mit _______________

Es liegt ein ________________________ Hypothesentest vor.

$\mu$ =__________ $\sigma$ = ________________________

Die Laplace- ________________________

$P(X \leq 465) = \Phi($ ________________________

Da 35 __________________ Dosen gefunden wurden, hält der Zulieferer seine Zusagen

____________ . Die Mumm AG sollte ____________________________________.

6 Entscheiden Sie, ob die Aussagen wahr oder falsch sind.

| | |
|---|---|
| Die Gegenhypothese ist die zu widerlegende Vermutung. | ☐ (w) ☐ (f) |
| Ein Test besagt, ob die Nullhypothese wahr oder falsch ist. | ☐ (w) ☐ (f) |
| Bei einem Signifikanzniveau von 5 % gilt: $P(\overline{A}) \leq 0{,}05$ | ☐ (w) ☐ (f) |
| Das 2-$\sigma$-Intervall ist eine Näherung für den Annahmebereich mit dem Signifikanzniveau von 5 %. | ☐ (w) ☐ (f) |
| Die Wahrscheinlichkeit des Ablehnungsbereichs entspricht der Irrtumswahrscheinlichkeit. | ☐ (w) ☐ (f) |

7 Bei einem zweiseitigen Test der Nullhypothese $H_0$: $p = \frac{1}{3}$ ergibt sich für n = 50 der Annahmebereich A = {10; 11; ...; 23}.

Fehler 1. Art:

Fehler 2.Art, wenn p = 0,4 ist:

8 Die Produktionsleitung behauptet, dass aufgrund einer Veränderung im Produktionsprozess sich der Anteil der Feuerwerksraketen mit fehlerhaftem Leitstab auf 4 % verringert. Dies soll an 500 Raketen gestestet werden mit einer Sicherheitswahrscheinlichkeit von 5 %.

Die ________________ lautet: $H_0$: p = 0,04.

Der Erwartungswert ist ____________, die Standardabweichung ist ____________

(Die Laplace-Bedingung ($\sigma > 3$) ____________ .)

95%-ige Wahrscheinlichkeit für den Annahmebereich mit z = 1,96:

$\mu$ − ________ = ; $\mu$ + ________ =

Entscheidungsregel: $H_0$ sollte verworfen werden, wenn ________________________

________________________ .

Einen Fehler 1. Art begeht man, wenn ____________________ und ____________ .

$\alpha = 1 - P(\quad \leq X \leq \quad) = 1 - ($ ________ − ________ $) =$

$\alpha =$

Einen Fehler 2.Art begeht man, wenn ____________________ und ____________ .

$\beta$ -Fehler bei einer tatsächlichen Wahrscheinlichkeit von p = 0,05:

X ist binomialverteilt mit ____________; $\mu$ = ________ ; $\sigma$ = ________

$\beta = P(X \leq \quad) + P(X \leq \quad) =$

# IV Lineare Algebra

## 1 Lineare Gleichungssysteme

### Umformung und Lösung eines linearen Gleichungssystems

1 Lösen Sie das zugehörige lineare Gleichungssystem für $x_1, x_2, x_3$.

a) $\left(\begin{array}{ccc|c} 2 & 1 & 5 & 13 \\ 4 & 3 & 2 & -9 \\ -3 & -4 & -3 & 6 \end{array}\right)$

$\left(\begin{array}{ccc|c} 2 & 1 & 5 & 13 \\ 4 & 3 & 2 & -9 \\ -3 & -4 & -3 & 6 \end{array}\right)$ $\cdot(-2)$; $\cdot 3$, $\cdot 2$

$\left(\begin{array}{ccc|c} 2 & 1 & 5 & 13 \\ 0 & 1 & -8 & -35 \\ 0 & -5 & 9 & 51 \end{array}\right)$ $\cdot 5$

$\left(\begin{array}{ccc|c} 2 & 1 & 5 & 13 \\ 0 & 1 & -8 & -35 \\ 0 & 0 & -31 & -124 \end{array}\right)$

$\left(\begin{array}{ccc|c} 2 & 1 & 5 & 13 \\ 0 & 1 & -8 & -35 \\ 0 & 0 & 1 & 4 \end{array}\right)$ $\cdot 8$; $\cdot(-5)$

$\left(\begin{array}{ccc|c} 2 & 1 & 0 & -7 \\ 0 & 1 & 0 & -3 \\ 0 & 0 & 1 & 4 \end{array}\right)$

$\left(\begin{array}{ccc|c} 2 & 0 & 0 & -4 \\ 0 & 1 & 0 & -3 \\ 0 & 0 & 1 & 4 \end{array}\right)$ Lösung: (− 2; − 3; 4)

b) $\left(\begin{array}{ccc|c} 1 & 2 & 3 & 5 \\ 4 & 6 & 1 & 3 \\ -1 & -1 & 4 & 5 \end{array}\right)$

c) $\left(\begin{array}{ccc|c} 1 & 1 & 1 & 0 \\ 2 & 1 & 1 & 5 \\ -3 & 0 & 3 & 3 \end{array}\right)$

d) $\left(\begin{array}{ccc|c} 1 & 1 & -1 & 1 \\ -2 & 2 & 1 & 1 \\ 3 & 4 & -5 & -5 \end{array}\right)$

2 Das lineare Gleichungssystem wird mit dem Gaußverfahren gelöst.
Ergänzen Sie die fehlenden Zahlen.

a) $\left(\begin{array}{rrr|r} 1 & 1 & 1 & 0 \\ 2 & 3 & 3 & 4 \\ -2 & 0 & 3 & -1 \end{array}\right) \sim \left(\begin{array}{rrr|r} 1 & 1 & 1 & 0 \\ 0 & 1 & 1 & 4 \\ 0 & 2 & 5 & \square \end{array}\right) \sim \left(\begin{array}{rrr|r} 1 & 1 & 1 & 0 \\ 0 & 1 & 1 & \square \\ 0 & 0 & \square & -9 \end{array}\right)$

b) $\left(\begin{array}{rrr|r} 1 & 4 & -1 & 2 \\ -3 & 2 & 0 & 1 \\ 4 & 8 & -5 & -3 \end{array}\right) \sim \left(\begin{array}{rrr|r} 1 & 4 & -1 & 2 \\ 0 & \square & -3 & 7 \\ 0 & -8 & \square & -11 \end{array}\right) \sim \left(\begin{array}{rrr|r} 1 & 4 & -1 & 2 \\ 0 & 14 & -3 & 7 \\ 0 & \square & 0 & \square \end{array}\right)$

3 Das lineare Gleichungssystem für $x_1, x_2, x_3$ hat genau eine Lösung.
Bestimmen Sie die Lösung.

| | | |
|---|---|---|
| a) $\left(\begin{array}{rrr\|r} 1 & 0 & 2 & 1 \\ 0 & 2 & 0 & 3 \\ 0 & 0 & 3 & -3 \end{array}\right)$ | $3x_3 = -3;\ x_3 = -1$<br>$2x_2 = 3;\ x_2 = 1{,}5$<br>Eingesetzt in $x_1 + 2x_3 = 1$<br>ergibt: $x_1 + 2 \cdot (-1) = 1 \Rightarrow x_1 = 3$ | Lösung: (3; 1,5; − 1)<br>oder:<br>$x_1 = 3;\ x_2 = 1{,}5;\ x_3 = -1$ |
| b) $\left(\begin{array}{rrr\|r} 1 & 2 & -1 & 4 \\ 0 & 1 & 0 & 1 \\ 0 & 1 & 2 & -2 \end{array}\right)$ | | |

4 Prüfen Sie, ob die dargestellte Umformung beim Gauß-Verfahren korrekt ist.
Beschreiben Sie ansonsten den Fehler.

| Umformung | Umformung ist | Fehlerbeschreibung |
|---|---|---|
| $\left(\begin{array}{rrr\|r} 1 & 1 & 1 & 5 \\ 1 & 0 & 3 & -1 \\ 0 & 2 & 4 & 2 \end{array}\right)$ | ☐ richtig | |
| $\left(\begin{array}{rrr\|r} 1 & 1 & 1 & 5 \\ 0 & -1 & 2 & -2 \\ 0 & 2 & 4 & 2 \end{array}\right)$ | ☐ falsch | |
| $\left(\begin{array}{rrr\|r} 1 & 1 & 1 & 5 \\ 1 & 0 & 3 & -1 \\ 0 & 2 & 4 & 2 \end{array}\right) \mid \cdot 0$ | ☐ richtig | |
| $\left(\begin{array}{rrr\|r} 1 & 1 & 1 & 5 \\ 1 & 0 & 3 & -1 \\ 0 & 0 & 0 & 0 \end{array}\right)$ | ☐ falsch | |
| $\left(\begin{array}{rrr\|r} 1 & 2 & 1 & 5 \\ 0 & -7 & 3 & -1 \\ 0 & -2 & 1 & 3 \end{array}\right)$ | ☐ richtig | |
| $\left(\begin{array}{rrr\|r} 1 & 2 & 1 & 5 \\ 0 & -7 & 3 & -1 \\ 0 & 0 & 2 & 8 \end{array}\right)$ | ☐ falsch | |

5 Das lineare Gleichungssystem hat unendlich viele Lösungen. Bestimmen Sie die allgemeine Lösung.

| | | |
|---|---|---|
| a) $\left(\begin{array}{ccc\|c} 1 & -2 & 1 & 0 \\ 0 & 1 & -1 & 2 \\ 0 & 0 & 0 & 0 \end{array}\right)$ | Wählen Sie: $x_3 = r$<br>Eingesetzt in $x_2 - x_3 = 2$: $x_2 = 2 + r$<br>Eingesetzt in $x_1 - 2x_2 + x_3 = 0$<br>$x_1 - 2\,(2 + r) + r = 0$: $x_1 = 4 + r$ | Lösung: (4+ r; 2 + r; r)<br>oder:<br>$x_1 = 4 + r$; $x_2 = 2 + r$;<br>$x_3 = r$ |
| b) $\left(\begin{array}{ccc\|c} 1 & 1 & 1 & 0 \\ 0 & 1 & 2 & 4 \\ 0 & 0 & 0 & 0 \end{array}\right)$ | | |
| c) $\left(\begin{array}{ccc\|c} 1 & -1 & 1 & 5 \\ 0 & 2 & 0 & 4 \\ 0 & 0 & 0 & 0 \end{array}\right)$ | | |

6 Ergänzen Sie die Werte in der erweiterten Koeffizientenmatrix so, dass das LGS

a) eindeutig lösbar

$\left(\begin{array}{ccc|c} 1 & 0 & -1 & 0 \\ 0 & 1 & 2 & 4 \\ 0 & 0 & & \end{array}\right)$

Lösung: ____________

b) mehrdeutig lösbar

$\left(\begin{array}{ccc|c} 1 & 1 & 1 & 0 \\ 0 & 1 & 2 & 4 \\ 0 & & & \end{array}\right)$

Lösung: ____________

c) unlösbar ist.

$\left(\begin{array}{ccc|c} 1 & 1 & 1 & 3 \\ 0 & 0 & 2 & -5 \\ 0 & & & \end{array}\right)$

____________

7 Gegeben ist die allgemeine Lösung eines linearen Gleichungssystems.
Überprüfen Sie, ob der gegebene Vektor eine Lösung ist.

| allgemeine Lösung | | | | |
|---|---|---|---|---|
| $\vec{x} = \begin{pmatrix} 2r-1 \\ r-1 \\ r \end{pmatrix}; r \in \mathbb{R}$ | $\begin{pmatrix} 3 \\ 1 \\ 2 \end{pmatrix}$ | ☐ ist Lösung<br>☐ ist keine Lösung | $\begin{pmatrix} -1 \\ -1 \\ 2 \end{pmatrix}$ | ☐ ist Lösung<br>☐ ist keine Lösung |
| $\vec{x} = \begin{pmatrix} -2r \\ 4r \\ -r \end{pmatrix}; r \in \mathbb{R}$ | $\begin{pmatrix} 0 \\ 1 \\ -2 \end{pmatrix}$ | ☐ ist Lösung<br>☐ ist keine Lösung | $\begin{pmatrix} 2 \\ -4 \\ 1 \end{pmatrix}$ | ☐ ist Lösung<br>☐ ist keine Lösung |
| $\vec{x} = \begin{pmatrix} r \\ r+1 \\ 3 \end{pmatrix}; r \in \mathbb{R}$ | $\begin{pmatrix} 3 \\ 4 \\ 3 \end{pmatrix}$ | ☐ ist Lösung<br>☐ ist keine Lösung | $\begin{pmatrix} -1 \\ 0 \\ 3 \end{pmatrix}$ | ☐ ist Lösung<br>☐ ist keine Lösung |

8 Dargestellt ist ein LGS in Matrixform. Ordnen Sie dieses bezüglich der Lösbarkeit ein. Begründen Sie Ihre Entscheidung mithilfe der Rangkriterien.

a) Anzahl Unbekannte = Anzahl Gleichungen

| LGS in Matrixform | Lösbarkeit | Begründung |
|---|---|---|
| $\left(\begin{array}{ccc\|c} 1 & 1 & -1 & 0 \\ 0 & 1 & 2 & 4 \\ 0 & 0 & 1 & 0 \end{array}\right)$ | ☐ eindeutig lösbar<br>☐ mehrdeutig lösbar<br>☐ unlösbar | |
| $\left(\begin{array}{ccc\|c} 1 & 1 & 1 & 0 \\ 0 & 1 & 2 & 4 \\ 0 & 0 & 0 & 3 \end{array}\right)$ | ☐ eindeutig lösbar<br>☐ mehrdeutig lösbar<br>☐ unlösbar | |
| $\left(\begin{array}{ccc\|c} 1 & 1 & 1 & 3 \\ 0 & 0 & 2 & -5 \\ 0 & 0 & -1 & 2{,}5 \end{array}\right)$ | ☐ eindeutig lösbar<br>☐ mehrdeutig lösbar<br>☐ unlösbar | |
| $\left(\begin{array}{ccc\|c} 0 & 1 & 1 & 0 \\ 0 & 2 & 0 & -1 \\ 0 & 0 & 4 & 2 \end{array}\right)$ | ☐ eindeutig lösbar<br>☐ mehrdeutig lösbar<br>☐ unlösbar | |
| $\left(\begin{array}{ccc\|c} 1 & 1 & 1 & 5 \\ 1 & 0 & 3 & -1 \\ 0 & 0 & 1 & 2 \end{array}\right)$ | ☐ eindeutig lösbar<br>☐ mehrdeutig lösbar<br>☐ unlösbar | |
| $\left(\begin{array}{ccc\|c} 1 & 1 & 1 & 5 \\ 2 & 2 & 2 & 1 \\ 3 & 3 & 3 & 0 \end{array}\right)$ | ☐ eindeutig lösbar<br>☐ mehrdeutig lösbar<br>☐ unlösbar | |

b) Anzahl Unbekannte < Anzahl Gleichungen

| LGS in Matrixform | Lösbarkeit | Begründung |
|---|---|---|
| $\left(\begin{array}{cc\|c} 1 & 2 & 1 \\ 2 & 4 & 2 \\ 3 & 6 & -3 \end{array}\right)$ | ☐ eindeutig lösbar<br>☐ mehrdeutig lösbar<br>☐ unlösbar | |
| $\left(\begin{array}{cc\|c} 1 & 2 & 2 \\ 0 & -1 & 2 \\ 0 & 2 & 4 \end{array}\right)$ | ☐ eindeutig lösbar<br>☐ mehrdeutig lösbar<br>☐ unlösbar | |

c) Anzahl Unbekannte > Anzahl Gleichungen

| LGS in Matrixform | Lösbarkeit | Begründung |
|---|---|---|
| $\left(\begin{array}{ccc\|c} 1 & 1 & -1 & 0 \\ 0 & 1 & 2 & 4 \end{array}\right)$ | ☐ eindeutig lösbar<br>☐ mehrdeutig lösbar<br>☐ unlösbar | |
| $\left(\begin{array}{ccc\|c} 1 & 1 & -1 & 4 \\ 2 & 2 & -2 & 4 \end{array}\right)$ | ☐ eindeutig lösbar<br>☐ mehrdeutig lösbar<br>☐ unlösbar | |

# 2 Rechenoperationen mit Matrizen

1 Gegeben sind die Matrizen $A = \begin{pmatrix} -1 & 3 \\ 7 & 3 \end{pmatrix}$, $B = \begin{pmatrix} 1 & 0 \\ 0 & 1 \end{pmatrix}$ und $C = \begin{pmatrix} 1 & -1 \\ -1 & 1 \end{pmatrix}$.
Berechnen Sie.

a) $2 \cdot A - B = 2\begin{pmatrix} -1 & 3 \\ 7 & 3 \end{pmatrix} - \begin{pmatrix} 1 & 0 \\ 0 & 1 \end{pmatrix} = \begin{pmatrix} -2 & 6 \\ 14 & 6 \end{pmatrix} - \begin{pmatrix} 1 & 0 \\ 0 & 1 \end{pmatrix} = \begin{pmatrix} -3 & 6 \\ 14 & 5 \end{pmatrix}$

b) $-(A - C) =$

c) $3 \cdot (C + B) =$

d) $C - 3 \cdot A - 2 \cdot B =$

2 Berechnen Sie.

a) $-\begin{pmatrix} -6 & 1 \\ 2 & -3 \end{pmatrix} - 3\begin{pmatrix} -1 & 5 \\ 2 & -1 \end{pmatrix} =$

b) $6 \cdot \begin{pmatrix} 1 \\ 0 \\ 2 \end{pmatrix} - 2 \cdot \begin{pmatrix} 4 \\ -2 \\ 2 \end{pmatrix} - \begin{pmatrix} -1 \\ 3 \\ -12 \end{pmatrix} =$

c) $\begin{pmatrix} 1 & 0 & -1 \\ 2 & 1 & 3 \\ 4 & 6 & 1 \end{pmatrix} + 2 \cdot \begin{pmatrix} 0 & 0 & -1 \\ 2 & 1 & 0 \\ 1 & 2 & 1 \end{pmatrix} =$

d) $4 \cdot (2 \quad -2) - 3 \cdot (1 \quad -5) =$

e) $-\begin{pmatrix} 100 \\ 30 \\ 25 \end{pmatrix} + \begin{pmatrix} 45 \\ 120 \\ 20 \end{pmatrix} - 2 \cdot \begin{pmatrix} 110 \\ 30 \\ 120 \end{pmatrix} =$

f) $12 \cdot \begin{pmatrix} 0{,}5 \\ 0{,}7 \\ 1{,}2 \end{pmatrix} + 8 \cdot \begin{pmatrix} 0{,}4 \\ 1{,}2 \\ 2{,}6 \end{pmatrix} =$

g) $\begin{pmatrix} -1 & 2 & 1 \\ 4 & 7 & -7 \\ 0 & 1 & 3 \end{pmatrix} - 4 \cdot \begin{pmatrix} 1 & 0 & 0 \\ 0 & 1 & 0 \\ 0 & 0 & 1 \end{pmatrix} =$

h) $-\begin{pmatrix} 1 \\ 1 \\ 2 \end{pmatrix} + 5 \cdot \begin{pmatrix} 0 \\ -1 \\ 1 \end{pmatrix} =$

3 Vervollständigen und berechnen Sie.

a) $\begin{pmatrix} 3 \\ -1 \\ 4 \end{pmatrix} + \begin{pmatrix} \square \\ \square \\ \square \end{pmatrix} = \begin{pmatrix} 3 \\ 0 \\ 1 \end{pmatrix}$

b) $-2 \cdot \begin{pmatrix} \square \\ 1 \\ -5 \end{pmatrix} = \begin{pmatrix} 4 \\ \square \\ 10 \end{pmatrix}$

c) $\begin{pmatrix} 0 \\ -3 \\ \square \end{pmatrix} + 3 \cdot \begin{pmatrix} \square \\ 2 \\ -2 \end{pmatrix} = \begin{pmatrix} 9 \\ \square \\ -5 \end{pmatrix}$

d) $\begin{pmatrix} \square \\ \square \\ \square \end{pmatrix} + \begin{pmatrix} 2 \\ -1 \\ -3 \end{pmatrix} + \begin{pmatrix} 5 \\ -1 \\ 3 \end{pmatrix} = \begin{pmatrix} 4 \\ -3 \\ -4 \end{pmatrix}$

e) $2 \cdot \begin{pmatrix} 3 & -3 \\ -2 & 6 \end{pmatrix} + 3\begin{pmatrix} -2 & -4 \\ 2 & -1 \end{pmatrix} = \begin{pmatrix} \square & \square \\ \square & \square \end{pmatrix} + \begin{pmatrix} \square & \square \\ \square & \square \end{pmatrix} = \begin{pmatrix} \square & \square \\ \square & \square \end{pmatrix}$

4 Vervollständigen und berechnen Sie.

a) $\begin{pmatrix} 3 & 3 & 2 \\ 0 & \square & -1 \end{pmatrix} + \begin{pmatrix} -2 & \square & 3 \\ 0 & -3 & -1 \end{pmatrix} = \begin{pmatrix} 1 & 7 & \square \\ 0 & -2 & -2 \end{pmatrix}$

b) $\begin{pmatrix} 13 & -3 \\ 2 & \square \end{pmatrix} - \begin{pmatrix} \square & 14 \\ 8 & -7 \end{pmatrix} = \begin{pmatrix} 35 & -17 \\ \square & 17 \end{pmatrix}$

c) $\begin{pmatrix} \frac{3}{2} & \square \\ -\frac{3}{4} & \frac{1}{8} \end{pmatrix} - \begin{pmatrix} \frac{5}{2} & -\frac{7}{8} \\ \square & \frac{1}{2} \end{pmatrix} = \begin{pmatrix} \square & \frac{3}{4} \\ -\frac{3}{8} & \frac{-3}{8} \end{pmatrix}$

d) $-1{,}5 \cdot \begin{pmatrix} 3 & -3 & -1 \\ -2 & 6 & 1 \\ 4 & 0 & -2 \end{pmatrix} = \begin{pmatrix} \square & \square & \square \\ \square & \square & \square \\ \square & \square & \square \end{pmatrix}$

e) $(2 \quad 0 \quad -4) + 4 \cdot (\square \quad -1 \quad -0{,}5) = (-6 \quad \square \quad -6)$

5 Multiplizieren Sie.

a) $\begin{pmatrix} -1 & 3 \\ 7 & 3 \end{pmatrix} \cdot \begin{pmatrix} 1 & 2 \\ 3 & -3 \end{pmatrix} = \begin{pmatrix} 8 & -11 \\ 16 & 5 \end{pmatrix}$

b) $\begin{pmatrix} 3 & 3 & 2 \\ 0 & 1 & -1 \end{pmatrix} \cdot \begin{pmatrix} 1 & 2 \\ 3 & -3 \\ 1 & 1 \end{pmatrix} =$

c) $(2 \quad -2 \quad 3) \cdot \begin{pmatrix} 1 \\ 0 \\ 2 \end{pmatrix} =$

d) $\begin{pmatrix} 1 \\ 0 \\ 2 \end{pmatrix} \cdot (2 \quad -2 \quad 3) =$

e) $\begin{pmatrix} 1 & 2 \\ -1 & 0 \\ 2 & 4 \\ 0 & -4 \end{pmatrix} \cdot \begin{pmatrix} -1 & 0 \\ -1 & 2 \end{pmatrix} =$

f) $\begin{pmatrix} 1 & 0 & -1 \\ 2 & 1 & 3 \\ 4 & 6 & 1 \end{pmatrix} \cdot \begin{pmatrix} 0 & 0 & -1 \\ 2 & 1 & 0 \\ 1 & 2 & 1 \end{pmatrix} =$

g) $\begin{pmatrix} -1 & 2 \\ 4 & 7 \end{pmatrix} \cdot \begin{pmatrix} 1 & 0 \\ 0 & 1 \end{pmatrix} =$

h) $\begin{pmatrix} -1 & 2 & 1 \\ 4 & 7 & -7 \\ 0 & 1 & 3 \end{pmatrix} \cdot \begin{pmatrix} 1 & 0 & 0 \\ 0 & 1 & 0 \\ 0 & 0 & 1 \end{pmatrix} =$

6 Berechnen Sie die fehlenden Einträge.

a) $\begin{pmatrix} 3 & -3 \\ 2 & \square \end{pmatrix} \cdot \begin{pmatrix} -2 & 1 \\ 1 & \square \end{pmatrix} = \begin{pmatrix} -9 & 6 \\ \square & 1 \end{pmatrix}$

b) $\begin{pmatrix} 2 & -1 \\ 2 & \square \end{pmatrix}^2 = \begin{pmatrix} 2 & -3 \\ 6 & -1 \end{pmatrix}$ $\qquad A^2 = A \cdot A$

c) $\begin{pmatrix} 3 & 3 & 0 \\ -1 & 1 & -1 \\ 4 & \square & 1 \end{pmatrix} \cdot \begin{pmatrix} 5 \\ -1 \\ 3 \end{pmatrix} = \begin{pmatrix} 12 \\ \square \\ 19 \end{pmatrix}$

d) $\begin{pmatrix} 3 & 3 & 0 \\ -1 & 1 & -1 \\ 4 & \square & 1 \end{pmatrix} \cdot \begin{pmatrix} 0 & 0 & 1 \\ 1 & 1 & \square \\ -3 & 1 & -1 \end{pmatrix} = \begin{pmatrix} 3 & 3 & 6 \\ 4 & 0 & 1 \\ \square & 5 & 7 \end{pmatrix}$

e) $2 \cdot (\square \quad 1 \quad 1) \cdot \begin{pmatrix} -2 \\ 1 \\ -5 \end{pmatrix} = -20$

f) $2 \cdot \begin{pmatrix} 3 & \square \\ -2 & 6 \end{pmatrix} \cdot \begin{pmatrix} -2 & -4 \\ 2 & -1 \end{pmatrix} = \begin{pmatrix} -24 & -18 \\ \square & 4 \end{pmatrix}$

g) $(3 \quad 1 \quad 1) \cdot \begin{pmatrix} 3 & -3 & -1 \\ \square & 6 & 1 \\ 4 & 0 & -2 \end{pmatrix} = (11 \quad \square \quad -4)$

h) $\begin{pmatrix} 3 & 1 & 3 \\ \square & 3 & -1 \end{pmatrix} \cdot \begin{pmatrix} 3 & 0 \\ 1 & -1 \\ 2 & 2 \end{pmatrix} = \begin{pmatrix} 16 & 5 \\ -2 & \square \end{pmatrix}$

i) $\begin{pmatrix} 3 & 0 & 0 \\ 0 & 3 & -1 \\ -1 & 1 & \square \\ 1 & \square & 0 \end{pmatrix} \cdot \begin{pmatrix} -1 \\ 1 \\ -2 \end{pmatrix} = \begin{pmatrix} -3 \\ \square \\ 4 \\ -2 \end{pmatrix}$

7 Berechnen Sie.

a) $\begin{pmatrix} -1 & 2 \\ 4 & 3 \end{pmatrix} \cdot \begin{pmatrix} 1 & 0 \\ 1 & -3 \end{pmatrix} \cdot \begin{pmatrix} 4 \\ 5 \end{pmatrix} = \begin{pmatrix} 1 & -6 \\ 7 & -9 \end{pmatrix} \cdot \begin{pmatrix} 4 \\ 5 \end{pmatrix} = \begin{pmatrix} -26 \\ -17 \end{pmatrix}$

b) $4 \cdot \begin{pmatrix} 3 & 3 & 2 \\ 0 & 1 & -1 \end{pmatrix} \cdot \begin{pmatrix} 1 \\ -2 \\ 2 \end{pmatrix} =$

c) $(2 \; -2 \; 3) \cdot \begin{pmatrix} 1 & 0 & -1 \\ 2 & 1 & 3 \\ 4 & 6 & 1 \end{pmatrix} \cdot \begin{pmatrix} 1 \\ 0 \\ 2 \end{pmatrix} =$

d) $\begin{pmatrix} 0 & 0 & -1 \\ 2 & 1 & 0 \\ 1 & 2 & 1 \end{pmatrix} \cdot \begin{pmatrix} 1 \\ 0 \\ 2 \end{pmatrix} \cdot (2 \; -2 \; 3) =$

e) $\begin{pmatrix} 1 & 2 \\ -1 & 0 \\ 2 & 4 \\ 0 & -4 \end{pmatrix} \cdot \begin{pmatrix} 1 \\ -2 \end{pmatrix} =$

f) $\frac{1}{2} \begin{pmatrix} -2 & 0 \\ 3 & 4 \end{pmatrix}^2 =$

g) $\begin{pmatrix} -1 & 2 & 1 \\ 4 & 1 & -4 \\ 0 & 1 & 3 \end{pmatrix} \cdot \begin{pmatrix} 1 \\ 0 \\ 1 \end{pmatrix} + \begin{pmatrix} -1 & 0 & 1 \\ 1 & 3 & -2 \\ 0 & 1 & 0 \end{pmatrix} \cdot \begin{pmatrix} -1 \\ 1 \\ 0 \end{pmatrix} =$

h) $(1 \; -2 \; 1) \cdot \left( \begin{pmatrix} 1 \\ -1 \\ 2 \end{pmatrix} + 2 \cdot \begin{pmatrix} 3 \\ -2 \\ 0 \end{pmatrix} \right) =$

8 Entscheiden Sie, ob die Aussagen wahr oder falsch sind.

| Aussage | |
|---|---|
| a) Bei der Multiplikation von Matrizen muss die Spaltenanzahl der ersten Matrix mit der Zeilenanzahl der zweiten Matrix übereinstimmen. | ☐ wahr<br>☐ falsch |
| b) Bei der Multiplikation von zwei Matrizen A und B dürfen die Matrizen vertauscht werden. | ☐ wahr<br>☐ falsch |
| c) Bei Multiplikation einer Matrix A mit der Einheitsmatrix E dürfen die Matrizen vertauscht werden. | ☐ wahr<br>☐ falsch |
| d) Bei der Multiplikation von zwei Matrizen erhält man einen Skalar. | ☐ wahr<br>☐ falsch |
| e) Zwei Matrizen, die das gleiche Format haben, können stets miteinander multipliziert werden. | ☐ wahr<br>☐ falsch |

9 Es gilt: A · B = C. Berechnen Sie die fehlenden Werte.

a) $A = \begin{pmatrix} 1 & 2 & 0 \\ 0 & 5 & x \\ 1 & x & 1 \end{pmatrix}$; $B = \begin{pmatrix} 1 & y & 3 \\ 2 & 1 & 5 \\ 4 & 2 & 0 \end{pmatrix}$; $C = \begin{pmatrix} 5 & 0 & 13 \\ 22 & 11 & 25 \\ 11 & x & z \end{pmatrix}$

Durch teilweise ausmultiplizieren von A · B = C erhält man x, y und z:

$(0 \quad 5 \quad x)\begin{pmatrix} 1 \\ 2 \\ 4 \end{pmatrix} = 22$ ergibt $10 + 4x = 22$
$x = 3$

Probe: $(1 \quad 3 \quad 1)\begin{pmatrix} 1 \\ 2 \\ 4 \end{pmatrix} = 11$ wahr

$(1 \quad 2 \quad 0)\begin{pmatrix} y \\ 1 \\ 2 \end{pmatrix} = 0$ ergibt $y + 2 = 0$
$y = -2$

$(1 \quad 3 \quad 1)\begin{pmatrix} 3 \\ 5 \\ 0 \end{pmatrix} = z$ ergibt $z = 18$

Probe: $(1 \quad 3 \quad 1)\begin{pmatrix} -2 \\ 1 \\ 2 \end{pmatrix} = 3 = x$ wahr

b) $A = \begin{pmatrix} 1 & 2 & 0 \\ 2 & 5 & 3 \\ 1 & 2 & 1 \end{pmatrix}$; $B = \begin{pmatrix} 1 & 2 & 3 \\ 6 & 1 & 5 \\ 4 & 2 & 0 \end{pmatrix}$; $C = \begin{pmatrix} x & 4 & 13 \\ 44 & y & 31 \\ 17 & 6 & z \end{pmatrix}$

Durch teilweise Ausmultiplizieren von erhält man x, y und z.

c) $A = \begin{pmatrix} a & 4 & 2 \\ 0 & 2 & b \end{pmatrix}$; $B = \begin{pmatrix} 1 & 4 \\ b & 2 \\ 1 & 7 \end{pmatrix}$; $C = \begin{pmatrix} 23 & 26 \\ 15 & 39 \end{pmatrix}$

Durch teilweise Ausmultiplizieren von erhält man a und b.

# 3 Inverse Matrix

1 Bestimmen Sie jeweils die zugehörige Inverse. Machen Sie dann eine Probe.

$A = \begin{pmatrix} 1 & 2 \\ 2 & 3 \end{pmatrix}$

$\left(\begin{array}{cc|cc} 1 & 2 & 1 & 0 \\ 2 & 3 & 0 & 1 \end{array}\right) \cdot (-2)$

$\left(\begin{array}{cc|cc} 1 & 2 & 1 & 0 \\ 0 & -1 & -2 & 1 \end{array}\right) \cdot 2$

$\left(\begin{array}{cc|cc} 1 & 0 & -3 & 2 \\ 0 & -1 & -2 & 1 \end{array}\right) \mid \cdot (-1)$

$\left(\begin{array}{cc|cc} 1 & 0 & -3 & 2 \\ 0 & 1 & 2 & -1 \end{array}\right)$

$A^{-1} = \begin{pmatrix} -3 & 2 \\ 2 & -1 \end{pmatrix}$

Probe: $\begin{pmatrix} 1 & 2 \\ 2 & 3 \end{pmatrix} \begin{pmatrix} -3 & 2 \\ 2 & -1 \end{pmatrix} = \begin{pmatrix} 1 & 0 \\ 0 & 1 \end{pmatrix}$

$A \cdot A^{-1} = E$

$B = \begin{pmatrix} 2 & -1 \\ 4 & -3 \end{pmatrix}$

$\left(\begin{array}{cc|cc} 2 & -1 & 1 & 0 \\ 4 & -3 & 0 & 1 \end{array}\right)$

$C = \begin{pmatrix} 3 & 2 & 6 \\ 1 & 1 & 3 \\ -3 & -2 & -5 \end{pmatrix}$

$\left(\begin{array}{ccc|ccc} 3 & 2 & 6 & 1 & 0 & 0 \\ 1 & 1 & 3 & 0 & 1 & 0 \\ -3 & -2 & -5 & 0 & 0 & 1 \end{array}\right)$

$D = \begin{pmatrix} 1 & 2 & 3 \\ 3 & -1 & 1 \\ 1 & 0 & 1 \end{pmatrix}$

$\left(\begin{array}{ccc|ccc} 1 & 2 & 3 & 1 & 0 & 0 \\ 3 & -1 & 1 & 0 & 1 & 0 \\ 1 & 0 & 1 & 0 & 0 & 1 \end{array}\right)$

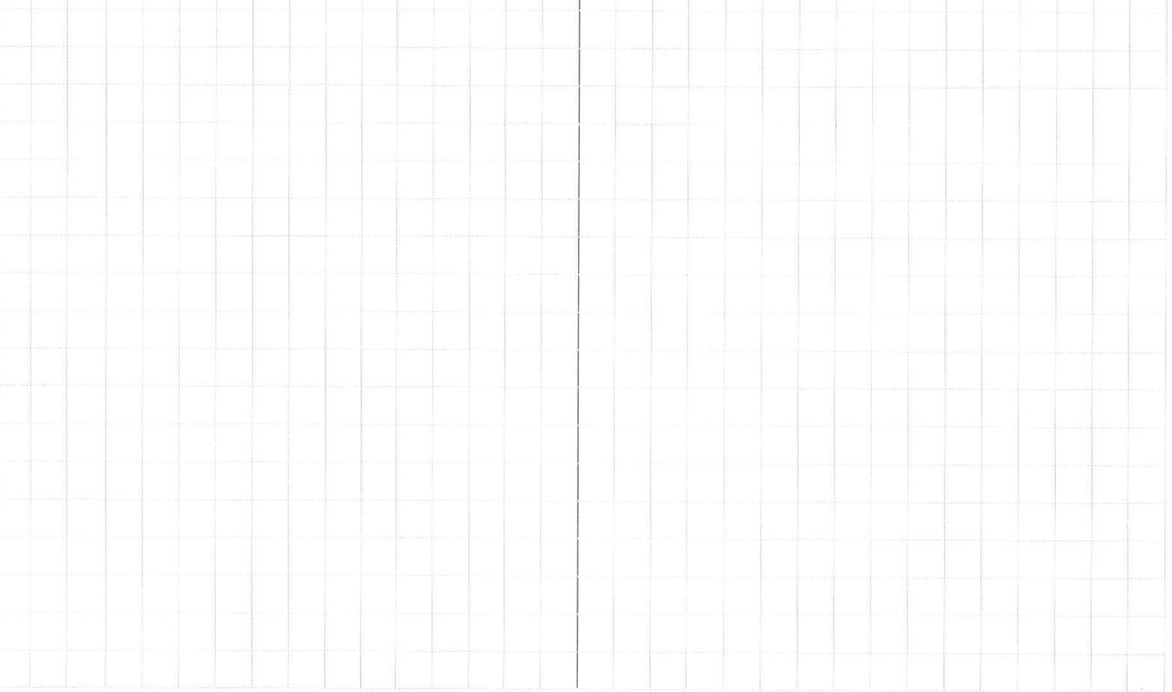

2 Berechnen Sie die fehlenden Elemente der Inversen.

$A = \begin{pmatrix} 1 & 2 \\ 2 & 3 \end{pmatrix} \quad A^{-1} = \begin{pmatrix} \square & 2 \\ 2 & -1 \end{pmatrix}$

$A \cdot A^{-1} = E = \begin{pmatrix} 1 & 0 \\ 0 & 1 \end{pmatrix}: \quad (1 \quad 2)\begin{pmatrix} x \\ 2 \end{pmatrix} = 1$

ergibt $x + 4 = 1$ also $x = -3$

$B = \begin{pmatrix} 1 & 1 \\ 4 & -1 \end{pmatrix} \quad B^{-1} = \frac{1}{5}\begin{pmatrix} 1 & \square \\ 4 & -1 \end{pmatrix}$

$C = \begin{pmatrix} 3 & 2 & 6 \\ 1 & \square & 3 \\ -3 & -2 & -5 \end{pmatrix} \quad C^{-1} = \begin{pmatrix} 1 & -2 & 0 \\ -4 & 3 & -3 \\ \square & 0 & 1 \end{pmatrix}$

$D = \begin{pmatrix} 1 & 2 & 3 \\ 3 & -1 & 1 \\ 1 & 0 & 1 \end{pmatrix}; \; D^{-1} = \begin{pmatrix} 0{,}5 & 1 & -2{,}5 \\ 1 & 1 & \square \\ \square & -1 & 3{,}5 \end{pmatrix}$

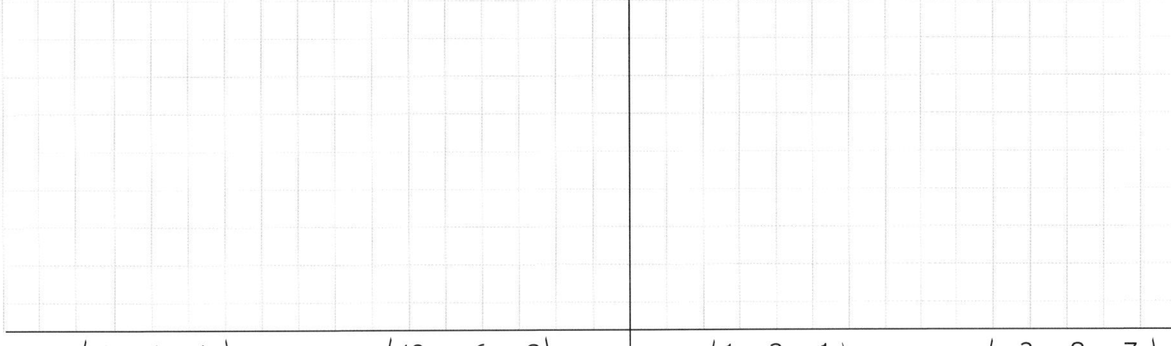

$F = \begin{pmatrix} 1 & 1 & 1 \\ 1 & 1 & 3 \\ -1 & \square & -4 \end{pmatrix} \quad F^{-1} = \frac{1}{6}\begin{pmatrix} 10 & -6 & -2 \\ -1 & 3 & \square \\ -3 & 3 & 0 \end{pmatrix}$

$G = \begin{pmatrix} 1 & 2 & 1 \\ 1 & -1 & 3 \\ 3 & 2 & -3 \end{pmatrix} \quad G^{-1} = \frac{1}{26}\begin{pmatrix} -3 & 8 & 7 \\ \square & -6 & \square \\ 5 & 4 & -3 \end{pmatrix}$

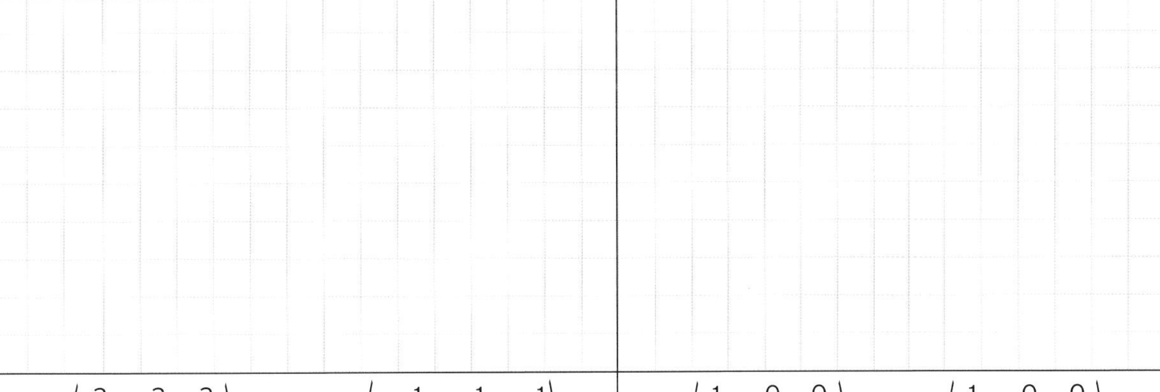

$H = \begin{pmatrix} 2 & 2 & 2 \\ 1 & \square & \square \\ -2 & -1 & 0 \end{pmatrix} \quad H^{-1} = \begin{pmatrix} -1 & 1 & -1 \\ 2 & -2 & 1 \\ -0{,}5 & 1 & 0 \end{pmatrix}$

$I = \begin{pmatrix} 1 & 0 & 0 \\ 1 & 1 & 0 \\ -1 & 0 & -1 \end{pmatrix} \quad I^{-1} = \begin{pmatrix} 1 & 0 & 0 \\ \square & 1 & 0 \\ \square & 0 & -1 \end{pmatrix}$

11 Merkur-Nr. 2666

# 4 Matrizengleichungen

1 Lösen Sie die „Zahlengleichung" und die Matrizengleichung parallel.

| Zahlengleichung | | Matrizengleichung | |
|---|---|---|---|
| $2x + 3 = 8$ | \| ______ | $AX + B = C$ | \| ______ |
| ___ = ___ | \| ______ | ___ = ______ | \| ______ |
| x = ___ | | X = ______ | |

Beschreiben Sie den Unterschied in der Vorgehensweise.

2 Lösen Sie die Matrizengleichungen (E ist die geeignete Einheitsmatrix).

| | | |
|---|---|---|
| a) $BX - B = 3B - X$ | | $BX - B = 3B - X \quad \vert + X \quad \vert + B$ |
| | Sortieren: | $BX + X = 4B$ |
| | Ausklammern: | $(B + E)\,X = 4B \quad \vert \cdot (B + E)^{-1}$ v. li |
| | Inverse: | $X = (B + E)^{-1} \cdot 4B$ |
| b) $XA - 2E = A - XB$ | | |
| c) $B(E + X) = A$ | | |
| d) $2AX + B = 4X$ | | |

3 Beschreiben Sie, was hier falsch gemacht wurde. Gehen Sie dann richtig vor.

a) Falsch:

$2A + XB = -C \quad | -2A$

$XB = -C - 2A \quad | \cdot B^{-1}$

$XB = B^{-1}(-C - 2A)$

Fehler: ______________________

Richtig:

$2A + XB = -C$

b) Falsch:

$XB + X - C = A \quad | +C$

$XB + X = A + C$

$X(B + 1) = A + C \quad | \cdot (B + 1)^{-1}$

$X = (A + C) \cdot (B + 1)^{-1}$

Fehler: ______________________

Richtig:

$XB + X - C = A$

c) Falsch:

$XB + AX = A$

$X(B + A) = A \quad | \cdot (B + A)^{-1}$

$X = A \cdot (B + A)^{-1}$

Fehler: ______________________

Richtig:

$XB + AX = A$

4 Entscheiden Sie, ob eine zugehörige inverse Matrix existiert.

| | | |
|---|---|---|
| a) Zu jeder quadratischen Matrix | ☐ Ja | ☐ Nein |
| b) Zu einer Einheitsmatrix | ☐ Ja | ☐ Nein |
| c) Zu einer Nullmatrix | ☐ Ja | ☐ Nein |
| d) Zur Matrix $A = \begin{pmatrix} 2 & 2 \\ 0 & 1 \end{pmatrix}$ | ☐ Ja | ☐ Nein |
| e) Zur Matrix $B = \begin{pmatrix} 1 & 2 \\ 1 & 2 \end{pmatrix}$ | ☐ Ja | ☐ Nein |
| f) Zur Matrix $C = \begin{pmatrix} 1 & 0 & 0 \\ 0 & 0 & 1 \\ 0 & 1 & 0 \end{pmatrix}$ | ☐ Ja | ☐ Nein |

# 5 Lineare Verflechtung

## Verflechtungsmatrizen

1 In einem Unternehmen mit einem zweistufigen Produktionsprozess sind die festen Mengenbeziehungen zwischen Rohstoffen, Zwischen- und Endprodukten durch folgende Tabellen gegeben:

| | $Z_1$ | $Z_2$ | $Z_3$ |
|---|---|---|---|
| $R_1$ | 1 | 2 | 2 |
| $R_2$ | 1 | 1 | 3 |

| | $E_1$ | $E_2$ |
|---|---|---|
| $Z_1$ | 2 | 5 |
| $Z_2$ | 3 | 1 |
| $Z_3$ | 4 | 4 |

a) Erläutern Sie die Werte der 2. Spalte der Rohstoff-Zwischenprodukt-Matrix.

b) Bestimmen Sie den Verbrauchan Rohstoffen für eine Produktion von 1 ME $E_1$ und 1 ME $E_2$. Erläutern Sie Ihr Ergebnis.

Lösung:

Rohstoff-Zwischenprodukt-Matrix A =$A_{RZ}$ = $\begin{pmatrix} 1 & 2 & 2 \\ 1 & 1 & 3 \end{pmatrix}$

Verflechtungsmatrizen

Zwischenprodukt-Endprodukt-Matrix B = $B_{ZE}$ = $\begin{pmatrix} 2 & 5 \\ 3 & 1 \\ 4 & 4 \end{pmatrix}$

a) Die 2. Spalte der Rohstoff-Zwischenprodukt-Matrix $\begin{pmatrix} 2 \\ 1 \end{pmatrix}$ besagt:
Für die Produktion einer ME von $Z_2$ benötigt man 2 ME des Rohstoffs $R_1$ und 1 ME des Rohstoffs $R_2$.

b) $A \cdot B = C = C_{RE} = \begin{pmatrix} 16 & 15 \\ 17 & 18 \end{pmatrix}$

Ergebnis: Für die Produktion von 1 ME $E_1$ braucht man 16 ME $R_1$ und 17 ME $R_2$.
Für die Produktion von 1 ME $E_2$ braucht man 15 ME $R_1$ und 18 ME $R_2$.

Erläuterung: Für die Produktion von 1 ME $E_1$ braucht man 2 ME $Z_1$, 3 ME $Z_2$ und 4 ME $Z_3$.
Für die Produktion von 1 ME $Z_1$ braucht man 1 ME $R_1$ und 1 ME $R_2$.
Für die Produktion von 1 ME $Z_2$ braucht man 2 ME $R_1$ und 1 ME $R_2$.
Für die Produktion von 1 ME $Z_3$ braucht man 2 ME $R_1$ und 3 ME $R_2$.
Insgesamt braucht man z. B. für 1 ME von $E_1$:

$1 \cdot 2 + 2 \cdot 3 + 2 \cdot 4 = 16$ ME $R_1$ $\qquad (1 \;\; 2 \;\; 2)\begin{pmatrix} 2 \\ 3 \\ 4 \end{pmatrix} = 16$

2 In einem Unternehmen mit einem zweistufigen Produktionsprozess sind die festen Mengenbeziehungen zwischen Rohstoffen, Zwischen- und Endprodukten durch folgenden Graph gegeben:

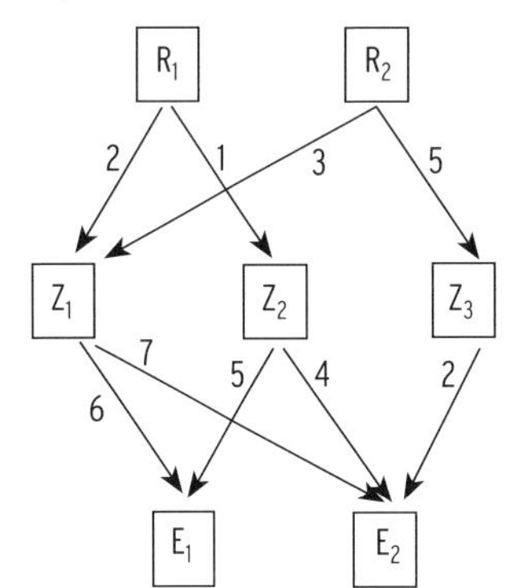


Der Pfeil z. B. von $R_2$ nach $Z_1$, gibt an, dass pro Mengeneinheit (ME) des Zwischenprodukts $Z_1$ 3 ME des Rohstoffs $R_2$ nötig sind.

Bestimmen Sie den Bedarf an Rohstoffen für eine Produktion von 1 ME $E_1$ bzw. von 1 ME $E_2$. Erläutern Sie Ihr Ergebnis.

Lösung:
Verflechtungstabellen:

| | $Z_1$ | $Z_2$ | $Z_3$ |
|---|---|---|---|
| $R_1$ | | | |
| $R_2$ | | | |

| | $E_1$ | $E_2$ |
|---|---|---|
| $Z_1$ | | |
| $Z_2$ | | |
| $Z_3$ | | |

Verflechtungsmatrizen A = B =

$A \cdot B = C =$

Ergebnis: Man braucht für 1 ME $E_1$ _____ ME von $R_1$ und _____ ME von $R_2$

und für 1 ME $E_2$ _____ ME von $R_1$ und _____ ME von $R_2$ .

Erläuterung:

3 Ein Betrieb produziert in einem zweistufigen Produktionsprozess aus den Rohstoffen $R_1$, $R_2$ (und $R_3$) die Zwischenprodukte $Z_1$, $Z_2$ (und $Z_3$) und daraus die Endprodukte $E_1$, $E_2$ (und $E_3$).
Die Rohstoff-Zwischenprodukt-Matrix A und die Zwischenprodukt-Endprodukt-Matrix B sind wie folgt gegeben (alle Angaben in Mengeneinheiten (ME)):
Ermitteln Sie den Bedarf der einzelnen Rohstoffe für je eine ME der Endprodukte.

a) $A = \begin{pmatrix} 1 & 1 \\ 1 & 4 \end{pmatrix}$; $B = \begin{pmatrix} 1 & 2 \\ 3 & 1 \end{pmatrix}$; $C = A \cdot B = \begin{pmatrix} 4 & 3 \\ 13 & 6 \end{pmatrix}$

Ergebnis:
Für die Produktion von 1 ME $E_1$ braucht man 4 ME $R_1$ und 13 ME $R_2$.
Für die Produktion von 1 ME $E_2$ braucht man 3 ME $R_1$ und 6 ME $R_2$.

b) $A = \begin{pmatrix} 5 & 1 \\ 1 & 4 \end{pmatrix}$; $B = \begin{pmatrix} 1 & 2 & 2 \\ 1 & 1 & 1 \end{pmatrix}$; C =

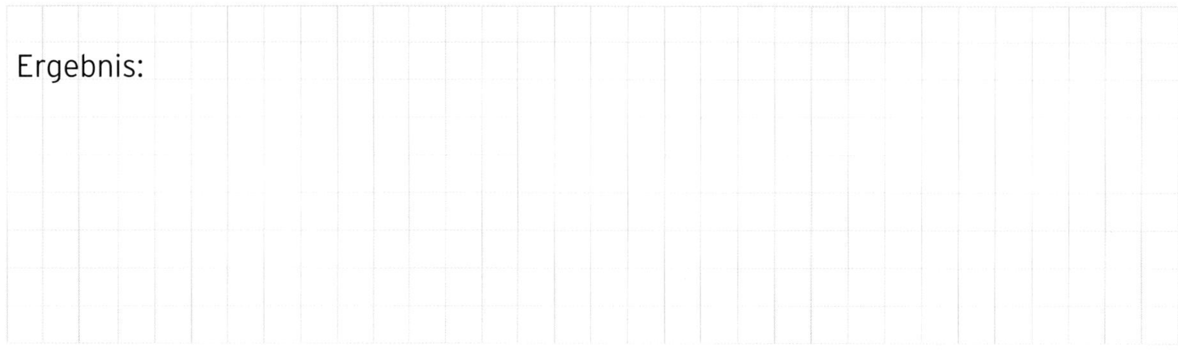

Ergebnis:

c) $A = \begin{pmatrix} 1 & 2 & 3 \\ 1 & 1 & 4 \\ 1 & 4 & 1 \end{pmatrix}$; $B = \begin{pmatrix} 1 & 2 & 0 \\ 1 & 1 & 1 \\ 3 & 1 & 3 \end{pmatrix}$; C =

Ergebnis:

d) $A = \begin{pmatrix} 1 & 2 & 1 \\ 1 & 3 & 4 \end{pmatrix}$; $B = \begin{pmatrix} 1 & 3 \\ 1 & 1 \\ 2 & 1 \end{pmatrix}$; C =

Ergebnis:

4 Ein Betrieb stellt aus den Rohstoffen $R_1$, $R_2$ und $R_3$ die Zwischenprodukte $Z_1$, $Z_2$ und $Z_3$ her. Aus diesen Zwischenprodukten werden die Endprodukte $E_1$ und $E_2$ hergestellt. Das Materialflussdiagramm (Verflechtungsdiagramm) beschreibt den Bedarf an Rohstoffen pro ME der Zwischenprodukte und den Bedarf an Zwischenprodukten pro ME der Endprodukte. Bestimmen Sie die Verflechtungsmatrizen.

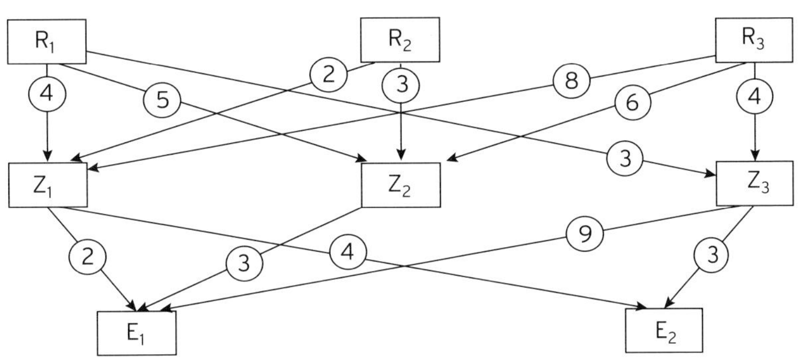


A = ; B = ; C =

5 Ein Computerhersteller produziert aus zwei Rohstoffen $R_1$ und $R_2$ drei Module $B_1$, $B_2$ und $B_3$ und daraus drei Typen von Computern $G_1$, $G_2$ und $G_3$. Der Materialfluss in Mengeneinheiten (ME) ist dem Diagramm und der Tabelle zu entnehmen.

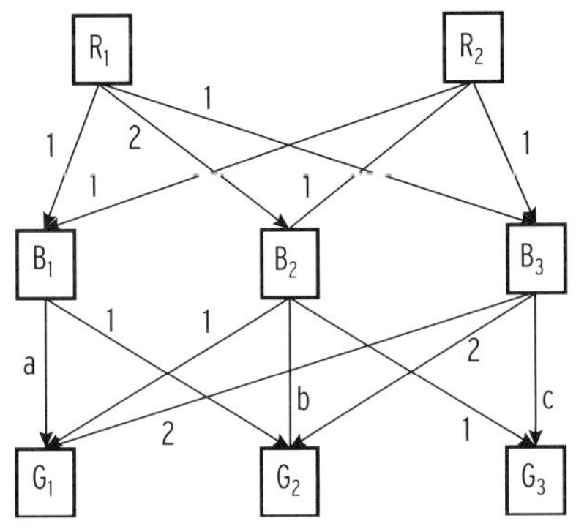


| | $G_1$ | $G_2$ | $G_3$ |
|---|---|---|---|
| $R_1$ | 5 | 5 | 4 |
| $R_2$ | 4 | 4 | 3 |

Bestimmen Sie die Matrix, die den Bedarf an Modulen je Computertyp angibt.

A = ; B = ; C =

Nebenrechnung:

6 Ein Produktionsprozess kann durch ein Verflechtungsdiagramm, durch eine Verflechtungstabelle oder durch eine Verflechtungsmatrix beschrieben werden.

a) Ergänzen Sie die fehlenden Werte.

| Verflechtungsdiagramm | Verflechtungstabelle | Verflechtungsmatrix |
|---|---|---|
| $R_1$ $R_2$ $R_3$<br>6 5 1<br>$Z_1$ $Z_2$ $Z_3$<br>2 3 1<br>$E_1$ $E_2$ | (see tables below) | A =<br><br>B = |

| | $Z_1$ | $Z_2$ | $Z_3$ |
|---|---|---|---|
| $R_1$ | | 3 | |
| $R_2$ | | | |
| $R_3$ | | | 5 |

| | $E_1$ | $E_2$ |
|---|---|---|
| $Z_1$ | | |
| $Z_2$ | | 4 |
| $Z_3$ | | 2 |

b) Berechnen Sie die Rohstoff-Endprodukt-Matrix C.

C =

c) Interpretieren Sie die Elemente der Matrix C.

Für die Produktion je einer ME $E_1$ braucht man ______________________.

Für die Produktion je einer ME $E_2$ braucht man ______________________.

d) Interpretieren Sie die zweite Spalte der Matrix B.

e) Interpretieren Sie die erste Zeile der Matrix A.

## Produktions-und Verbrauchsvektoren

1 Ein Betrieb fertigt in einem zweistufigen Produktionsprozess aus den Rohstoffen $R_1$, $R_2$ und $R_3$ zunächst die Zwischenprodukte $Z_1$, $Z_2$ und $Z_3$ und daraus die Endprodukte $E_1$, $E_2$ und $E_3$. Die Rohstoff-Zwischenprodukt-Matrix A und die Zwischenprodukt-Endprodukt-Matrix B sind gegeben durch

$$A = A_{RZ} = \begin{pmatrix} 2 & 3 & 1 \\ 1 & 1 & 1 \\ 1 & 4 & 4 \end{pmatrix} \text{ und } B = B_{ZE} = \begin{pmatrix} 4 & 3 & 4 \\ 2 & 2 & 2 \\ 3 & 1 & 5 \end{pmatrix}.$$

a) Bestimmen Sie den Verbrauch an Rohstoffen, um 6 ME von $Z_1$, 6 ME von $Z_2$ und 10 ME von $Z_3$ herzustellen.

Lösung: $\vec{r} = A_{RZ} \cdot \begin{pmatrix} 6 \\ 6 \\ 10 \end{pmatrix} = \begin{pmatrix} 40 \\ 22 \\ 70 \end{pmatrix}$

Es werden 40 ME $R_1$, 22 ME $R_2$ und 70 ME $R_3$ benötigt.

b) Bestimmen Sie den Bedarf an Zwischenprodukten, um jeweils 10 ME von $E_1$, $E_2$ und $E_3$ herzustellen.

Lösung: $\vec{z} = B_{ZE} \cdot \begin{pmatrix} 10 \\ 10 \\ 10 \end{pmatrix} = \begin{pmatrix} 110 \\ 60 \\ 90 \end{pmatrix}$

Es werden 110 ME von $Z_1$, 60 ME von $Z_2$ und 90 ME von $Z_3$ benötigt.

c) Berechnen Sie die Rohstoff-Endprodukt-Matrix C.

Lösung: $C = A \cdot B = \begin{pmatrix} 2 & 3 & 1 \\ 1 & 1 & 1 \\ 1 & 4 & 4 \end{pmatrix} \cdot \begin{pmatrix} 4 & 3 & 4 \\ 2 & 2 & 2 \\ 3 & 1 & 5 \end{pmatrix} = \begin{pmatrix} 17 & 13 & 19 \\ 9 & 6 & 11 \\ 24 & 15 & 32 \end{pmatrix}$ $\quad C = C_{RE}$

d) Berechnen Sie den Verbrauch an Rohstoffen zur Herstellung von 10 ME von $E_1$, 10 ME von $E_2$ und 5 ME von $E_3$.

Lösung: $\vec{r} = C_{RE} \cdot \begin{pmatrix} 10 \\ 10 \\ 5 \end{pmatrix} = \begin{pmatrix} 395 \\ 205 \\ 550 \end{pmatrix}$

Es werden 395 ME $R_1$, 205 ME $R_2$ und 550 ME $R_3$ benötigt.



12 Merkur-Nr. 2666

2 Ein Betrieb fertigt in einem zweistufigen Produktionsprozess aus den Rohstoffen $R_1$, $R_2$ und $R_3$ zunächst die Zwischenprodukte $Z_1$, $Z_2$ und $Z_3$ und daraus die Endprodukte $E_1$, $E_2$ und $E_3$. Die Rohstoff-Zwischenprodukt-Matrix A und die Zwischenprodukt-Endprodukt-Matrix B sind gegeben durch

$$A = \begin{pmatrix} 2 & 3 & 3 \\ 2 & 1 & 1 \\ 1 & 2 & 2 \end{pmatrix}; \; B = \begin{pmatrix} 2 & 1 & 1 \\ 1 & 2 & 2 \\ 3 & 1 & 0 \end{pmatrix}.$$

a) Bestimmen Sie den Verbrauch an Rohstoffen, um 5 ME von $Z_1$, 8 ME von $Z_2$ und 8 ME von $Z_3$ herzustellen.

Lösung: $\vec{r}$ =

b) Ermitteln Sie, wieviele Zwischenprodukte benötigt werden, um 5 ME von $E_1$, 8 ME von $E_2$ und 8 ME von $E_3$ herzustellen.

Lösung: $\vec{z}$ =

c) Berechnen Sie die Rohstoff-Endprodukt-Matrix C.

Lösung: $C = A \cdot B$ =

d) Bestimmen Sie den Bedarf an Rohstoffen zur Herstellung von 10 ME von $E_1$, 10 ME von $E_2$ und 5 ME von $E_3$.

Lösung: $\vec{r}$ =

3 Ein Betrieb fertigt in einem zweistufigen Produktionsprozess aus den Rohstoffen $R_1$, $R_2$ und $R_3$ zunächst die Zwischenprodukte $Z_1$, $Z_2$ und $Z_3$ und daraus die Endprodukte $E_1$, $E_2$ und $E_3$. Die Rohstoff-Zwischenprodukt-Matrix A und die Zwischenprodukt-Endprodukt-Matrix B sind gegeben durch

$$A = \begin{pmatrix} 1 & 1 & 0 \\ 2 & 1 & 1 \\ 1 & 0 & 2 \end{pmatrix} \text{ und } B = \begin{pmatrix} 2 & 1 & 1 \\ 1 & 2 & 1 \\ 0 & 1 & 0 \end{pmatrix}.$$

a) Es werden 9 ME von $R_1$, 18 ME von $R_2$ und 13 ME von $R_3$ verarbeitet. Bestimmen Sie die Fertigungszahlen der Zwischenprodukte.

b) Bestimmen Sie die Mengen an Endprodukten aus der Verarbeitung von 31 ME von $Z_1$, 26 ME von $Z_2$ und 5 ME von $Z_3$ .

c) Berechnen Sie die Rohstoff-Endprodukt-Matrix C.

Lösung: $C = A \cdot B =$

d) Endprodukte werden durch die Verarbeitung von 42 ME von $R_1$, 68 ME von $R_2$ und 30 ME von $R_3$ hergestellt. Bestimmen Sie die Produktionszahlen von $E_1$, $E_2$ und $E_3$.

4 Ein Betrieb fertigt in einem zweistufigen Produktionsprozess aus den Rohstoffen $R_1$, $R_2$ und $R_3$ zunächst die Zwischenprodukte $Z_1$, $Z_2$ und $Z_3$ und daraus die Endprodukte $E_1$, $E_2$ und $E_3$.
A ist die Rohstoff-Zwischenprodukt-Matrix,
B ist die Zwischenprodukt-Endprodukt-Matrix,
C ist die Rohstoff-Endprodukt-Matrix,
$\vec{x}$ ist der Produktionsvektor (Endprodukte), $\vec{z}$ ist der Zwischenproduktvektor,
$\vec{r}$ ist der Verbrauchsvektor für die Rohstoffe.
Formulieren Sie eine geeignete Fragestellung. Ordnen Sie den Vektoren bzw. Matrizen einen Begriff zu.

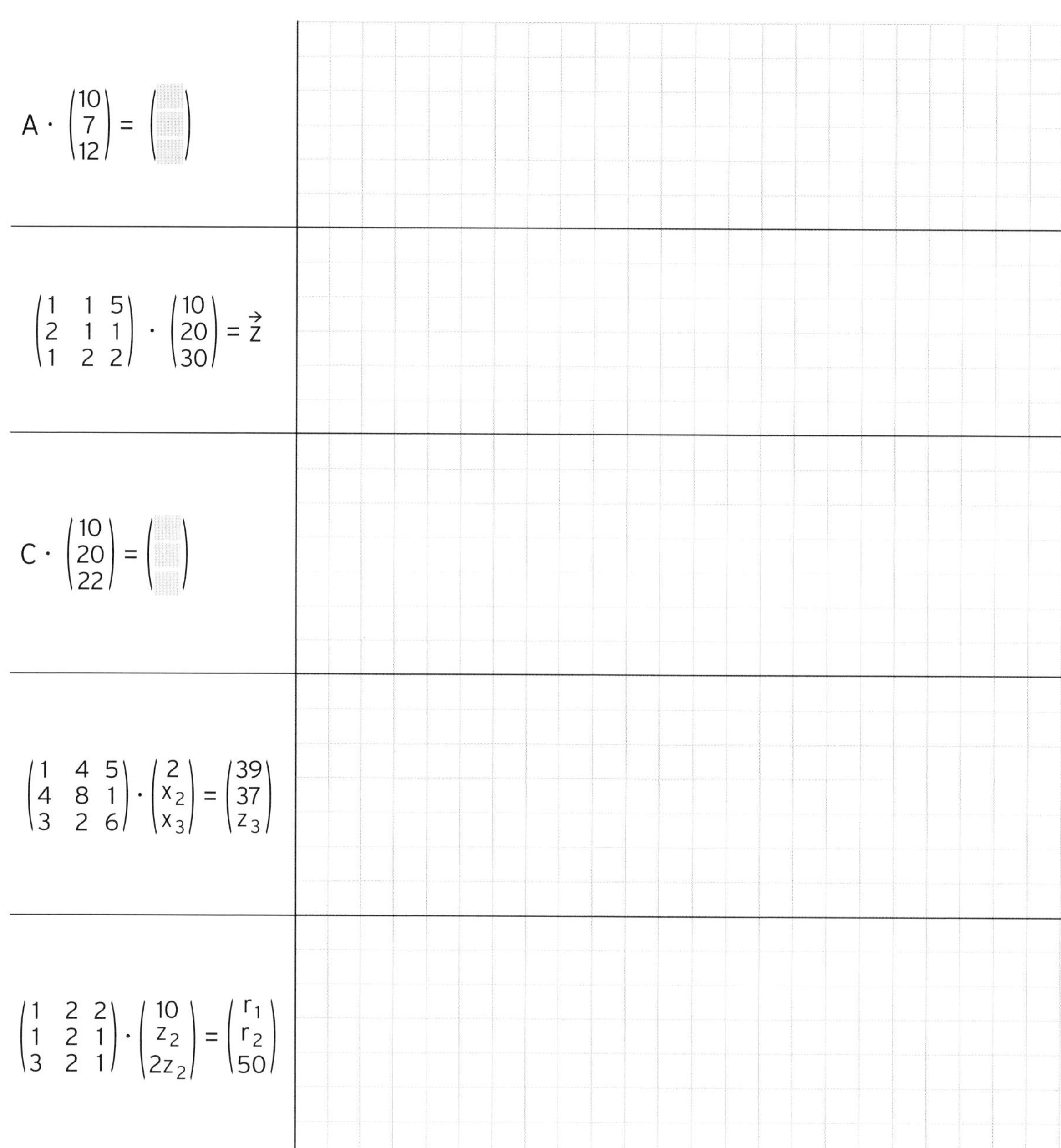

$$A \cdot \begin{pmatrix} 10 \\ 7 \\ 12 \end{pmatrix} = \begin{pmatrix} \; \\ \; \\ \; \end{pmatrix}$$

$$\begin{pmatrix} 1 & 1 & 5 \\ 2 & 1 & 1 \\ 1 & 2 & 2 \end{pmatrix} \cdot \begin{pmatrix} 10 \\ 20 \\ 30 \end{pmatrix} = \vec{z}$$

$$C \cdot \begin{pmatrix} 10 \\ 20 \\ 22 \end{pmatrix} = \begin{pmatrix} \; \\ \; \\ \; \end{pmatrix}$$

$$\begin{pmatrix} 1 & 4 & 5 \\ 4 & 8 & 1 \\ 3 & 2 & 6 \end{pmatrix} \cdot \begin{pmatrix} 2 \\ x_2 \\ x_3 \end{pmatrix} = \begin{pmatrix} 39 \\ 37 \\ z_3 \end{pmatrix}$$

$$\begin{pmatrix} 1 & 2 & 2 \\ 1 & 2 & 1 \\ 3 & 2 & 1 \end{pmatrix} \cdot \begin{pmatrix} 10 \\ z_2 \\ 2z_2 \end{pmatrix} = \begin{pmatrix} r_1 \\ r_2 \\ 50 \end{pmatrix}$$

5 In einem Betrieb werden aus den Rohstoffen $R_1$ und $R_2$ zunächst die Zwischenprodukte $Z_1$, $Z_2$ und $Z_3$ und daraus die Endprodukte $E_1$ und $E_2$ gefertigt.

Es werden 4 ME Endprodukte $E_1$ und 5 ME Endprodukte $E_2$ bestellt.

Das Verflechtungsdiagramm beschreibt die Fertigung.

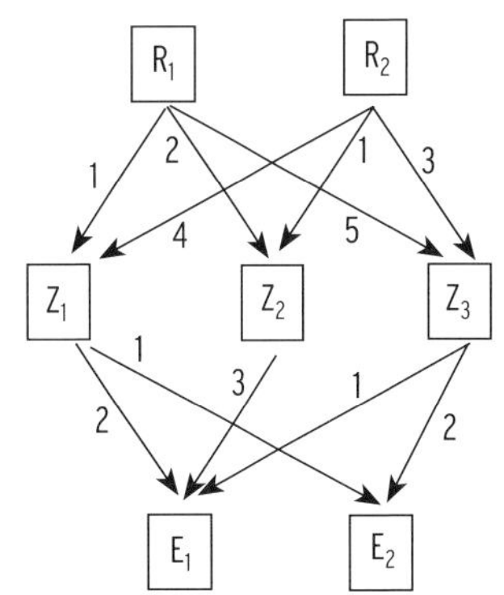


a) Geben Sie die Rohstoff-Zwischenprodukt-Matrix A und die Zwischenprodukt-Endprodukt-Matrix B an.

b) Berechnen Sie den hierfür benötigten Rohstoffbedarf, indem Sie zunächst die benötigten Zwischenproduktmengen berechnen.

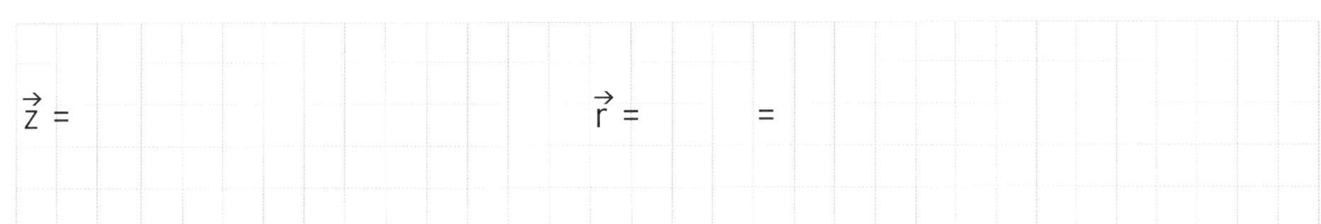


c) Berechnen Sie den Rohstoffbedarf erneut mithilfe der Rohstoff-Endprodukt-Matrix C.

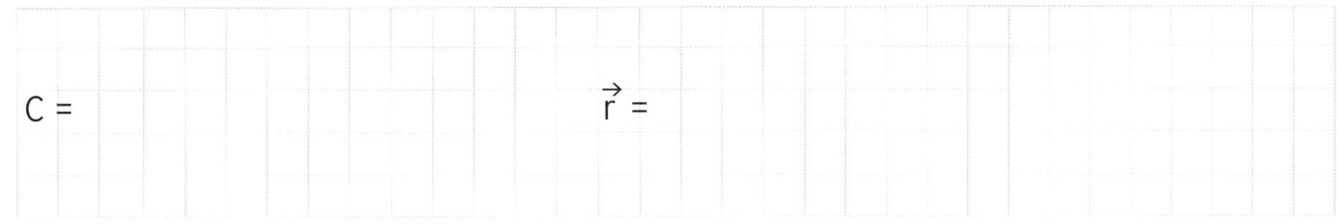


d) Es befinden sich 170 ME $R_1$ und 172 ME $R_2$ im Lager.
Ermitteln Sie, wie viele Endprodukte hiermit hergestellt werden können.

Durch Einsetzen in C · ______ = ______ und Ausmultiplizieren erhält man ein LGS:

Ergebnis:
Es können ______ ME Endprodukte $E_1$ und ______ ME $E_2$ gefertigt werden.

## Kosten und Gewinn

1 Ein Betrieb fertigt drei verschiedene Endprodukte $E_1$, $E_2$ und $E_3$ unter Verwendung von drei verschiedenen Rohstoffen $R_1$, $R_2$ und $R_3$. Die folgende Verflechtungsmatrix gibt an, wie viele Mengeneinheiten (ME) Rohstoffe für die Produktion von jeweils 1 ME Endprodukten benötigt werden:

$$C = \begin{pmatrix} 4 & 2 & 8 \\ 3 & 4 & 12 \\ 2 & 1 & 7 \end{pmatrix}$$

Die Kosten für die Rohstoffe betragen 8 Geldeinheiten (GE) pro ME $R_1$, 4 GE pro ME $R_2$ und 7 GE pro ME $R_3$. Bei der Herstellung der Endprodukte entstehen weitere Kosten, 12 GE pro ME $E_1$, 14 GE pro ME $E_2$ und 17 GE pro ME $E_3$. Die Verkaufspreise in GE pro ME der Endprodukte sind durch folgenden Vektor gegeben: $\vec{p} = (70 \quad 60 \quad 160)$.
Der Betrieb erhält einen Auftrag über 100 ME $E_1$ für 100 ME $E_2$ und für 80 ME $E_3$.

a) Berechnen Sie die gesamten Kosten für den Auftrag.

Rohstoffkosten je ME der Endprodukte: $(8 \quad 4 \quad 7) \cdot \begin{pmatrix} 4 & 2 & 8 \\ 3 & 4 & 12 \\ 2 & 1 & 7 \end{pmatrix} = (58 \quad 39 \quad 161)$

Rohstoffkosten für den Auftrag:

$K_R = (58 \quad 39 \quad 161) \cdot \begin{pmatrix} 100 \\ 100 \\ 80 \end{pmatrix} = 22\,580$

Herstellkosten für den Auftrag: $(12 \quad 14 \quad 17) \cdot \begin{pmatrix} 100 \\ 100 \\ 80 \end{pmatrix} = 3\,960$

Gesamte Kosten für den Auftrag: $22\,580 + 3\,960 = 26\,540$

Ergebnis: Die gesamten Kosten für den Auftrag betragen 26 540 GE.

Hinweis:
Gesamtkosten je ME Endprodukt: $(58 \quad 39 \quad 161) + (12 \quad 14 \quad 17) = (70 \quad 53 \quad 178)$

Gesamte Kosten für den Auftrag: $(70 \quad 53 \quad 178) \cdot \begin{pmatrix} 100 \\ 100 \\ 80 \end{pmatrix} = 26\,540$

b) Berechnen Sie den Gesamterlös für den Auftrag.

$E = (70 \quad 60 \quad 160) \cdot \begin{pmatrix} 100 \\ 100 \\ 80 \end{pmatrix} = 25800$

Ergebnis: Der Gesamterlös für den Auftrag beträgt 25800 GE

c) Berechnen Sie den Gewinn für diesen Auftrag.

$G = E - K = 25\,800 - 26\,540 = -740$

Mit diesem Auftrag wird ein Verlust von 740 GE erzielt.

2 Ein Betrieb fertigt drei verschiedene Endprodukte $E_1$, $E_2$ und $E_3$ unter Verwendung von drei verschiedenen Rohstoffen $R_1$, $R_2$ und $R_3$. Das folgende Verflechtungsdiagramm gibt an, wie viele Mengeneinheiten (ME) Rohstoffe für die Produktion von jeweils 1 ME Endprodukten benötigt werden.

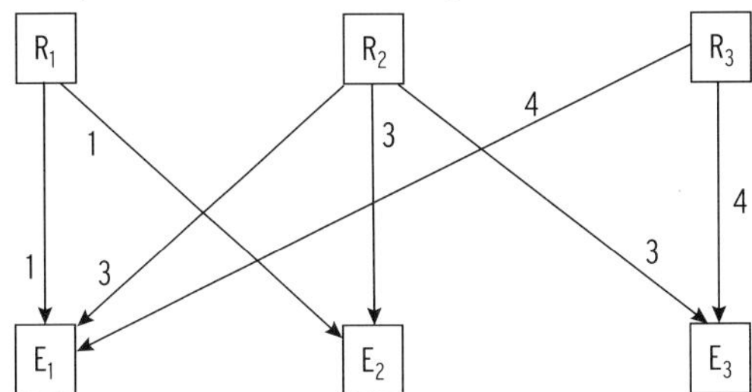


Die gesamten Herstellkosten in Geldeinheiten (GE) pro ME der Endprodukte sind durch folgenden Vektor gegeben: $\vec{k}_v = (2 \quad 2{,}5 \quad 3)$.

Die Verkaufspreise in Geldeinheiten (GE) pro ME der Endprodukte sind durch folgenden Vektor gegeben: $\vec{p} = (3 \quad 4 \quad 6)$.

Der Betrieb erhält einen Auftrag über 100 ME $E_1$, 80 ME $E_2$ und 50 ME $E_3$.

a) Geben Sie die zugehörige Verflechtungsmatrix an.

V =

b) Berechnen Sie die Gesamtkosten für den Auftrag.

K =

c) Berechnen Sie den Gesamterlös für den Auftrag.

E =

d) Berechnen Sie den Gewinn und den Gesamtdeckungsbeitrag für diesen Auftrag.

G = E − K =

db = DB =

e) Die Rohstoffkosten betragen 0,1 GE pro ME $R_1$, 0,05 GE pro ME $R_2$ und 0,1 GE proME $R_3$.
Ermitteln Sie die Rohstoffkosten je ME der Endprodukte.
Bestimmen Sie die Rohstoffkosten für diesen Auftrag.

3 Ein Betrieb fertigt in einem zweistufigen Produktionsprozess aus den Rohstoffen $R_1$, $R_2$ und $R_3$ zunächst die Zwischenprodukte $Z_1$, $Z_2$ und $Z_3$ und daraus die Endprodukte $E_1$, $E_2$ und $E_3$. Die Zwischenprodukt-Endprodukt-Matrix und die Rohstoff-Endprodukt-Matrix sind gegeben durch $B = \begin{pmatrix} 1 & 2 & 1 \\ 1 & 2 & 1 \\ 0 & 1 & 3 \end{pmatrix}$ und $C = \begin{pmatrix} 4 & 3 & 5 \\ 8 & 6 & 3 \\ 3 & 3 & 4 \end{pmatrix}$.

Die Kosten in Geldeinheiten (GE) pro ME für die Rohstoffe, die Kosten für die Fertigung der Zwischenprodukte und die Kosten für die Produktion der Endprodukte sind durch folgende Vektoren gegeben:

$$\vec{k}_R = (1 \;\; 2{,}5 \;\; 4)$$
$$\vec{k}_Z = (10 \;\; 10 \;\; 12)$$
$$\vec{k}_E = (50 \;\; 80 \;\; 100).$$

a) Berechnen Sie die variablen Herstellkosten je ME Endprodukt.

Dabei gilt: $\vec{k}_v = \vec{k}_R \cdot C + \vec{k}_Z \cdot B + \vec{k}_E$

Einsetzen ergibt: $\vec{k}_v = (1 \;\; 2{,}5 \;\; 4) \begin{pmatrix} 4 & 3 & 5 \\ 8 & 6 & 3 \\ 3 & 3 & 4 \end{pmatrix} + (10 \;\; 10 \;\; 12) \cdot \begin{pmatrix} 1 & 2 & 1 \\ 1 & 2 & 1 \\ 0 & 1 & 3 \end{pmatrix} + (50 \;\; 80 \;\; 100)$

$\vec{k}_v = (36 \;\; 30 \;\; 28{,}5) + (20 \;\; 52 \;\; 56) + (50 \;\; 80 \;\; 100)$

$\vec{k}_v = (106 \;\; 162 \;\; 184{,}5)$

b) Für einen Auftrag über 20 ME von E1, 10 ME von E2 und 30 ME von E3 betragen die Fixkosten 1200 GE. Berechnen Sie die Gesamtkosten für diesen Auftrag.

$K = \vec{k}_v \cdot \vec{x} + K_f = (106 \;\; 162 \;\; 184{,}5) \cdot \begin{pmatrix} 20 \\ 10 \\ 30 \end{pmatrix} + 1200 = 10475$

c) Die Verkaufspreise je ME betragen für $E_1$ 130 GE, für $E_2$ 175 GE und für $E_3$ 210 GE. Berechnen Sie den Gewinn und den Gesamtdeckungsbeitrag für diesen Auftrag.

Erlös $E = (130 \;\; 175 \;\; 210) \cdot \begin{pmatrix} 20 \\ 10 \\ 30 \end{pmatrix} = 10650$

Gewinn = Erlös − Kosten = 10650 − 10475 = 175

$db = \vec{p} - \vec{k}_v = (130 \;\; 175 \;\; 210) - (106 \;\; 162 \;\; 184{,}5) = (24 \;\; 13 \;\; 25{,}5)$

$DB = db \cdot \vec{x} = (24 \;\; 13 \;\; 25{,}5) \cdot \begin{pmatrix} 20 \\ 10 \\ 30 \end{pmatrix} = 1375$

Hinweis: $DB = G + K_f$

Der Gewinn für diesen Auftrag beträgt 175 GE, der Gesamtdeckungsbeitrag 1375 GE.

4 Ein Betrieb fertigt in einem zweistufigen Produktionsprozess aus den Rohstoffen $R_1$, $R_2$ und $R_3$ zunächst die Zwischenprodukte $Z_1$, $Z_2$ und $Z_3$ und daraus die Endprodukte $E_1$, $E_2$ und $E_3$. Die Rohstoff-Endprodukt-Matrix C und die Zwischenprodukt-Endprodukt-Matrix B sind gegeben durch

$$B = \begin{pmatrix} 2 & 1 & 1 \\ 1 & 2 & 1 \\ 0 & 1 & 0 \end{pmatrix} \text{ und } C = \begin{pmatrix} 3 & 3 & 2 \\ 5 & 5 & 3 \\ 2 & 3 & 1 \end{pmatrix}.$$

Die Kosten in Geldeinheiten (GE) pro ME für die Rohstoffe, die Kosten für die Fertigung der Zwischenprodukte und die Kosten für die Produktion der Endprodukte sind durch folgende Vektoren gegeben: $\vec{k}_R = (3 \;\; 4 \;\; 6)$;

$\vec{k}_Z = (14 \;\; 16 \;\; 15)$;

$\vec{k}_E = (65 \;\; 80 \;\; 75)$.

a) Berechnen Sie die variablen Herstellkosten je ME Endprodukt.

Dabei gilt: $\vec{k}_v = \vec{k}_R \cdot C + \vec{k}_Z \cdot B + \vec{k}_E$

b) Für einen Auftrag über 10 ME von $E_1$, 10 ME von $E_2$ und 20 ME von $E_3$ betragen die Fixkosten 700 GE. Berechnen Sie die Gesamtkosten für diesen Auftrag.

c) Die Verkaufspreise je ME betragen für $E_1$ 180 GE, für $E_2$ 190 GE und für $E_3$ 240 GE. Berechnen Sie den Gewinn und den Gesamtdeckungsbeitrag für diesen Auftrag.

13 Merkur-Nr. 2666

5 Ein Betrieb fertigt aus den Rohstoffen $R_1$ und $R_2$ zunächst die Zwischenprodukte $Z_1$, $Z_2$ und $Z_3$ und daraus die Endprodukte $E_1$ und $E_2$. Die Rohstoff-Zwischenprodukt-Matrix A und die Zwischenprodukt-Endprodukt-Matrix B sind gegeben durch

$$A = \begin{pmatrix} 1 & 3 & 4 \\ 2 & 1 & 3 \end{pmatrix};\ B = \begin{pmatrix} 3 & 1 \\ 0 & 2 \\ 3 & 4 \end{pmatrix}$$

Die Kosten für die Rohstoffe, die Kosten für die Fertigung der Zwischenprodukte und die Kosten für die Produktion der Endprodukte betragen in GE pro ME:

| $R_1$ | $R_2$ |
|---|---|
| 2 | 3 |

| $Z_1$ | $Z_2$ | $Z_3$ |
|---|---|---|
| 3 | 4 | 2 |

| $E_1$ | $E_2$ |
|---|---|
| 4 | 3 |

Pro Bestellung fallen zudem Fixkosten in Höhe von 50 GE an.
Ein Kunde bestellt 5 ME von $E_1$ und 4 ME von $E_2$.

a) Berechnen Sie die hierfür benötigten Zwischenprodukt- und Rohstoffmengen.

$\vec{z} =$ $\vec{r} =$

b) Berechnen Sie die gesamten Kosten für Rohstoffe, Zwischenprodukte und Endprodukte, die für diesen Auftrag anfallen.

$K_R = \vec{k}_R \cdot \vec{r} =$

$K_Z =$

$K_E =$

c) Berechnen Sie die gesamten Herstellkosten für die Bestellung.

$K = K_R +$ ______ $+$ ______ $+ K_f =$

5 Fortsetzung

d) Berechnen Sie die variablen Herstellkosten der beiden Endprodukte.

Berechnung der Rohstoff-Endprodukt-Matrix C:

C =

Berechnung von $k_V$:

$k_V = \vec{k}_R \cdot C + \vec{k}_Z \cdot B + \vec{k}_E$

$=$

$=$

e) Berechnen Sie erneut die gesamten Herstellkosten, mithilfe der variablen Herstellkosten (vgl. Teilaufgabe c)).

$K = K_V + K_f =$

f) Das Endprodukt $E_1$ wird zu 125 GE je ME, das Endprodukt $E_2$ zu 150 GE je ME verkauft. Berechnen Sie den Gewinn des Betriebes durch die Bestellung.

Berechnung des Erlöses, der durch die Bestellung anfällt:

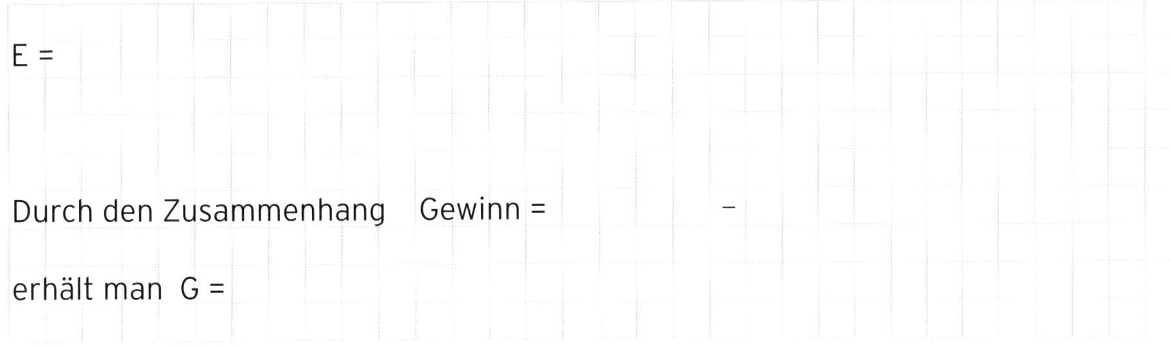

E =

Durch den Zusammenhang Gewinn = –

erhält man G =

g) Der Verkaufspreis pro ME nur von $E_2$ soll geändert werden. Bestimmen Sie den Verkaufspreis, sodass die Bestellung zu einem Gewinn von 300 GE führt.

Nötiger Erlös:

Der Verkaufspreis pro ME von $E_2$ müsste ______ GE betragen.

6 Ordnen Sie durch Pfeile zu.

| Ausdruck | Größe |
|---|---|
| $\vec{k}_R \cdot C \cdot \vec{x}$ | |
| $\vec{k}_R \cdot C + \vec{k}_Z \cdot B + \vec{k}_E$ | $K_V$ |
| $\vec{k}_R \cdot \vec{r}$ | $K$ |
| $(\vec{k}_R \cdot C + \vec{k}_Z \cdot B + \vec{k}_E) \cdot \vec{x}$ | $K_R$ |
| $\vec{k}_V \cdot \vec{x}$ | $k_V$ |
| $K_f + K_V$ | $K_Z + K_E$ |
| $K_V - K_R$ | $K_Z$ |
| $\vec{k}_Z \cdot \vec{z}$ | |
| $\vec{k}_Z \cdot B \cdot \vec{x}$ | |

(Pfeil: $\vec{k}_R \cdot C \cdot \vec{x}$ → $K_R$)

Bezeichnungen:

| | |
|---|---|
| $K$ | Gesamtherstellkosten |
| $K_f$ | Fixkosten |
| $K_V$ | variable Gesamtkosten |
| $K_R$ | Gesamtrohstoffkosten |
| $K_Z$; $K_E$ | Fertigungskosten für Zwischenprodukte bzw. Endprodukte |
| $k_Z$; $k_E$ | Herstellkosten je ME Zwischenprodukt bzw. je ME Endprodukt |
| $k_R$ | Rohstoffkosten je ME Rohstoffe |
| $k_V$ | variable Stückkosten je ME Endprodukte |

# 6 Leontiefmodell

1 Eine Verflechtung nach Leontief wird beschrieben durch eine Tabelle, eine Inputmatrix oder ein Verflechtungsdiagramm. Bestimmen Sie die fehlenden Angaben.

a)

| | $B_1$ | $B_2$ | $B_3$ | Konsum |
|---|---|---|---|---|
| $B_1$ | 100 | 20 | 40 | 40 |
| $B_2$ | 40 | 60 | 40 | 20 |
| $B_3$ | 40 | 40 | 80 | 0 |

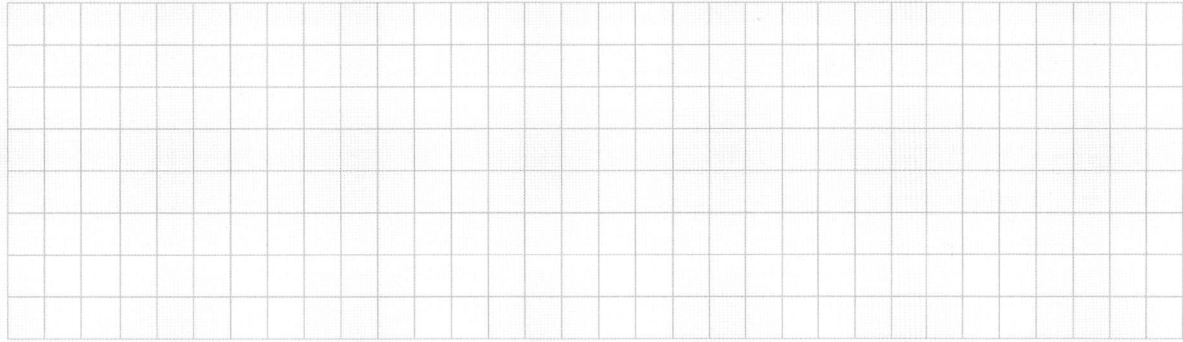

b) $A = \frac{1}{6} \cdot \begin{pmatrix} 3 & 1 & 2 \\ 2 & 3 & 1 \\ 0 & 1 & 3 \end{pmatrix}$; $\vec{x} = \begin{pmatrix} 120 \\ 150 \\ 90 \end{pmatrix}$

c)

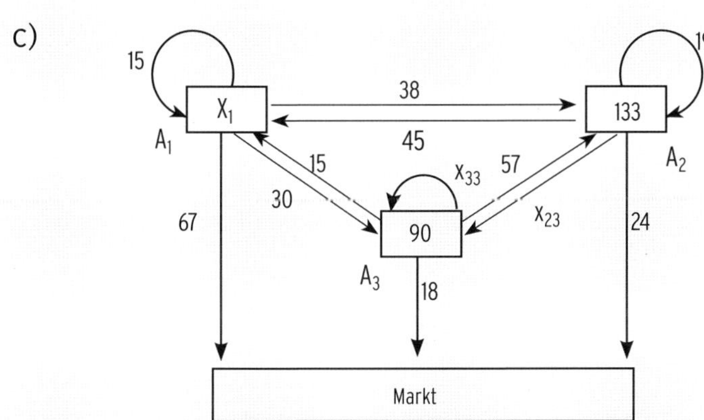

2 Bestimmen Sie die Leontief-Inverse. Jede Nachfrage kann erfüllt werden. Nehmen Sie begründet Stellung.

a) $A = \begin{pmatrix} 0,5 & 0,2 \\ 0,3 & 0,2 \end{pmatrix}$; $E - A = \begin{pmatrix} 1 & \\ 0 & \end{pmatrix} - \begin{pmatrix} 0,5 & 0,2 \\ 0,3 & 0,2 \end{pmatrix} =$ ; $(E - A)^{-1} = \begin{pmatrix} & 0,59 \\ 0,88 & \end{pmatrix}$

b) $A = \begin{pmatrix} 0,5 & 0,3 & 0,2 \\ 0,3 & 0,25 & 0 \\ 0,1 & 0,1 & 0,4 \end{pmatrix}$; $E - A =$ ; $(E - A)^{-1} = \begin{pmatrix} & 1,33 & \\ 1,2 & 1,87 & 0,4 \\ 0,7 & 0,53 & 1,9 \end{pmatrix}$

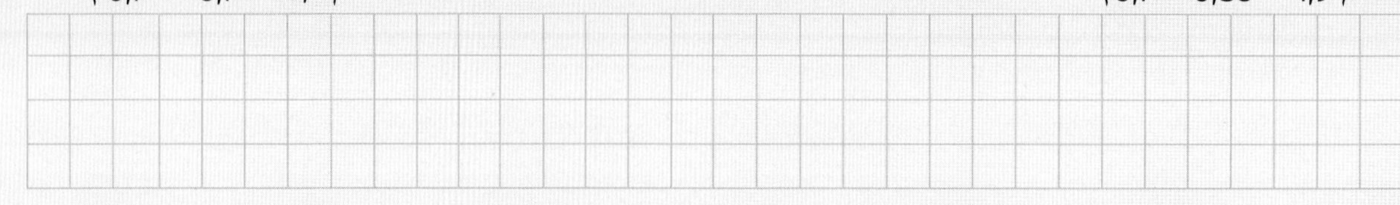

3 $A_1$ erhöht seine Produktion um 10 %,
$A_2$ erhöht seine Produktion um 20 %.
Berechnen Sie die neuen Liefermengen.

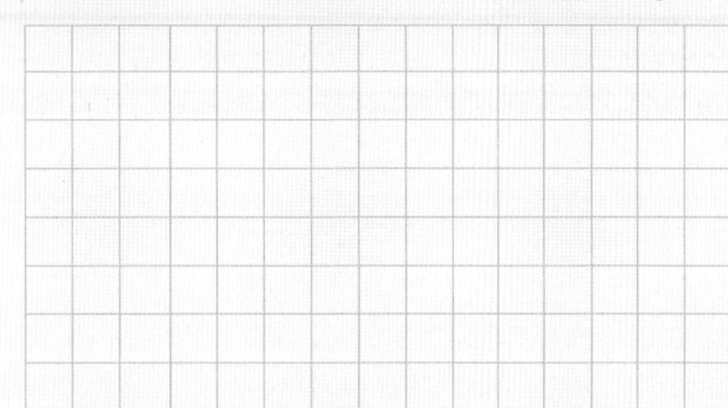

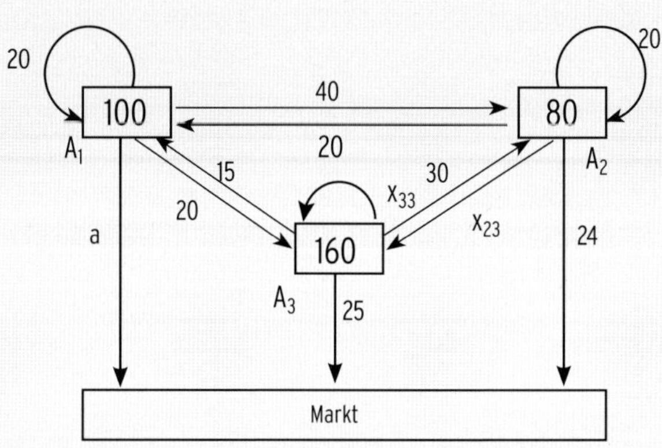


4 Die drei Zweigwerke $B_1$, $B_2$ und $B_3$ sind nach Leontief miteinander verknüpft.

| | $B_1$ | $B_2$ | $B_3$ | Konsum | Produktion |
|---|---|---|---|---|---|
| $B_1$ | 10 | 10 | 40 | 40 | 100 |
| $B_2$ | 40 | 80 | 40 | 40 | 200 |
| $B_3$ | 20 | 30 | 60 | 10 | 120 |

Zweigwerk $B_1$ poduziert ______ ME Waren und gibt ______ an den Markt ab.

Zweigwerk $B_1$ braucht zur Produktion von 150 ME eine Lieferung von ______ von $B_1$,

eine Lieferung von ______ von $B_2$ und eine Lieferung von ______ von $B_3$

Zweigwerk $B_3$ gibt an Werk ______ 20 ME und an Werk ______ 30 ME. Zweigwerk

$B_3$ erhöht seine Produktion um 20 %, die Konsumabgaben bleiben erhalten.

Dazu ________ $B_3$ seinen Eigenverbrauch um ____ME, $B_2$ ________seine Lieferung

an $B_3$ um ______ ME und $B_1$ liefert ______ ME an $B_3$.

5 Eine Verflechtung der drei Zweigwerke $A_1$, $A_2$ und $A_3$ nach Leontief wird beschrieben

durch die Inputmatrix $A = \begin{pmatrix} 0{,}3 & 0{,}2 & 0{,}2 \\ 0{,}3 & 0{,}3 & 0 \\ 0{,}4 & 0{,}1 & 0{,}4 \end{pmatrix}$.

Berechnen Sie und interpretieren Sie Ihr Ergebnis im Sachzusammenhang.

a) $A \cdot \begin{pmatrix} 20 \\ 20 \\ 50 \end{pmatrix} =$

b) $(E - A) \cdot \begin{pmatrix} 10 \\ 30 \\ 20 \end{pmatrix} =$

c) $(E - A)^{-1} =$

d) $(E - A) \cdot \vec{x} = \begin{pmatrix} 10 \\ 30 \\ 20 \end{pmatrix}$

e) $(E - A) \cdot \begin{pmatrix} 10 \\ x_2 \\ 10 \end{pmatrix} = \begin{pmatrix} y_1 \\ 11 \\ y_3 \end{pmatrix}$

6 Entscheiden Sie, ob die Aussagen wahr oder falsch sind.

| | | |
|---|---|---|
| a) | In der Inputmatrix kommen nur Elemente kleiner als 1 vor. | ☐ wahr<br>☐ falsch |
| b) | Die Produktion der Abteilung $A_1$ steigt um 10 %, die Lieferung von $A_1$ an die Abteilung $A_2$ steigt um 15 %. | ☐ wahr<br>☐ falsch |
| c) | Existiert die Leontief-Inverse, so kann jede Nachfrage befriedigt werden. | ☐ wahr<br>☐ falsch |
| d) | Das Element $a_{21}$ der Inputmatrix beschreibt die anteilige Lieferung der Abteilung $A_2$ an die Abteilung $A_1$. | ☐ wahr<br>☐ falsch |
| e) | Das Element $a_{23}$ der Inputmatrix beschreibt den Anteil der Lieferung von $A_2$, so dass $A_3$ eine Einheit produzieren kann. | ☐ wahr<br>☐ falsch |

7 Eine Verflechtung der drei Zweigwerke $A_1$, $A_2$ und $A_3$ nach Leontief wird beschrieben durch die folgende Tabelle.

| | $A_1$ | $A_2$ | $A_3$ | Produktion |
|---|---|---|---|---|
| $A_1$ | 16 | 40 | 24 | 80 |
| $A_2$ | 0 | 8 | 0 | 80 |
| $A_3$ | 16 | 0 | 8 | 40 |

a) Bestimmen Sie die Inputmatrix.

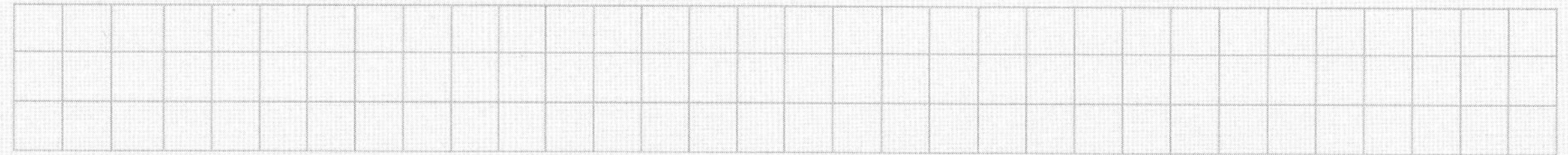

b) Berechnen Sie den Konsum, wenn $A_1$ 120 ME, $A_2$ 84 ME und $A_3$ 90 ME produziert..

c) Die Leontief-Inverse hat die folgende Form: $(E - A)^{-1} = \frac{1}{t} \cdot \begin{pmatrix} 36 & 20 & 27 \\ 0 & a & 0 \\ 9 & b & 36 \end{pmatrix}$.

Bestimmen Sie die in der Leontief-Inversen enthaltenen Parameter.

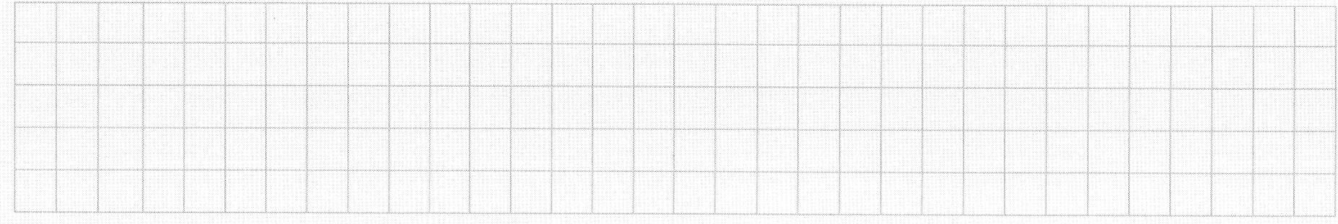

8 In einem Wirtschaftssystem sind drei Sektoren nach dem Leontief-Modell miteinander verbunden. Der Güterfluss in Mengeneinheiten wird durch die Technologiematrix

$A_t = \begin{pmatrix} 0 & 0{,}01 & 0{,}02 \\ 0{,}02 & 0{,}05 & 0{,}09 \\ 0{,}2 & 0{,}4 & 0{,}01 \cdot t \end{pmatrix}$ mit $t \in [0; 100]$ beschrieben.

Für das erste Quartal des Jahres liegt folgende unvollständige Verflechtungstabelle vor:

| | $A_1$ | $A_2$ | $A_3$ | Markt | Produktion |
|---|---|---|---|---|---|
| $A_1$ | 0 | 55 | 260 | a | 5000 |
| $A_2$ | 100 | 275 | 1170 | 3955 | b |
| $A_3$ | c | d | 780 | 9020 | 13000 |

Bestimmen Sie a, b, c und d sowie den Wert des Parameters t für diese Situation.

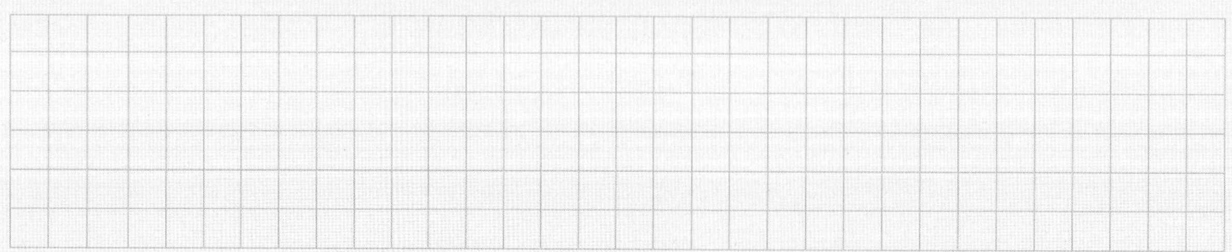

9 Die verschiedenen Präparate werden in drei unterschiedlichen Produktionsabteilungen $P_1$, $P_2$ und $P_3$ hergestellt. Diese sind nach dem Leontief-Modell miteinander verflochten. Die Liefermengen der folgenden Input-Output Tabelle sind in Mengeneinheiten (ME) angegeben.

| | $P_1$ | $P_2$ | $P_3$ | Markt |
|---|---|---|---|---|
| $P_1$ | 28 | 0 | 84 | 28 |
| $P_2$ | 0 | 224 | 28 | 28 |
| $P_3$ | 28 | 14 | 77 | 21 |

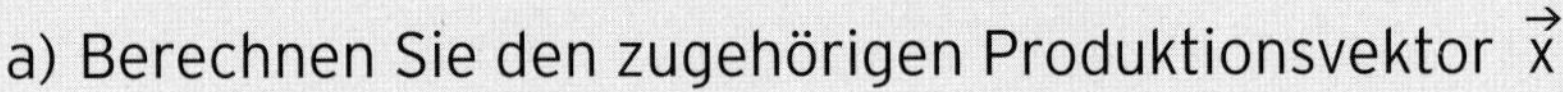

a) Berechnen Sie den zugehörigen Produktionsvektor $\vec{x}$.

b) Erstellen Sie die Technologiematrix A und erläutern Sie die Bedeutung der Elemente $a_{11}$ und $a_{12}$ der Technologiematrix A.

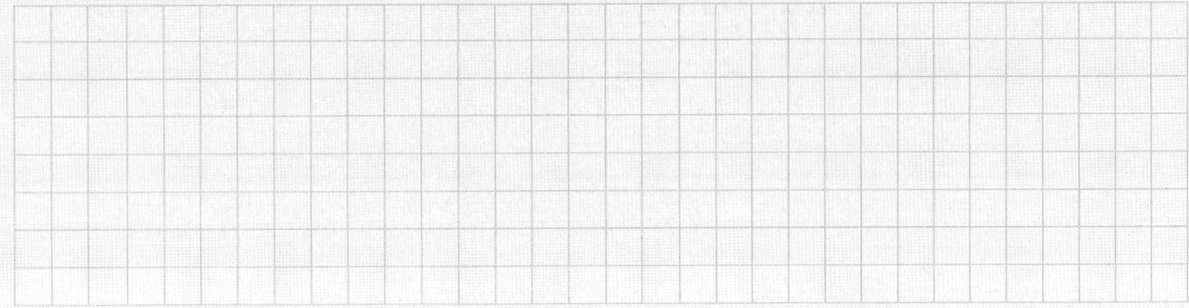

c) Durch die Modernisierung der Produktionsabteilung $P_3$ verändert sich ihr Eigenbedarf. Der Parameter u in $A_u$ beschreibt diese Auswirkungen.

$$A_u = \begin{pmatrix} 0{,}2 & 0 & 0{,}6 \\ 0 & 0{,}8 & 0{,}2 \\ 0{,}2 & 0{,}05 & 8-u \end{pmatrix} \text{ mit } u \in \mathbb{R}.$$

Ermitteln Sie, für welche Werte von u die Leontief-Inverse $(E - A_u)^{-1}$ existiert. Beschreiben Sie, welche Bedingungen bezüglich der Leontief-Inversen erfüllt sein müssen, damit jede externe Nachfrage befriedigt werden kann.

14 Merkur-Nr. 2666

# 7 Stochastische Übergangsprozesse

1 Ein stochastischer Übergangsprozess kann durch ein Diagramm, eine Tabelle oder durch die Übergangsmatrix beschrieben werden. Ergänzen Sie die fehlenden Werte.

| Diagramm | Tabelle | Übergangsmatrix |
|---|---|---|

X, Y, 0,6

| Nach \ Von | X | Y |
|---|---|---|
| X | | |
| Y | 0,3 | |

A = $\begin{pmatrix} \phantom{0} & \phantom{0} \\ \phantom{0} & \phantom{0} \end{pmatrix}$

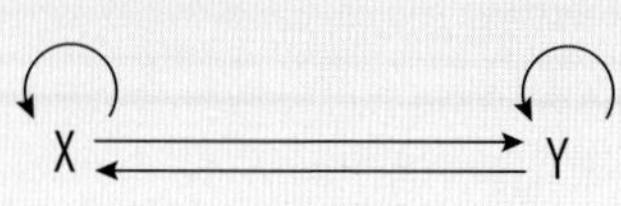


| Nach \ Von | X | Y |
|---|---|---|
| X | | |
| Y | | |

A = $\begin{pmatrix} 0{,}1 & 05 \\ 0{,}9 & 0{,}5 \end{pmatrix}$

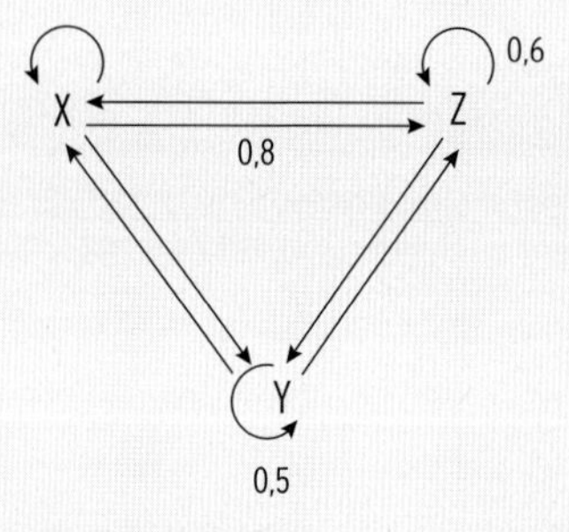


| Nach \ Von | X | Y | Z |
|---|---|---|---|
| X | | | 0,1 |
| Y | 0,1 | | |
| Z | | 0,3 | |

A = $\begin{pmatrix} \phantom{0} & \phantom{0} & \phantom{0} \\ \phantom{0} & \phantom{0} & \phantom{0} \\ \phantom{0} & \phantom{0} & \phantom{0} \end{pmatrix}$

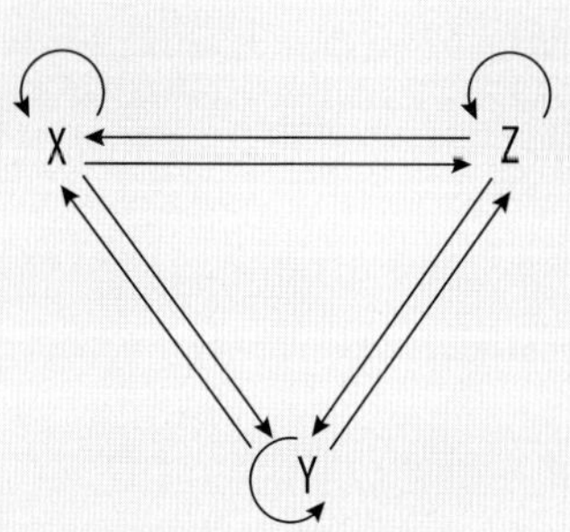


| Nach \ Von | X | Y | Z |
|---|---|---|---|
| X | 0,4 | 0,2 | 0 |
| Y | | 0,5 | |
| Z | 0 | | 0,6 |

A = $\begin{pmatrix} \phantom{0} & \phantom{0} & \phantom{0} \\ \phantom{0} & \phantom{0} & \phantom{0} \\ \phantom{0} & \phantom{0} & \phantom{0} \end{pmatrix}$

2 Dargestellt ist ein stochastischer Prozess durch die

Übergangsmatrix $A = \begin{pmatrix} 0{,}6 & 0{,}5 & 0{,}1 \\ 0{,}2 & 0 & 0 \\ 0{,}2 & 0{,}5 & 0{,}9 \end{pmatrix}$

a) Stellen Sie den Prozess in einem Diagramm dar.

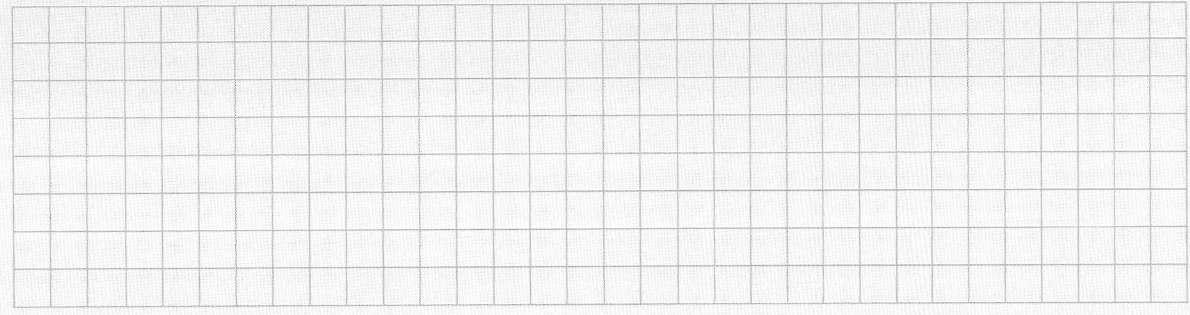

b) Formulieren Sie die Aufgabenstellung weiter, sodass diese zur Übergangsmatrix passt.
Aufgabenstellung:
In einer Stadt gibt es 3 Kinos, die von einer festen Anzahl an Bewohnern wöchentlich besucht werden.

Ein Besucher, der in der letzten Woche in Kino X war, ...

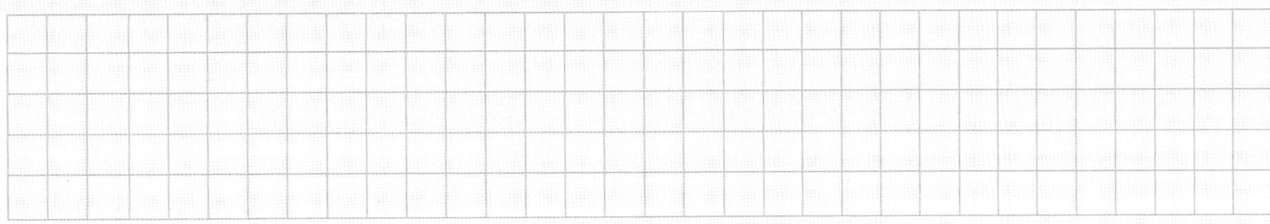

Ein Besucher, der in der letzten Woche in Kino Y war, ...

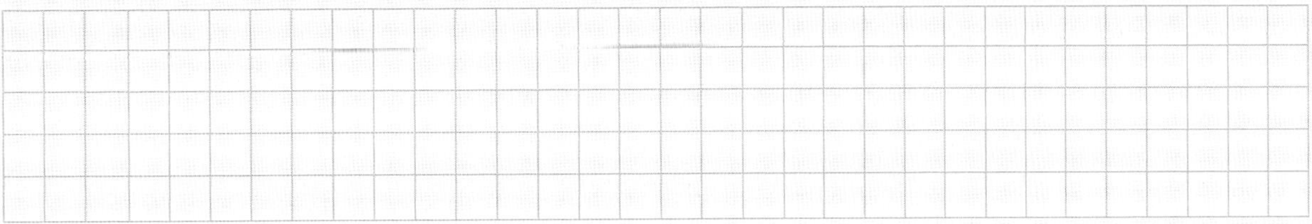

Ein Besucher, der in der letzten Woche in Kino Z war, ...

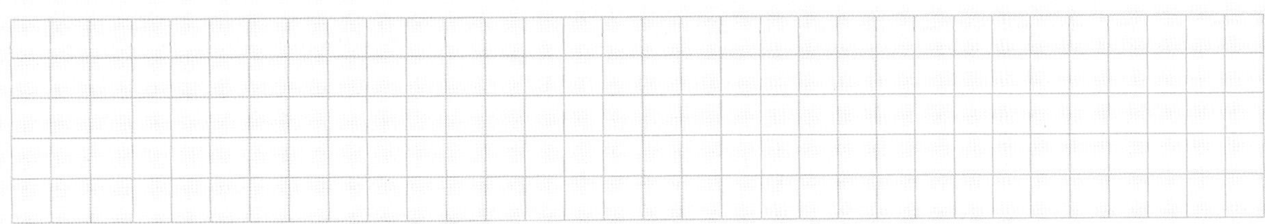

c) Erläutern Sie den Begriff „stochastischer Prozess“ am Beispiel.

3 Eine bestimmte Pflanzenart besitze die drei möglichen Blütenfarben rot (R), pink (P) und weiß (W). Bei der Kreuzung dieser Pflanzen mit einer pinkblühenden Blume entstehen in Abhängigkeit von den Blütenfarben der beiden beteiligten „Elternpflanzen" nebenstehende Farbanteile für die „Kinder":

| Kinder\ Eltern | rot | pink | weiß |
|---|---|---|---|
| rot | 50% | 25% | 0% |
| pink | 50% | 50% | 50% |
| weiß | 0% | 25% | 50% |

a) Veranschaulichen Sie die Übergänge der Blütenfarben von einer Generation zur nächsten durch eine geeignete graphische Darstellung.

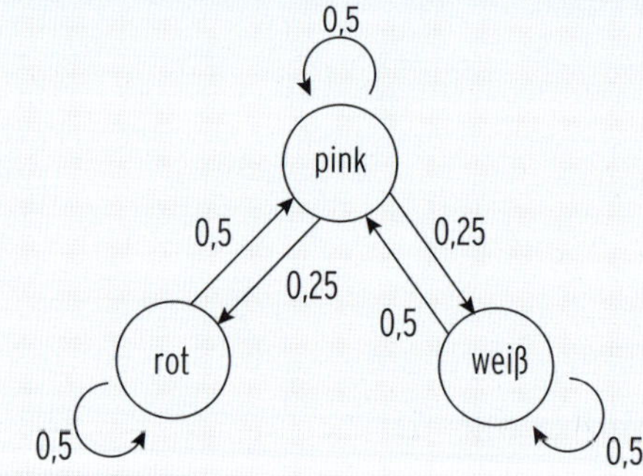


b) Stellen Sie eine Übergangsmatrix von einer Generation zur nächsten auf.

$$A = \begin{pmatrix} 0,5 & 0,25 & 0 \\ 0,5 & 0,5 & 0,5 \\ 0 & 0,25 & 0,5 \end{pmatrix}$$

In einem Feldversuch werden 4000 rotblühende , 4000 pinkblühende und 4000 weißblühende Pflanzen stets mit pinkblühenden Pflanzen gekreuzt und von jeder dieser Pflanzen im darauffolgenden Jahr je ein Samenkorn ausgesät.

c) Bestimmen Sie die Farbverteilung für die 4000 rotblühenden Pflanzen.

Von 4000 rotblühenden Pflanzen keimen 2000 rotblühend und 2000 pinkblühend.

d) Bestimmen Sie die Farbverteilung der 12000 Pflanzen nach einem Jahr.

$$\begin{pmatrix} 0,5 & 0,25 & 0 \\ 0,5 & 0,5 & 0,5 \\ 0 & 0,25 & 0,5 \end{pmatrix} \cdot \begin{pmatrix} 4000 \\ 4000 \\ 4000 \end{pmatrix} = \begin{pmatrix} 3000 \\ 6000 \\ 3000 \end{pmatrix}$$

e) Bestimmen Sie die Farbverteilung nach zwei Jahren. Interpretieren Sie.

$$\begin{pmatrix} 0,5 & 0,25 & 0 \\ 0,5 & 0,5 & 0,5 \\ 0 & 0,25 & 0,5 \end{pmatrix} \cdot \begin{pmatrix} 3000 \\ 6000 \\ 3000 \end{pmatrix} = \begin{pmatrix} 3000 \\ 6000 \\ 3000 \end{pmatrix}$$

Die Verteilung $\begin{pmatrix} 3000 \\ 6000 \\ 3000 \end{pmatrix}$ ist eine stabile Verteilung.

4 In einer Gemeinde leben 200 wahlberechtigte Bürger, welche bei jeder Gemeinderatswahl einen der 3 Kandidaten R, S und T wählen.
Die Übergangswahrscheinlichkeiten, von einer Wahl zur nächsten, sind nebenstehend dargestellt.

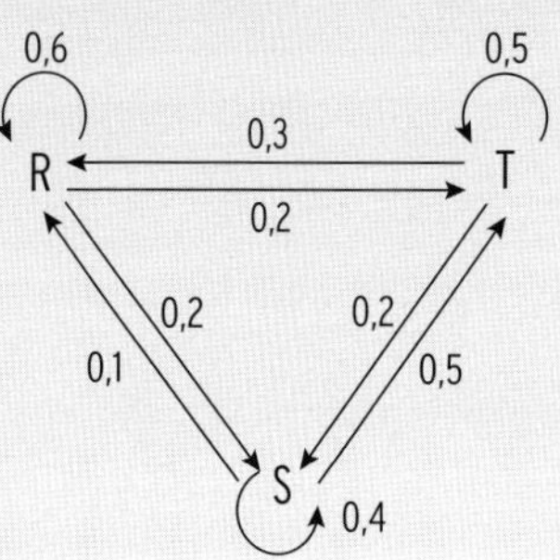


a) Geben Sie die Übergangsmatrix A an. A =

b) Benennen Sie den Kandidat, dem Wähler mit der höchsten Wahrscheinlichkeit „treu" bleiben.

c) Erklären Sie, weshalb die Einträge in den Spalten der Übergangsmatrix A in der Summe 1 ergeben.

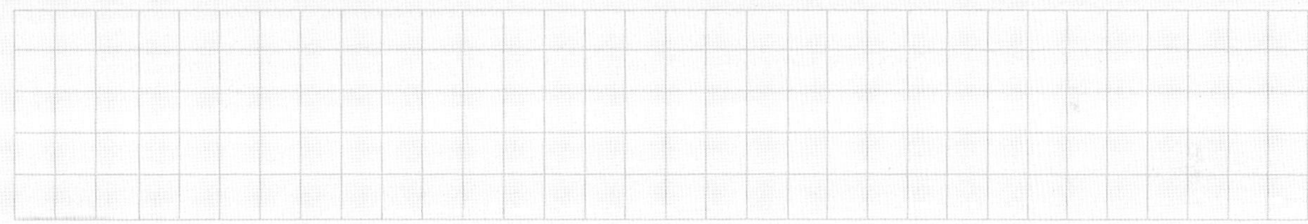

d) Bei einer Gemeinderatswahl erhielt Kandidat R 100 Stimmen, Kandidat S 70 Stimmen und Kandidat T 30 Stimmen. Berechnen Sie die Stimmenanzahl der drei Kandidaten bei der kommenden Wahl.

e) Bei einer letzten Gemeinderatswahl erhielt Kandidat R 40 %, Kandidat S 27 % und Kandidat T 33 % der Stimmen (Startvektor $\vec{x}_0$).
Berechnen Sie die prozentuale Stimmenverteilung bei der kommenden Wahl ($\vec{x}_1$).

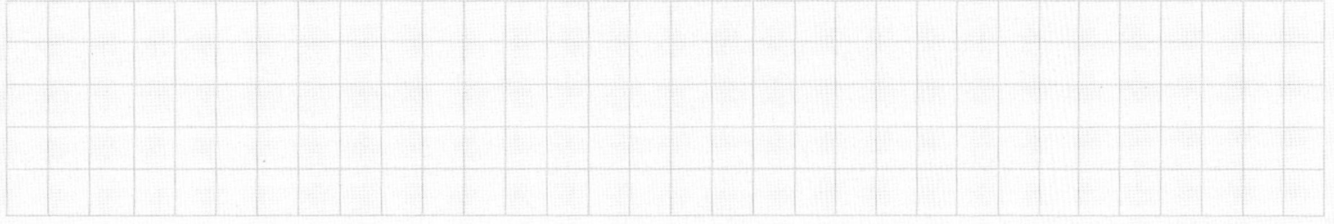

f) Berechnen Sie die prozentuale Stimmenverteilung bei der übernächsten Wahl ($\vec{x}_2$).

g) Berechnen Sie $A^2$.

$$\begin{array}{c|c} & \begin{pmatrix} 0{,}6 & 0{,}1 & 0{,}3 \\ 0{,}2 & 0{,}4 & 0{,}2 \\ 0{,}2 & 0{,}5 & 0{,}5 \end{pmatrix} \\ \hline \begin{pmatrix} 0{,}6 & 0{,}1 & 0{,}3 \\ 0{,}2 & 0{,}4 & 0{,}2 \\ 0{,}2 & 0{,}5 & 0{,}5 \end{pmatrix} & \end{array}$$

$A^2 =$

h) Interpretieren Sie die Einträge der mittleren Spalte von $A^2$.

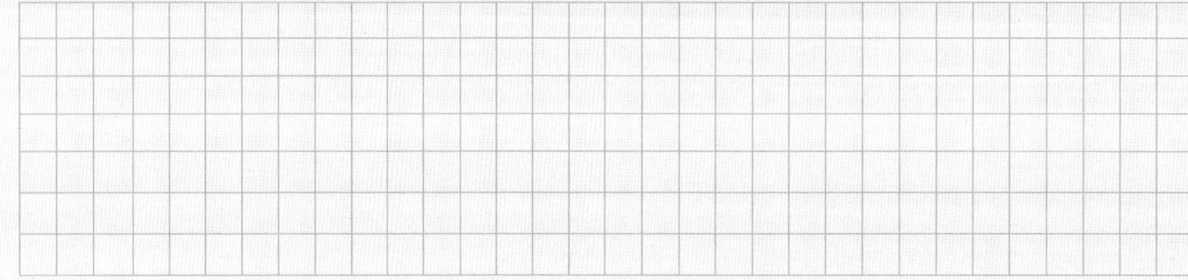

i) Berechnen Sie die prozentuale Stimmenverteilung bei der übernächsten Wahl ($\vec{x}_2$) aus dem Startvektor $\vec{x}_0 = \begin{pmatrix} 0{,}4 \\ 0{,}27 \\ 0{,}33 \end{pmatrix}$.

5 Zwei Autowaschanlagen (W1 und W2) teilen den Markt unter sich auf. Das Wechselverhalten der Kunden nach jedem wöchentlichen Waschvorgang wird durch die Übergangsmatrix A beschrieben. $A = \begin{pmatrix} 0{,}8 & 0{,}3 \\ 0{,}2 & 0{,}7 \end{pmatrix}$

In einer Woche wird ermittelt, dass 40% der Kunden ihr Auto in Waschanlage 1 (W1) waschen lassen. Ermitteln Sie daraus die Verteilung in der Vorwoche.

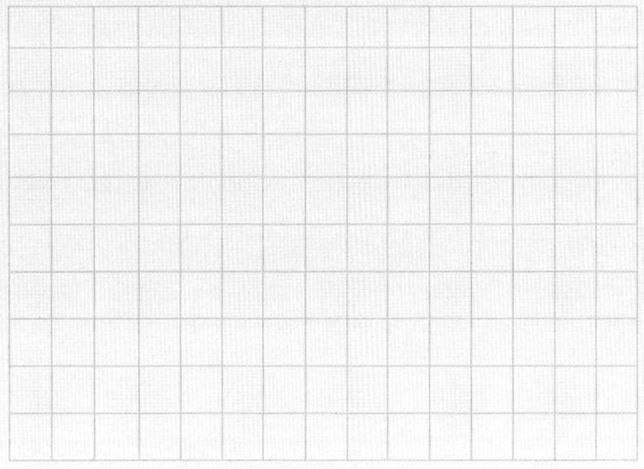

a) Mithilfe eines linearen Gleichungssystems.

Einsetzen in $A\,\vec{x}_{-1} = \begin{pmatrix} 0{,}4 \\ \phantom{0} \end{pmatrix}$ ergibt:

Auflösen durch Additionsverfahren:

Das LGS hat die Lösung:

Die Verteilung in der Vorwoche ist ______________________________

b) Mithilfe der Inversen von A: $A^{-1} \begin{pmatrix} 0{,}4 \\ \phantom{0} \end{pmatrix} = \vec{x}_{-1}$

Berechnung der Inversen von A: $\left(\begin{matrix} 0{,}8 & \\ 0{,}2 & \end{matrix}\,\middle|\,\begin{matrix} & \\ & \end{matrix}\right)$

$\left(\quad\middle|\quad\right)$

$\left(\quad\middle|\quad\right)$

$\left(\quad\middle|\quad\right)$

$\left(\quad\middle|\quad\right)$ $A^{-1} =$

Berechnung von $\vec{x}_{-1}$:

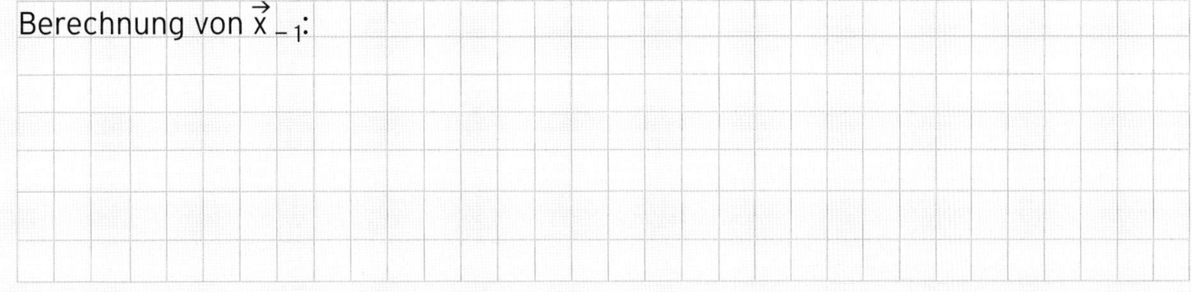

Somit besuchten in der Vorwoche __________ der Kunden die Waschanlage 1 (W1) und __________ der Kunden die Waschanlage 2 (W2).

6 Auf der Insel Wangerooge wird jeder Tag entweder als Sonnen- oder Regentag eingestuft. Auf einen sonnigen Tag folgt zu 60 % wieder ein sonniger Tag, auf einen Regentag zu 70 % wieder ein Regentag. Heute ist ein Sonnentag.

a) Geben Sie die Übergangsmatrix an. $A = \begin{pmatrix} & \\ & \end{pmatrix}$

b) Bestimmen Sie die Wahrscheinlichkeit, dass übermorgen wieder ein Sonnentag ist.

Lösen Sie, mithilfe der Matrixmultiplikation.

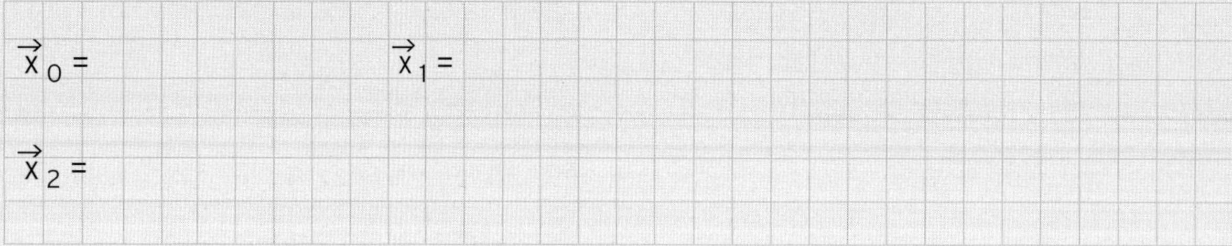


Mit einer Wahrscheinlichkeit von ___ %.

c) Kontrollieren Sie Ihr Ergebnis von b) mithilfe der Pfadregeln aus der Stochastik.

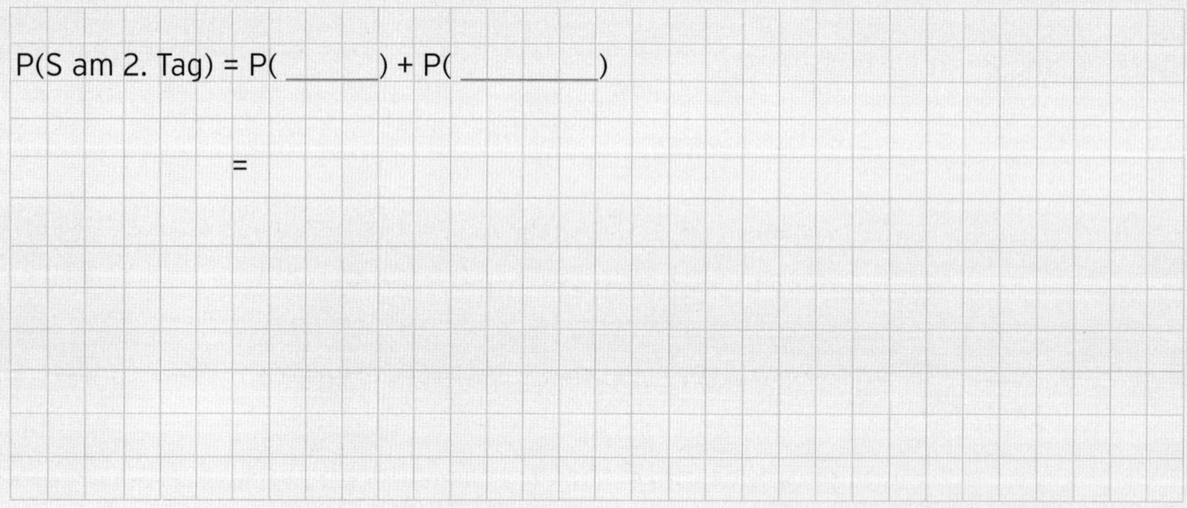


d) Die Zufallsvariable X gibt die Wartezeit bis zum nächsten Regentag an. Vervollständigen Sie die (auszugsweise dargestellte) Wahrscheinlichkeitsverteilung von X.

| Anzahl an Tagen | 1 | 2 | 3 | 4 |
|---|---|---|---|---|
| Wahrscheinlichkeit | | | | |

7 In Wuppertal werden an 3 Standorten Fahrräder leihweise bereitgestellt: Am Bahnhof (B), an der Schwebebahn (S) und am Friedhof (F).
Ein geliehenes Rad muss noch am selben Tag am gleichen, oder an einem anderen Standort, zurückgebracht werden.
Eine Auswertung ergibt: Von den am Bahnhof entliehenen Rädern werden 40 % an der Schwebebahn und 10 % am Friedhof zurückgestellt.
Von den an der Schwebebahn entliehenen Rädern werden 15 % am Bahnhof und 35 % am Friedhof zurückgestellt.
Von den am Friedhof entliehenen Rädern werden 10 % am Bahnhof und 10 % an der Schwebebahn zurückgestellt.
Die Stadtverwaltung möchte zu Beginn 200 Fahrräder bereitstellen.

a) Geben Sie die Übergangsmatrix an. A =

b) Die Stadtverwaltung stellt 100 Fahrräder an der Schwebebahn, 50 am Bahnhof und 50 am Friedhof auf. Ermitteln Sie die Verteilung der Fahrräder am Abend.

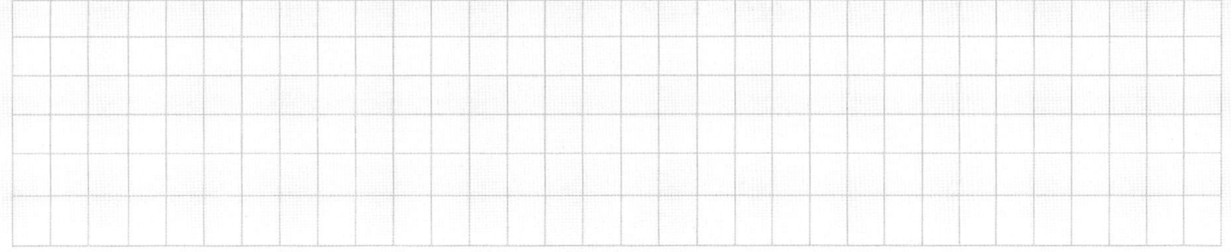

c) Prüfen Sie, ob die Verteilung von 19 % der Fahrräder am Bahnhof, 26 % an der Schwebebahn und 55 % am Friedhof eine stabile Verteilung darstellt.

d) Die 200 Fahrräder sollen sinnvoll auf die 3 Standorte verteilt werden.
Geben Sie der Stadtverwaltung eine begründete Empfehlung.

15 Merkur-Nr. 2666

8 Ein stochastischer Prozess ist durch die Übergangsmatrix A gegeben. Bestimmen Sie jeweils die stabile Verteilung.

a) Übergangsmatrix $A = \begin{pmatrix} 0{,}7 & 0{,}2 \\ 0{,}3 & 0{,}8 \end{pmatrix}$

Einsetzen von $\vec{x} = \begin{pmatrix} x_1 \\ 1 - x_1 \end{pmatrix}$ in die Gleichung $A \cdot \vec{x} = \vec{x}$ ergibt:

$\begin{pmatrix} 0{,}7 & 0{,}2 \\ 0{,}3 & 0{,}8 \end{pmatrix} \cdot \begin{pmatrix} x_1 \\ 1 - x_1 \end{pmatrix} = \begin{pmatrix} x_1 \\ 1 - x_1 \end{pmatrix}$ und damit zwei Gleichungen in $x_1$:

Auflösung nach $x_1$:

Einsetzen von $x_1$ in $x_2 = 1 - x_1$:

Stabile Verteilung: $\vec{x} =$

b) $A = \begin{pmatrix} 0{,}55 & 0{,}5 \\ 0{,}45 & 0{,}5 \end{pmatrix}$

Einsetzen von $\vec{x} = \begin{pmatrix} x_1 \\ 1 - x_1 \end{pmatrix}$ in die Gleichung $A \cdot \vec{x} = \vec{x}$ ergibt:

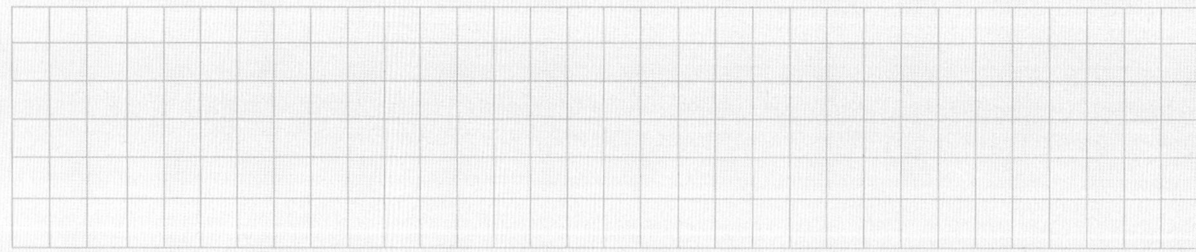

c) $A = \begin{pmatrix} 0{,}6 & 0{,}2 & 0{,}2 \\ 0{,}2 & 0{,}5 & 0{,}4 \\ 0{,}2 & 0{,}3 & 0{,}4 \end{pmatrix}$

Einsetzen von $\vec{x} = \begin{pmatrix} x_1 \\ x_2 \\ 1 - x_1 - x_2 \end{pmatrix}$ in die Gleichung $A \cdot \vec{x} = \vec{x}$ ergibt:

$\begin{pmatrix} 0{,}6 & 0{,}2 & 0{,}2 \\ 0{,}2 & 0{,}5 & 0{,}4 \\ 0{,}2 & 0{,}3 & 0{,}4 \end{pmatrix} \cdot \begin{pmatrix} x_1 \\ x_2 \\ 1 - x_1 - x_2 \end{pmatrix} = \begin{pmatrix} x_1 \\ x_2 \\ 1 - x_1 - x_2 \end{pmatrix}$

und damit ein LGS in $x_1$ und $x_2$:

Aus Gleichung (1): $x_1 =$

Einsetzen in Gleichung (2) ergibt $x_2$: $x_2 =$

Probe in Gleichung (3) ergibt eine wahre Aussage.

Stabile Verteilung: $\vec{x} =$

8 Fortsetzung

d) $A = \begin{pmatrix} 0{,}55 & 0{,}15 & 0{,}25 \\ 0{,}25 & 0{,}60 & 0{,}25 \\ 0{,}20 & 0{,}25 & 0{,}50 \end{pmatrix}$

Einsetzen von $\vec{x} = \begin{pmatrix} x_1 \\ x_2 \\ 1 - x_1 - x_2 \end{pmatrix}$ in die Gleichung $A \cdot \vec{x} = \vec{x}$ ergibt:

$$\begin{pmatrix} 0{,}55 & 0{,}15 & 0{,}25 \\ 0{,}25 & 0{,}60 & 0{,}25 \\ 0{,}20 & 0{,}25 & 0{,}50 \end{pmatrix} \cdot \begin{pmatrix} x_1 \\ x_2 \\ 1 - x_1 - x_2 \end{pmatrix} = \begin{pmatrix} x_1 \\ x_2 \\ 1 - x_1 - x_2 \end{pmatrix}$$

und damit ein LGS in $x_1$ und $x_2$:

Aus Gleichung (2): $x_2 =$

Einsetzen in Gleichung (1) ergibt $x_1$:

Probe in Gleichung (3) ergibt gerundet 0,5:

Stabile Verteilung: $\vec{x} =$

9 Geben Sie zu den stochastischen Übergangsprozessen aus der Aufgabe 8 jeweils die zugehörige Grenzmatrix an.

a) $A = \begin{pmatrix} 0{,}7 & 0{,}2 \\ 0{,}3 & 0{,}8 \end{pmatrix}$

G =

b) $A = \begin{pmatrix} 0{,}7 & 0{,}2 \\ 0{,}3 & 0{,}8 \end{pmatrix}$

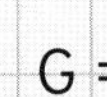

G =

c) $A = \begin{pmatrix} 0{,}6 & 0{,}2 & 0{,}2 \\ 0{,}2 & 0{,}5 & 0{,}4 \\ 0{,}2 & 0{,}3 & 0{,}4 \end{pmatrix}$

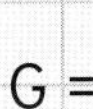

G =

d) $A = \begin{pmatrix} 0{,}55 & 0{,}15 & 0{,}25 \\ 0{,}25 & 0{,}60 & 0{,}25 \\ 0{,}20 & 0{,}25 & 0{,}50 \end{pmatrix}$

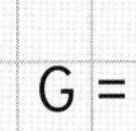

G =

10 Ein Provider bietet die 3 verschiedenen Internettarife A, B und C an.
Die Kunden wechseln monatlich gemäß der nebenstehenden Übergangsmatrix.

$$A = \begin{pmatrix} 0{,}5 & 0 & 0 \\ 0{,}2 & 0 & 0 \\ 0{,}3 & 1 & 1 \end{pmatrix}$$

a) Ein Zustand heißt absorbierend, wenn man ihn nicht mehr verlassen kann. Nennen Sie den Tarif, der als absorbierend bezeichnet werden kann und die Bedeutung für den Provider.

Tarif: ________ Begründung:

b) Die zugehörige stabile Verteilung lautet $\vec{x} =$

c) Weisen Sie dies mithilfe der Gleichung $A \cdot \vec{x} = \vec{x}$ nach.

$$\begin{pmatrix} 0{,}5 & 0 & 0 \\ 0{,}2 & 0 & 0 \\ 0{,}3 & 1 & 1 \end{pmatrix} \cdot \qquad =$$

11 Bei einem Prozess gilt die nebenstehende Übergangsmatrix A:

$$A = \begin{pmatrix} 1 & 0{,}1 & 0 \\ 0 & 0{,}5 & 0 \\ 0 & 0{,}4 & 1 \end{pmatrix}$$

Welche Verteilung wird langfristig, ausgehend von der Anfangsverteilung $\vec{x}_0 = \begin{pmatrix} 0 \\ 1 \\ 0 \end{pmatrix}$, angenommen? Entscheiden Sie.

| | | | | |
|---|---|---|---|---|
| $\vec{x} = \begin{pmatrix} 1 \\ 0 \\ 0 \end{pmatrix}$ ☐ | $\vec{x} = \begin{pmatrix} 0 \\ 0 \\ 1 \end{pmatrix}$ ☐ | $\vec{x} = \begin{pmatrix} 0{,}2 \\ 0 \\ 0{,}8 \end{pmatrix}$ ☐ | $\vec{x} = \begin{pmatrix} 0{,}8 \\ 0 \\ 0{,}2 \end{pmatrix}$ ☐ | $\vec{x} = \begin{pmatrix} 0{,}5 \\ 0 \\ 0{,}5 \end{pmatrix}$ ☐ |

12 Die Aussagen sind entweder wahr oder falsch. Entscheiden Sie.

| | |
|---|---|
| Bei einem stochastischen Prozess beträgt die Spaltensumme stets 1. | ☐ wahr<br>☐ falsch |
| Ein Stabilitätsvektor erfüllt die Gleichung $A \cdot \vec{x} = \vec{x}$. | ☐ wahr<br>☐ falsch |
| Aus der Grenzmatrix kann ein stabiler Vektor abgelesen werden. | ☐ wahr<br>☐ falsch |
| Die Grenzverteilung ist stets ein stabiler Vektor. | ☐ wahr<br>☐ falsch |
| Wenn ein Vektor stabil ist, stellt dieser stets die Grenzverteilung dar. | ☐ wahr<br>☐ falsch |
| Besteht die Übergangsmatrix aus gleichen Zeilen, entspricht sie der Grenzmatrix. | ☐ wahr<br>☐ falsch |

# 8 Lineare Optimierung

## Grafische Lösung

1 Zeichnen Sie den zugehörigen Lösungsraum:

a) $x \geq 0$; $y \geq 0$

$y \leq -2x + 8$

$y \leq 3x$

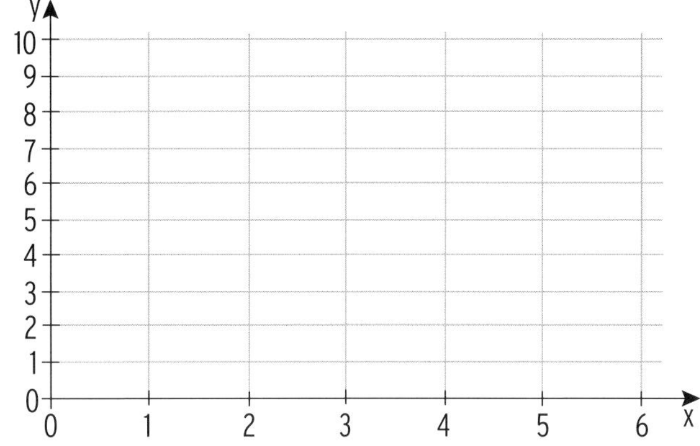

b) $0 \leq x \leq 10$; $y \geq 0$

$y \leq -x + 12$

$y \leq 3 + 0{,}5x$

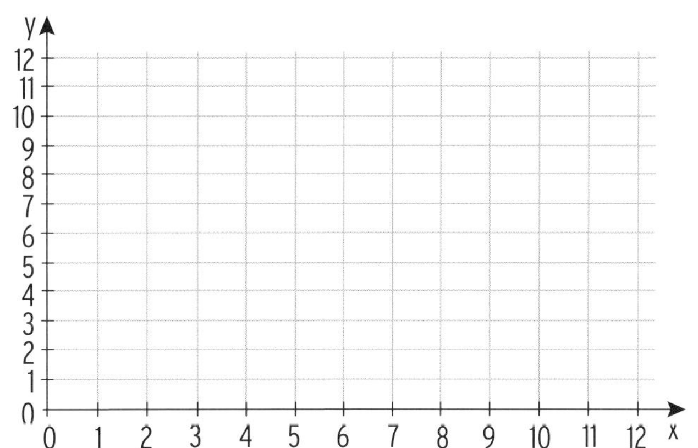

c) $x \geq 0$; $y \geq 0$

$y \leq x + 3$

$y \leq 12 - x$

$y \leq 24 - 3x$

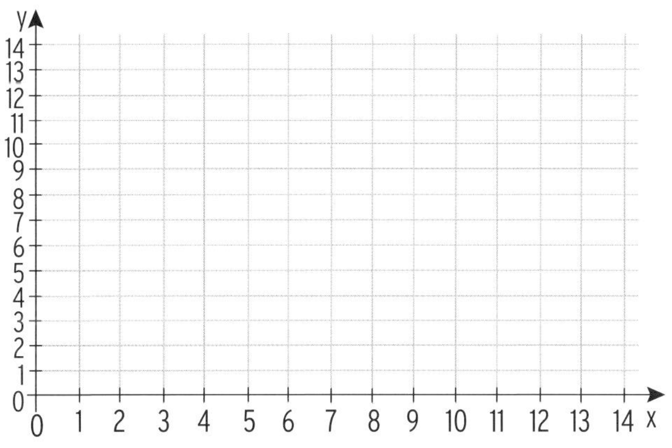

2 Beschreiben Sie den Lösungsraum mithilfe eines linearen Ungleichungssystems.

a)

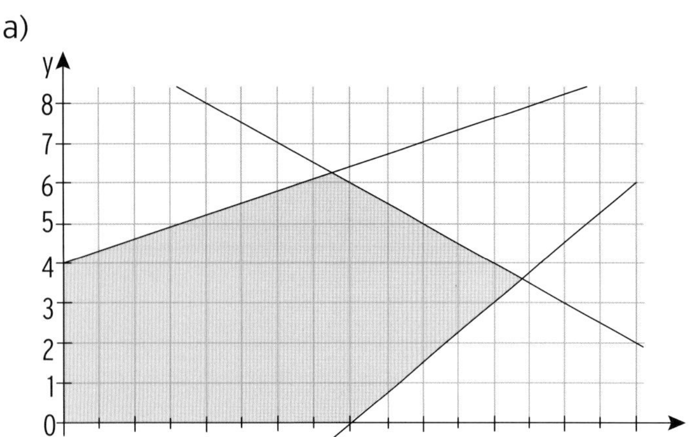

b)

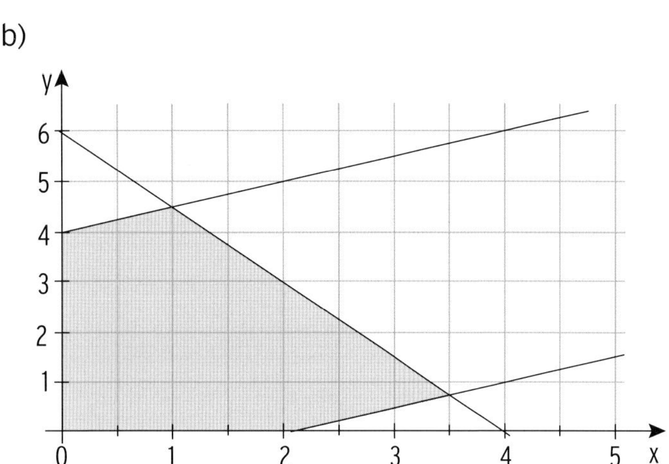

c)

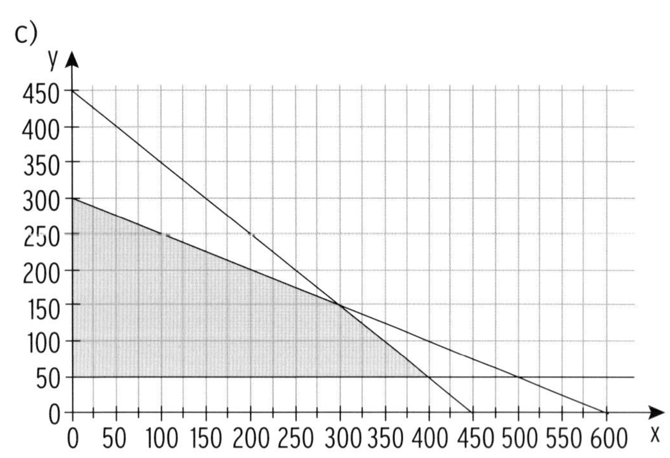


Ungleichungssystem:

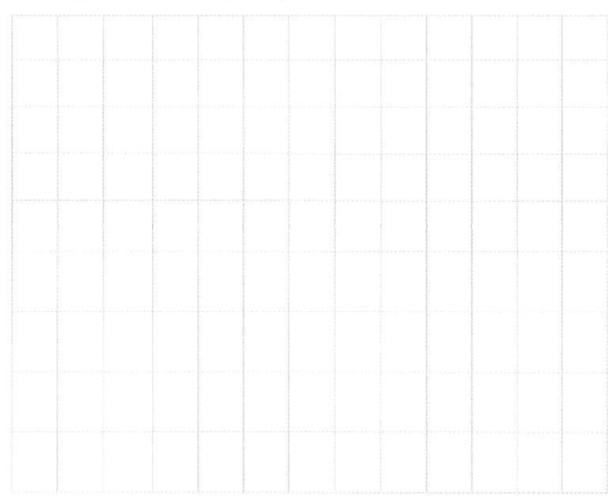

Die Zielfunktionsgleichung lautet: $0{,}6x + y = Z$. Bestimmen Sie jeweils den optimalen Punkt.

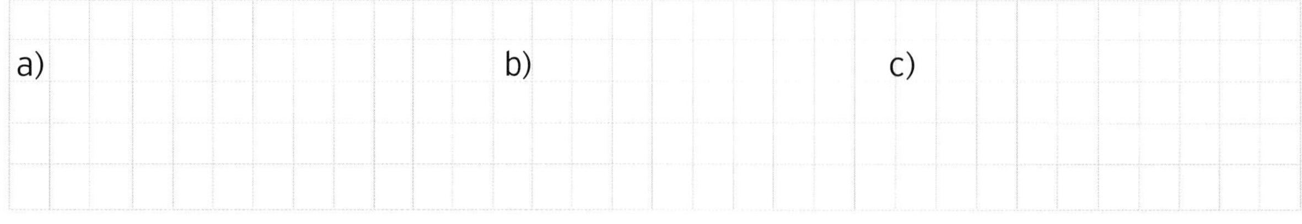

3 Die CHIP AG stellt auch zwei unterschiedliche Sorten Chips P1 und P2 her, deren Produktion folgenden Beschränkungen pro Monat unterliegt.

Beschränkung 1: $2x + 2y \leq 260$

Beschränkung 2: $3x + 2y \leq 360$

Beschränkung 3: $10x + 4y \leq 880$

P1 und P2 erzielen jeweils einen Stückdeckungsbeitrag von 12 GE/ME.

Z sei der zu maximierende Gesamtdeckungsbeitrag (DB).

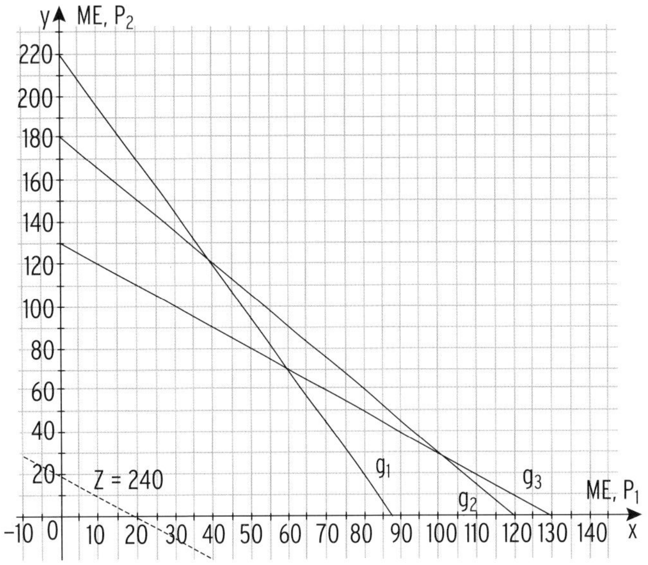

y ME, P2
220
200
180
160
140
120
100
80
60
40
20
Z = 240
$g_1$
$g_2$
$g_3$
ME, P1
–10 0 10 20 30 40 50 60 70 80 90 100 110 120 130 140 x

a) Geben Sie an, welche Beschränkung durch welche der drei Geraden $g_1$ bis $g_3$ dargestellt wird. Bestimmen Sie den maximalen Gesamtdeckungsbeitrag.

b) Die Geschäftsführung der CHIP AG behauptet: „Produktkombinationen, die zu einem maximalen Deckungsbeitrag führen, entsprechen immer einem der Eckpunkte des Planungsvielecks.“ Nehmen Sie zu dieser Aussage der Geschäftsleitung im Sachzusammenhang mathematisch begründet Stellung.

4 Entscheiden Sie, ob die Aussagen wahr oder falsch sind.

| | | |
|---|---|---|
| a) | Jeder Punkt innnerhalb des Planungsvielecks erfüllt mindestens eine Restriktion. | ☐ wahr ☐ falsch |
| b) | Jeder Punkt auf einer Randgeraden erfüllt alle Restriktionen. | ☐ wahr ☐ falsch |
| c) | Der optimale Punkt liegt auf einer Randgeraden. | ☐ wahr ☐ falsch |
| d) | Der optimale Punkt ist der Punkt des Planungsvielecks mit dem größten y-Wert. | ☐ wahr ☐ falsch |
| e) | Jeder Eckpunkt des Planungsvielecks ist ein optimaler Punkt. | ☐ wahr ☐ falsch |
| f) | Der optimale Punkt wird durch Verschiebung der Zielfunktionsgerade bestimmt. | ☐ wahr ☐ falsch |

5 Die nachfolgende Abbildung zeigt das Planungsvieleck einer linearen Optimierungsaufgabe.

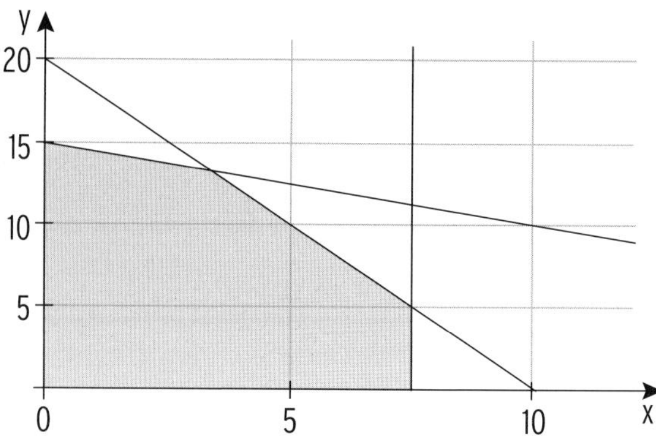


a) Bestimmen Sie die Restriktionen.

b) Geben Sie eine Zielfunktion Z an, sodass es für das Maximum von Z

- genau eine Lösung gibt:

- unendlich viele Lösungen gibt:

6 Die nachfolgende Abbildung zeigt das Planungsvieleck einer linearen Optimierungsaufgabe.

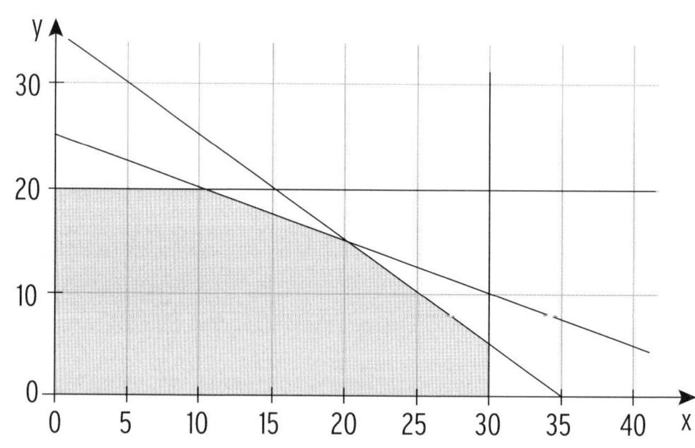


a) Bestimmen Sie die Restriktionen.

b) Geben Sie eine Zielfunktion Z an, sodass es für das Maximum von Z

- genau eine Lösung gibt:

- unendlich viele Lösungen gibt:

7 Die nachfolgende Abbildung zeigt die grafische Lösung eines Ungleichungssystems.

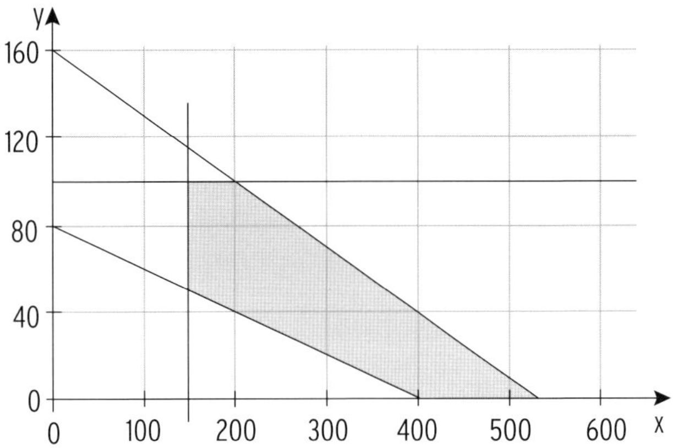


a) Geben Sie ein passendes Ungleichungssystem an.

b) Bestimmen Sie für das abgebildete Planungsvieleck
- eine Zielfunktion so, dass es genau eine optimale Lösung gibt, die ein Maximum liefert.

- eine Zielfunktion so, dass es genau eine optimale Lösung gibt, die ein Minimum liefert.

- eine Zielfunktion so, dass es unendlich viele optimale Lösungen gibt, die ein Maximum liefern.
  Erläutern Sie jeweils Ihre Vorgehensweise.

16 Merkur-Nr. 2666

8 Ein Unternehmer stellt seine Produkte auf den Maschinen M1, M2 und M3 her.

Zurzeit fertigt der Unternehmer zwei Produkte A und B.

Die folgende Tabelle zeigt für jede Maschine die Einsatzzeiten pro ME in Minuten und die maximale Betriebsdauer der einzelnen Maschinen pro Tag in Minuten.

| Maschine | Benötigte Zeit für eine ME von Produkt A | von Produkt B | Maximale Betriebsdauer |
|---|---|---|---|
| M1 | 3 | 1 | 120 |
| M2 | 4 | 2 | 180 |
| M3 | 3 | 9 | 720 |

Für eine ME von Produkt A beträgt der Gewinn 2,40 € und für eine ME von Produkt B beträgt der Gewinn 1,60 €.

a) Zeichnen Sie das Planungsvieleck.

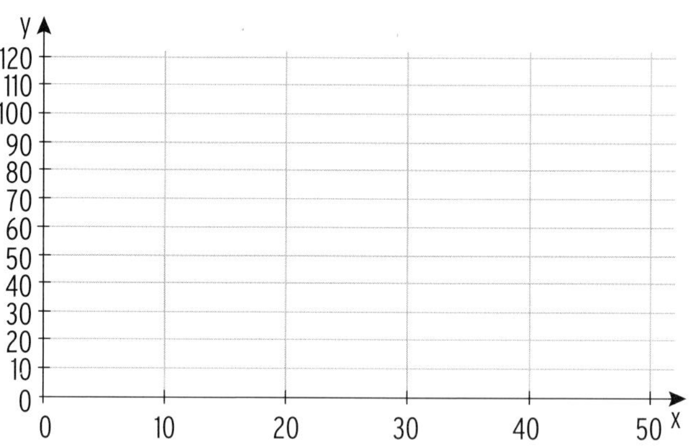


b) Bestimmen Sie, wie viele ME der einzelnen Produkte A und B der Unternehmer täglich herstellen und verkaufen muss, damit sein Gewinn maximal wird.

c) Untersuchen Sie anhand Ihres Planungsvielecks, wie sich der Gesamtgewinn ändert, wenn mindestens 8 ME von Produkt A hergestellt und verkauft werden.

9 Das nebenstehende Schaubild zeigt die grafische Lösung eines Ungleichungssystems, mit dem der Gewinn optimiert werden soll. Dabei werden x ME des Produkts A und y ME des Produkts B hergestellt. Mit dem Produkt B werden pro ME 100 GE Gewinn gemacht.

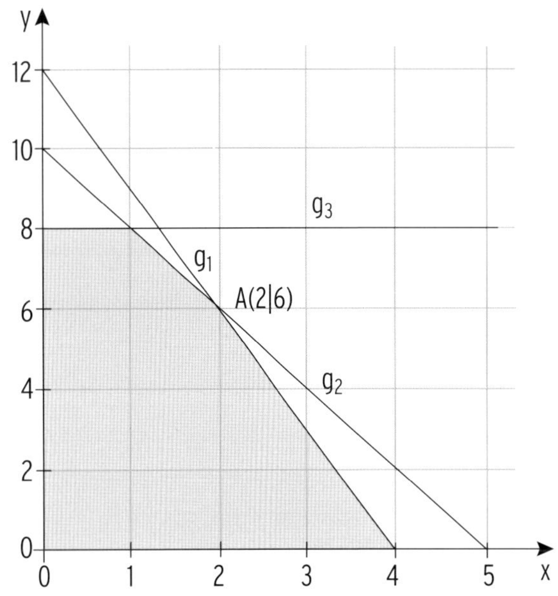


a) Die Nichtnegativitätsbedingungen gelten. Geben Sie die drei Ungleichungen an, die das Lösungspolygon festlegen.

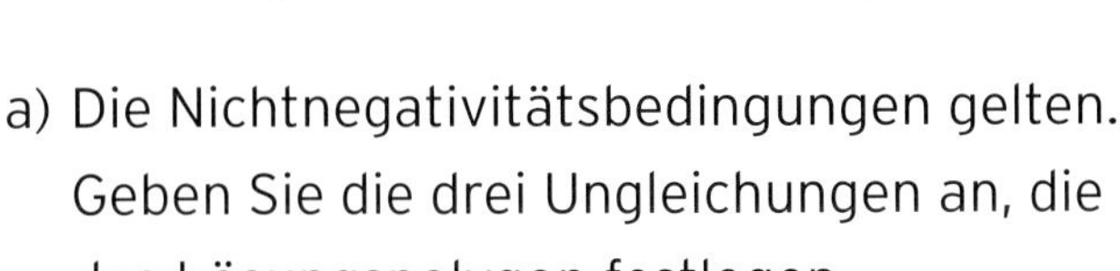

b) Ermitteln Sie eine mögliche Zielfunktion G, so dass es genau eine maximale Lösung in A(2 |6) gibt, und den zu G gehörigen maximalen Gewinn.

## *Simplexverfahren*

1 Das Simpextableau zur Maximierung von Produktionsmengen ist dargestellt. Bestimmen Sie das optimale Tableau und geben Sie eine Lösung des Maximierungsproblems an.

| $x_1$ | $x_2$ | $x_3$ | $u_1$ | $u_2$ | $u_3$ | b |
|---|---|---|---|---|---|---|
| 5 | 7 | 3 | 1 | 0 | 0 | 220 |
| 0 | 1 | 0 | 0 | 1 | 0 | 30 |
| 0 | 0 | 1 | 0 | 0 | 1 | 20 |
| 70 | 50 | 60 | 0 | 0 | 0 | Z |

| | | | | | | |
|---|---|---|---|---|---|---|
| 5 | 7 | 3 | 1 | 0 | 0 | 220 |
| | | | | | | |
| | | | | | | |
| | | | | | | |

| | | | | | | |
|---|---|---|---|---|---|---|
| 5 | 7 | 0 | 1 | 0 | 0 | 160 |
| | | | | | | |
| | | | | | | |
| 0 | − 48 | 0 | −14 | 0 | − 18 | Z −3440 |

Lösung: $x_1$ = ; $x_2$ = ; $x_3$ = ; $u_1$ = ; $u_2$ = ; $u_3$ =

2 Die Bremsscheiben T1, T2 und T3 durchlaufen in der Produktion zwei verschiedene Maschinen A und B. Der Zeitbedarf auf Maschine A beträgt 3 min/ME für Produkt T1, 5 min/ME für T2 und ebenfalls 5 min/ME für T3. Insgesamt kann auf Maschine A höchstens 600 min/Tag produziert werden. Der Zeitbedarf auf Maschine B beträgt 5 min/ME für Produkt T1 und 10 min/ME für T3. Für die Produktion von T2 wird diese Maschine nicht benötigt. Insgesamt kann auf Maschine B höchstens 900 min/Tag produziert werden. Wegen der begrenzten Nachfrage sollen von T1 höchstens 50 ME/Tag produziert werden. Die Stückdeckungsbeiträge liegen weiterhin bei 50 GE/ME für T1, 25 GE/ME für T2 und 45 GE/ME für T3.
Der Gesamtdeckungsbeitrag soll maximiert werden.

a) Stellen Sie die nötigen Bedingungen (Restriktionen) und die Zielfunktion auf.

b) Die Tabelle zeigt noch nicht das optimale Tableau zur Bestimmung des maximalen Gesamtdeckungsbeitrags. Begründen Sie.

| | $x_1$ | $x_2$ | $x_3$ | $u_1$ | $u_2$ | $u_3$ | b |
|---|---|---|---|---|---|---|---|
| M1 | 0 | 5 | 0 | 1 | −0,5 | −0,5 | 125 |
| M2 | 0 | 0 | 1 | 0 | 0,1 | −0,5 | 65 |
| M3 | 1 | 0 | 0 | 0 | 0 | 1 | 50 |
| | 0 | 25 | 0 | 0 | − 4,5 | − 27,5 | Z − 5425 |

Berechnen Sie das optimale Tableau.

| | $x_1$ | $x_2$ | $x_3$ | $u_1$ | $u_2$ | $u_3$ | b |
|---|---|---|---|---|---|---|---|
| M1 | 0 | 5 | 0 | | | | |
| M2 | | | | | | | |
| M3 | | | | | | | |
| | 0 | 0 | 0 | | | | Z − 6050 |

Bestimmen Sie die optimalen Produktionsmengen und die Ausschöpfung der Kapazitäten.

3 Die Tabelle zeigt das optimale Tableau zur Bestimmung des maximalen Gesamtdeckungsbeitrags bei der Herstellung von drei Produkten H1, H2 und H3 auf drei Maschinen M1, M2 und M3. Begründen Sie, dass die Abbildung das optimale Tableau zeigt. Interpretieren Sie anhand des optimalen Simplex-Tableaus die optimalen Produktionsmengen und die Ausschöpfung der Kapazitäten.

a)

| | $x_1$ | $x_2$ | $x_3$ | $u_1$ | $u_2$ | $u_3$ | b |
|---|---|---|---|---|---|---|---|
| M1 | 0 | 1 | 0 | 1 | 0 | −2 | 240 |
| M2 | 0,5 | 2 | 0 | 0 | 1 | −1 | 450 |
| M3 | 1 | 1 | 1 | 0 | 0 | 1 | 450 |
| | −0,9 | −0,5 | 0 | 0 | 0 | − 1,5 | Z − 675 |

b)

| | $x_1$ | $x_2$ | $x_3$ | $u_1$ | $u_2$ | $u_3$ | b |
|---|---|---|---|---|---|---|---|
| M1 | 0 | 0 | 1 | 1 | 0 | −2 | 100 |
| M2 | 0 | 2 | 0 | 0 | 1 | −1 | 80 |
| M3 | 1 | 0 | 0 | 0 | 0 | 1 | 100 |
| | 0 | − 1 | 0 | − 1 | 0 | − 1 | 2Z − 1200 |

c)

| | $x_1$ | $x_2$ | $x_3$ | $u_1$ | $u_2$ | $u_3$ | b |
|---|---|---|---|---|---|---|---|
| M1 | 0 | 1 | 0 | 1 | 0 | 0 | 400 |
| M2 | 1 | 0 | 1 | 0 | 1 | −1 | 60 |
| M3 | 1 | 0 | 1 | 0 | 0 | 1 | 240 |
| | −1 | 0 | −2 | −1 | 0 | 0 | 3Z − 2076 |

Bohner | Ott | Deusch

# Arbeitsheft

## Mathematik

## für das Berufskolleg – Berufliches Gymnasium

## Jahrgangsstufe 12 und 13

Nordrhein-Westfalen

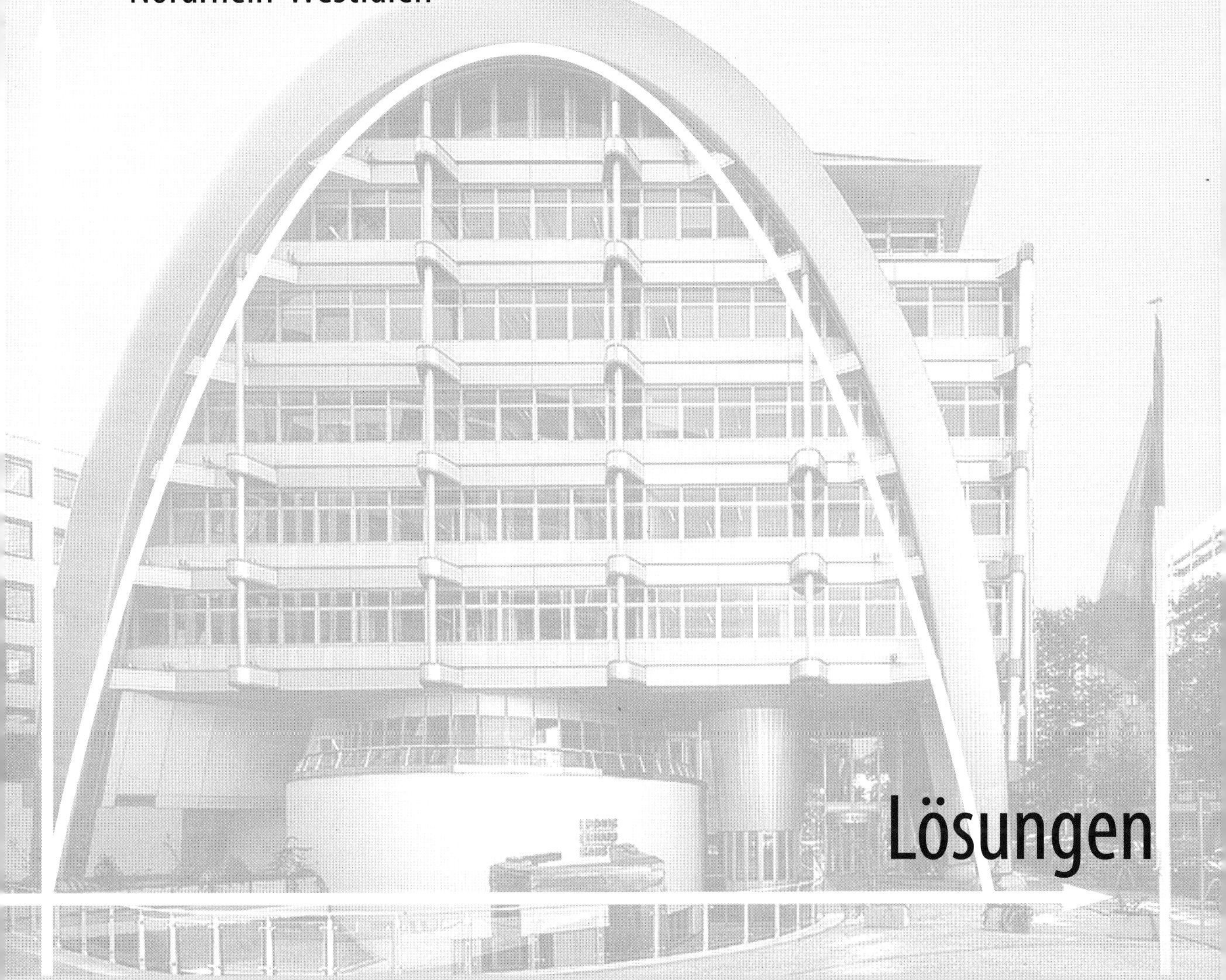

Lösungen

**Wirtschaftswissenschaftliche Bücherei für Schule und Praxis**
**Begründet von Handelsschul-Direktor Dipl.-Hdl. Friedrich Hutkap †**

Verfasser:

**Kurt Bohner**
Studium der Mathematik und Physik an der Universität Konstanz

**Roland Ott**
Studium der Mathematik an der Universität Tübingen

**Ronald Deusch**
Studium der Mathematik an der Universität Tübingen



* * * * * * * * * *

2. Auflage 2024



Gesamtherstellung:

Merkur Verlag Rinteln Hutkap GmbH & Co. KG, 31735 Rinteln

E-Mail: info@merkur-verlag.de
lehrer-service@merkur-verlag.de

Internet: www.merkur-verlag.de

Lösungen zu

Merkur-Nr: 2666-02

ISBN 978-3-8120-1066-5

# I Differenzialrechnung

## 1 Grafisches Differenzieren

1 Zeichnen Sie das Schaubild der 1. Ableitungsfunktion.

Abb. 1

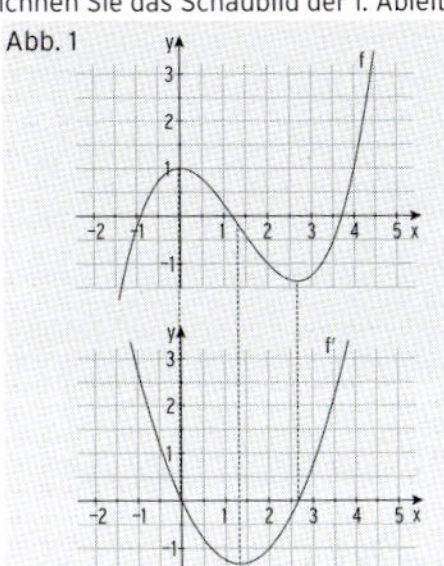

Abb. 2

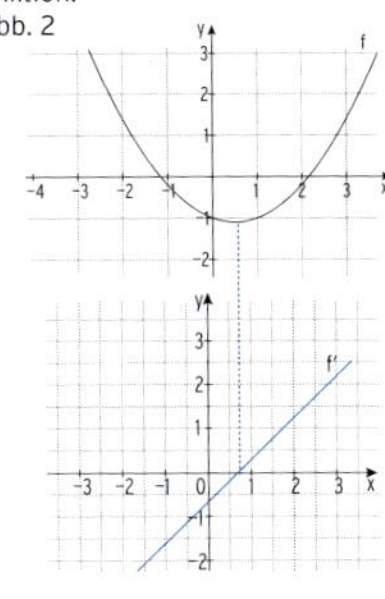

2 Die Abbildungen zeigen die Schaubilder einer Kostenfunktion, einer Erlösfunktion, einer Gewinnfunktion und die Schaubilder der zugehörigen Ableitungsfunktionen. Ordnen Sie zu und begründen Sie.

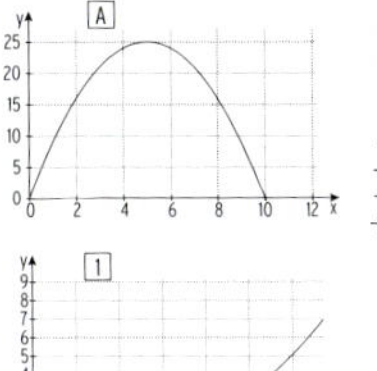

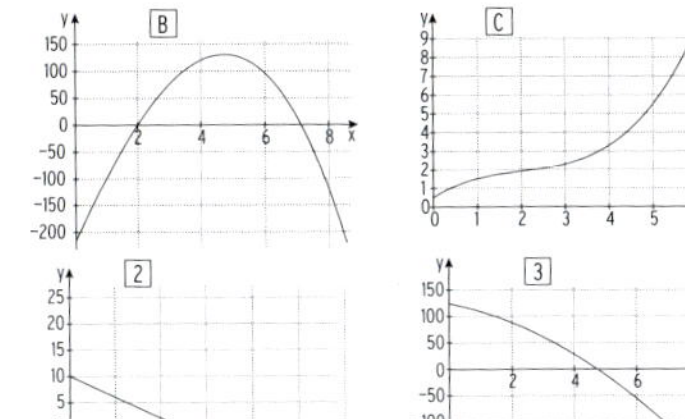

Zuordnung: A (Erlös) → 2; B (Gewinn) → 3; C(Kosten) → 1

Begründung: z.B.: In $x = 5$ hat der Graph in A eine waagrechte Tangente; $f'(5) = 0$
In $x = 0$ hat der Graph in B die größte Steigung von ca. 120 GE/ME.
Der Graph in C hat nur positive Steigungen. Der Graph in (1) verläuft oberhalb der x-Achse.



3 Gegeben ist das Schaubild einer Funktion f. Skizzieren Sie das Schaubild ihrer Ableitungsfunktion in das untenstehende Koordinatensystem.

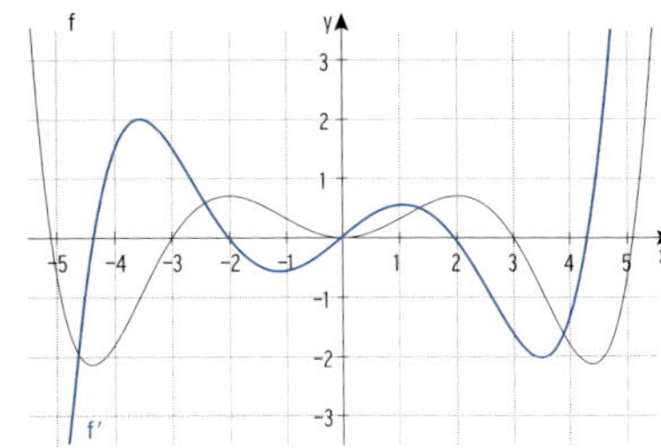

4 Die Abbildungen zeigen die Graphen der Funktionen f, g und h und die Graphen der zugehörigen Ableitungsfunktionen. Ordnen Sie zu und begründen Sie.

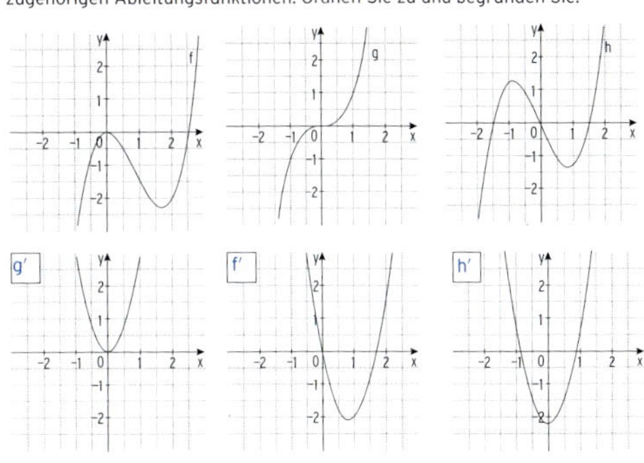

Begründung: z.B.: der Graph von g hat keine negativen Steigungen; der Graph von g' verläuft nicht unterhalb der x-Achse. In $x = 0$: f hat die Steigung 0; $f'(0) = 0$;
In $x = 0$: h hat die negative Steigung $-2{,}3$; $h'(0) = -2{,}3$.



## 2 Extrem-und Wendepunkte

### Monotonie und Extrempunkte

1 Bestimmen Sie die Monotoniebereiche von f mithilfe der Abbildung.

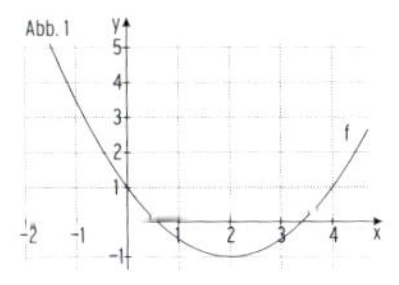

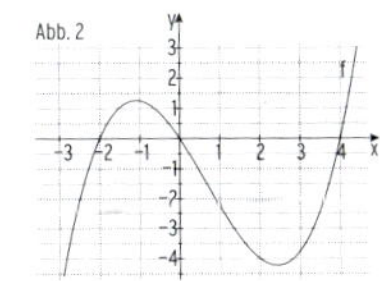

Abb. 1: mon. wachsend für $x \geq 2$
mon. fallend für $x \leq 2$

Abb. 2: mon. wachsend für $x \leq -1{,}2$ oder $x \geq 2{,}5$;
mon. fallend für $-1{,}2 \leq x \leq 2{,}5$

2 Zeigen Sie, f mit $f(x) = x^3 - 12x^2 + 60x + 256$; $x \in \mathbb{R}$, ist monoton wachsend.

Ableitung: $f'(x) = 3x^2 - 24x + 60$

$f'(x) = 0$ $\quad x^2 - 8x + 20 = 0$ $\quad$ hat wegen $D = 4^2 - 20 < 0$ keine Lösung

Wegen $f'(1) = 39 > 0$ ist f monoton wachsend.

3 Gegeben ist die Funktion f. Berechnen Sie die Koordinaten der Hoch- und Tiefpunkte des Graphen von f.

| | | |
|---|---|---|
| $f(x) = 2x^2 - 2x^3 + 1$; $x \in \mathbb{R}$ | $f'(x) = 4x - 6x^2$; $f''(x) = 4 - 12x$ | |
| | Notwendige Bedingung: $f'(x) = 0$ | $4x - 6x^2 = 0$ |
| | Ausklammern: | $x(4 - 6x) = 0$ |
| | Satz vom Nullprodukt: | $x = 0 \vee 4 - 6x = 0$ |
| | Stellen mit waagrechter Tangente: | $x = 0 \vee x = \frac{2}{3}$ |
| | Mit $f''(0) = 4 > 0$ und $f(0) = 1$: | $T(0 \mid 1)$ |
| | Mit $f''(\frac{2}{3}) = -4 < 0$ und $f(\frac{2}{3}) = \frac{35}{27}$: | $H(\frac{2}{3} \mid \frac{35}{27})$ |
| $f(x) = x^3 - 3x - 1$; $x \in \mathbb{R}$ | $f'(x) = 3x^2 - 3$; $f''(x) = 6x$ | |
| | Notwendige Bedingung: $f'(x) = 0$ | $3x^2 - 3 = 0$<br>$x^2 = 1$ |
| | Stellen mit waagrechter Tangente: | $x = -1 \vee x = 1$ |
| | Mit $f''(1) = 6 > 0$ und $f(1) = -3$: | $T(1 \mid -3)$ |
| | Mit $f''(-1) = -6 < 0$ und $f(-1) = 1$: | $H(-1 \mid 1)$ |



4 Gegeben ist die Kostenfunktion K und die Erlösfunktion E. Füllen Sie die Tabelle aus.

| Kostenfunktion K<br>Erlösfunktion E | $K(x) = x^3 - 4x^2 + 19x + 18$<br>$E(x) = 30x$ | $K(x) = x^3 - 9x^2 + 30x + 41$<br>$E(x) = -9x^2 + 72x$ |
|---|---|---|
| Gewinnfunktion | $G(x) = -x^3 + 4x^2 + 11x - 18$ | $G(x) = -x^3 + 42x - 41$ |
| Variable Stückkostenfunktion | $k_v(x) = x^2 - 4x + 19$ | $k_v(x) = x^2 - 9x + 30$ |
| Stückkostenfunktion | $k(x) = x^2 - 4x + 19 + \frac{18}{x}$ | $k(x) = x^2 - 9x + 30 + \frac{41}{x}$ |
| Gewinnmaximum | $G'(x) = -3x^2 + 8x + 11 = 0$<br>$x_1 = 3{,}67$; $(x_2 = -1 < 0)$<br>$G''(x) = -6x + 8$<br>$G''(3{,}67) < 0$<br>Gewinnmaximum:<br>$G(3{,}67) = 26{,}81$ | $G'(x) = -3x^2 + 42 = 0$<br>$x_1 = \sqrt{14} = 3{,}74$; $(x_2 = -\sqrt{14} < 0)$<br>$G''(x) = -6x$<br>$G''(3{,}74) < 0$<br>Gewinnmaximum:<br>$G(3{,}74) = 63{,}77$ |
| Betriebsminimum; kurzfristige Preisuntergrenze | $k'_v(x) = 2x - 4 = 0$<br>$x_1 = 2$<br>$k''_v(x) = 2 > 0$<br>$x_1 = 2$ Minimalstelle ($x_{BM}$)<br>$k_v(2) = 15$<br>kurzfristige Preisuntergrenze | $k'_v(x) = 2x - 9 = 0$<br>$x_1 = 4{,}5$<br>$k''_v(x) = 2 > 0$<br>$x_1 = 4{,}5$ Minimalstelle ($x_{BM}$)<br>$k_v(4{,}5) = 9{,}75$<br>kurzfristige Preisuntergrenze |
| Zeigen Sie:<br>Das Betriebsoptimum liegt bei $x_{BO}$.<br><br><br>Langfristige Preisuntergrenze | $x_{BO} = 3$<br>$k'(x) = 2x - 4 - \frac{18}{x^2}$<br>$k'(3) = 6 - 4 - 2 = 0$<br>$k''(x) = 2 + \frac{36}{x^3}$; $k''(3) > 0$<br>$x_{BO} = 3$<br>$k(3) = 22$ Langfristige Preisuntergrenze | $x_{BO} \approx 5{,}25$<br>$k'(x) = 2x - 9 - \frac{41}{x^2}$<br>$k'(5{,}25) = 10{,}5 - 9 - 1{,}49 = 0{,}01$<br>$k'(5{,}25) \approx 0$<br>$k''(x) = 2 + \frac{82}{x^3}$; $k''(5{,}25) > 0$<br>$x_{BO} = 5{,}25$<br>$k(5{,}25) = 18{,}12$ Langfristige Preisuntergrenze |

## Krümmung und Wendepunkte

1 Bestimmen Sie die Krümmungsbereiche des Graphen von f mithilfe der Abbildung.

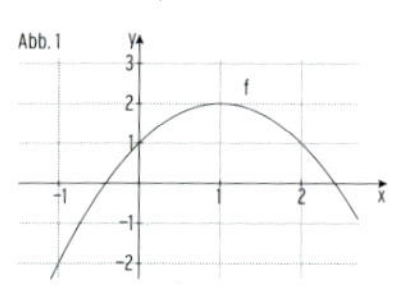

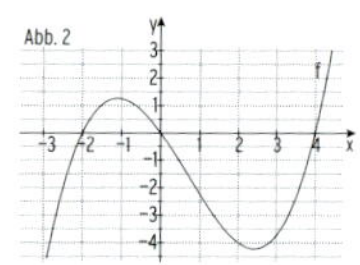

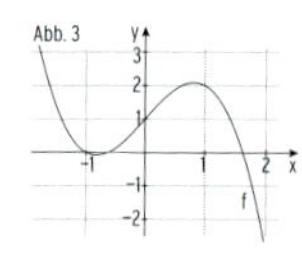


Abb. 1: Rechtskurve für $x \in \mathbb{R}$
Abb. 2: Rechtskurve für $x < 1$, Linkskurve für $x > 1$
Abb. 3: Rechtskurve für $x > 0$, Linkskurve für $x < 0$

2 Gegeben ist die Funktion f mit $f(x) = x^3 - 2x^2 - 3x;\ x \in \mathbb{R}$. Untersuchen Sie das Schaubild von f auf Krümmung.

Ableitungen: $f'(x) = 3x^2 - 4x - 3;\ f''(x) = 6x - 4;\ f'''(x) = 6 \neq 0$
$f''(x) = 0$ für $x = \frac{2}{3}$ einzige einfache Lösung, also mit VZW (Krümmungswechsel)
Wegen $f''(0) = -4$ ist der Graph von f für $x < \frac{2}{3}$ rechtsgekrümmt; für $x > \frac{2}{3}$ linksgekrümmt;

3 Gegeben ist die Kostenfunktion K mit $K(x) = x^3 - 6x^2 + 15x + 10;\ x \geq 0$.

a) Zeigen Sie, das Schaubild von K hat keinen Extrempunkt.
Bed.: $K'(x) = 3x^2 - 12x + 15 = 0$
$x^2 - 4x + 5 = 0$
keine Lösung wegen $D = 4 - 5 = -1 < 0$
Der Graph von K hat keinen Extrempunkt.

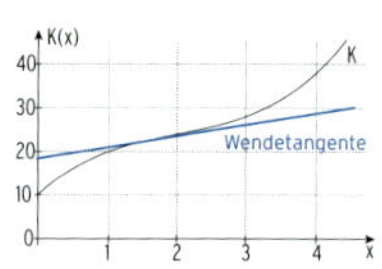


b) Geben Sie den Bereich an, auf dem K degressiv wächst.
$K''(x) = 6x - 12;\ K'''(x) = 6 \neq 0$
Bed.: $K''(x) < 0$
Wendestelle: $K''(x) = 0$ $\quad 6x - 12 = 0 \Leftrightarrow x = 2$
Mit $K'''(x) \neq 0$ ist $x_1 = 2$ Wendestelle.
Mit $K''(1) = -6 < 0$ gilt: $\quad K''(x) < 0$ für $0 < x < 2$
K wächst degressiv für $0 < x < 2$.
Hinweis: Für $x > 2$ wächst K progressiv.

c) Bestimmen Sie die Gleichung der Wendetangente. Zeichnen Sie diese Tangente ein.
$K'(2) = 3 = m;\ K(2) = 24$ einsetzen in $y = mx + b$: $24 = 3 \cdot 2 + b \Rightarrow b = 18$
Gleichung der Wendetangente: $y = 3x + 18$



4 Gegeben ist eine Funktion. Berechnen Sie die Koordinaten des Wendepunktes des Schaubildes der gegebenen Funktion.

| | |
|---|---|
| $f(x) = x^3 - 2x^2 + 1;\ x \in \mathbb{R}$ 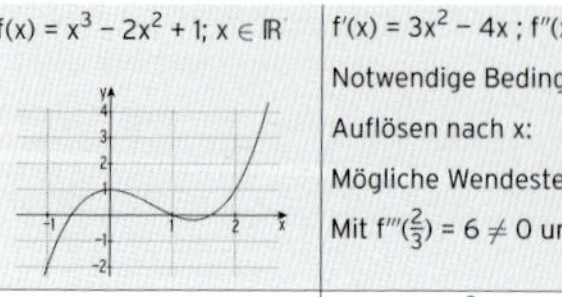 | $f'(x) = 3x^2 - 4x;\ f''(x) = 6x - 4;\ f'''(x) = 6$<br>Notwendige Bedingung: $f''(x) = 0$ $\quad 6x - 4 = 0$<br>Auflösen nach x: $\quad x = \frac{2}{3}$<br>Mögliche Wendestelle: $\quad x_1 = \frac{2}{3}$<br>Mit $f'''(\frac{2}{3}) = 6 \neq 0$ und $f(\frac{2}{3}) = \frac{11}{27}$: $\quad W(\frac{2}{3} \mid \frac{11}{27})$ |
| $f(x) = -x^3 + 2x + 4;\ x \in \mathbb{R}$ 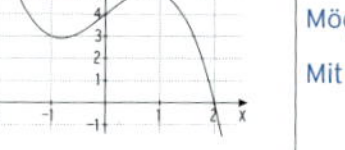 | 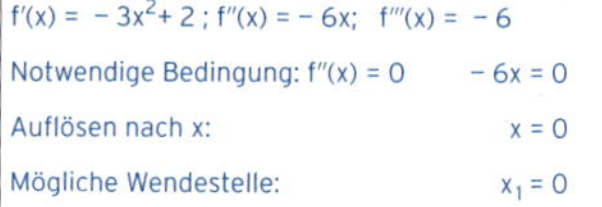 $f'(x) = -3x^2 + 2;\ f''(x) = -6x;\ f'''(x) = -6$<br>Notwendige Bedingung: $f''(x) = 0$ $\quad -6x = 0$<br>Auflösen nach x: $\quad x = 0$<br>Mögliche Wendestelle: $\quad x_1 = 0$<br>Mit $f'''(0) = -6 \neq 0$ und $f(0) = 4$: $\quad W(0 \mid 4)$ |
| $K(x) = 2x^3 - 12x^2 + 24x + 20;$<br>$x \in \mathbb{R}_+$ 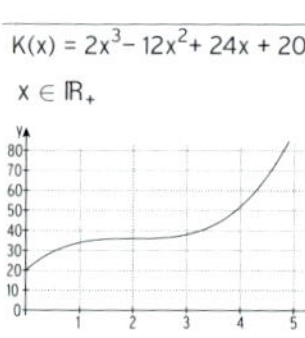 | $K'(x) = 6x^2 - 24x + 24;\ K''(x) = 12x - 24;\ K'''(x) = 12$<br>Notwendige Bedingung: $K''(x) = 0$ $\quad 12x - 24 = 0$<br>Auflösen nach x: $\quad x = 2$<br>Mögliche Wendestelle: $\quad x_1 = 2$<br>Mit $K'''(2) = 12 \neq 0$ und $K(2) = 36$: $\quad W(2 \mid 36)$ |
| $A(x) = -0{,}1x^3 + x^2 + 2{,}3x + 1{,}2;$<br>$x \in \mathbb{R}_+$ 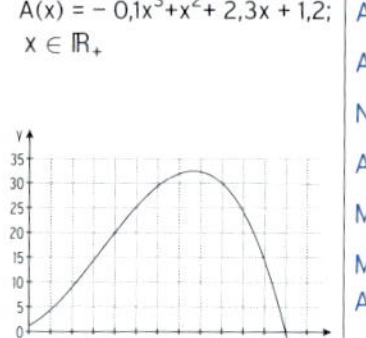 | 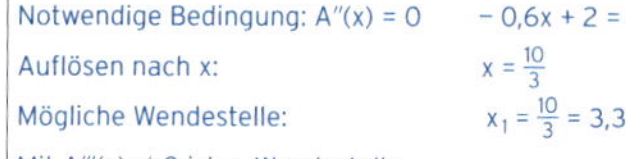 $A'(x) = -0{,}3x^2 + 2x + 2{,}3;\ A''(x) = -0{,}6x + 2$<br>$A'''(x) = -0{,}6 \neq 0$<br>Notwendige Bedingung: $A''(x) = 0$ $\quad -0{,}6x + 2 = 0$<br>Auflösen nach x: $\quad x = \frac{10}{3}$<br>Mögliche Wendestelle: $\quad x_1 = \frac{10}{3} = 3{,}33$<br>Mit $A'''(x) \neq 0$ ist $x_1$ Wendestelle.<br>$A(3{,}33) = 16{,}27$: $\quad W(3{,}33 \mid 16{,}27)$ |



## 3 Kurvenuntersuchung

1 Die Abbildung zeigt den Graph einer ertragsgesetzlichen Kostenfunktion und einer Erlösfunktion.

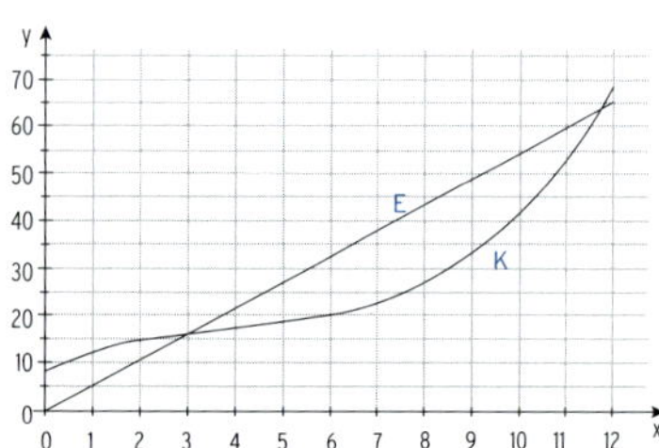


Beschreiben Sie den Verlauf der beiden Graphen, indem Sie den Lückentext mit folgenden Begriffen sinnvoll ergänzen:

steigen, steigend, monoton, degressiv, progressiv, Wendepunkt, linksgekrümmt, Rechtskrümmung, zu, geringer, geringsten, maximal, Fixkosten, Kapazitätsgrenze, ökonomisch sinnvollen, Gewinnschwelle, größten, 3, 8

Der Graph der Gesamtkostenfunktion K mit $K(x) = \frac{1}{12}x^3 - x^2 + 5x + 8$ verläuft im ökonomisch sinnvollen Definitionsbereich $D_{ök} = [0; 12]$ steigend, d.h. mit zunehmender Produktionsmenge steigen die Gesamtkosten. 12 ist die Kapazitätsgrenze. Der Graph beginnt in $(0 \mid 8)$. Dies entspricht den Fixkosten in Höhe von 8 GE. Bis zu einer Produktionsmenge von 4 ME steigt der Graph degressiv an. Es liegt eine Rechtskrümmung vor, d.h. die Gesamtkosten nehmen zu, aber diese Zunahme wird geringer. Bei einer Produktion von genau 4 ME steigen die Gesamtkosten am geringsten, hier liegt ein Wendepunkt vor. Danach verlaufen die Gesamtkosten progressiv steigend, die Gesamtkostenkurve ist linksgekrümmt.

Die Schnittstelle von Kostenkurve und Erlösgerade liegt bei 3 ME und wird als Gewinnschwelle bezeichnet. Bei etwa 8 ME ist der Abstand der y-Werte von K und E am größten, der Gewinn wird hier maximal.



2 Die Abbildung zeigt das Schaubild der 1. Ableitungsfunktion einer Funktion f. Begründen Sie mithilfe der Zeichnung, dass das Schaubild von f einen Hoch-, einen Tief- und einen Wendepunkt mit positiver Steigung besitzt.

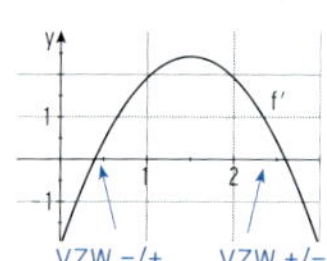


Das Schaubild von f' schneidet die x-Achse zweimal mit VZW, also hat das Schaubild von f einen Tief- und einen Hochpunkt. Das Schaubild von f' hat einen Hochpunkt oberhalb der x-Achse, also hat das Schaubild von f einen Wendepunkt mit positiver Steigung.

3 Vervollständigen Sie folgende Aussagen.

a) Eine Polynomfunktion 3. Grades hat höchstens drei Extremstellen, denn ihre Ableitung ist vom Grad drei.

b) Die Funktion f mit $f(x) = x^3 + 2;\ x \in \mathbb{R}$, ist wachsend, denn ihre Ableitung ist stets positiv.

4 Gegeben ist der Graph der Funktion f. Tragen Sie die wichtigen Punkte ein und lesen Sie die Koordinaten ab. Skizzieren Sie das Schaubild der 1. Ableitung.
Bestimmen Sie mithilfe der Abbildung die Bereiche, in denen das Schaubild der Funktion f steigend ist bzw. rechtsgekrümmt ist.

Wichtige Punkte:

$H(0{,}5 \mid 0{,}3)$;
$T(3{,}5 \mid -4{,}3)$; $W(2 \mid -2)$

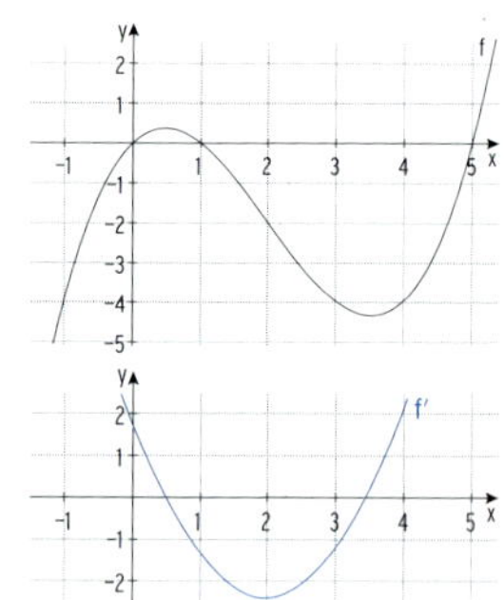


Der Graph von f ist steigend für

$x \leq 0{,}5 \vee x \geq 3{,}5$

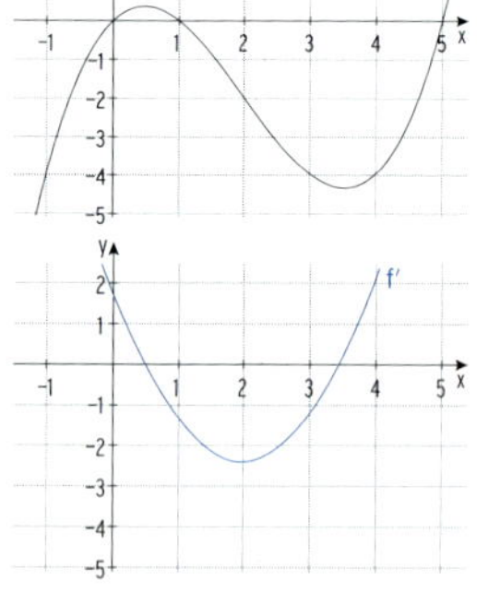


Der Graph von f ist rechtsgekrümmt für

$x < 2$

5 Gegeben ist das Schaubild der Ableitungsfunktion f′ für $1{,}4 \le x \le 3{,}2$.
Die nachfolgenden Aussagen sind entweder wahr oder falsch. Entscheiden Sie.
Begründen Sie Ihre Entscheidung.

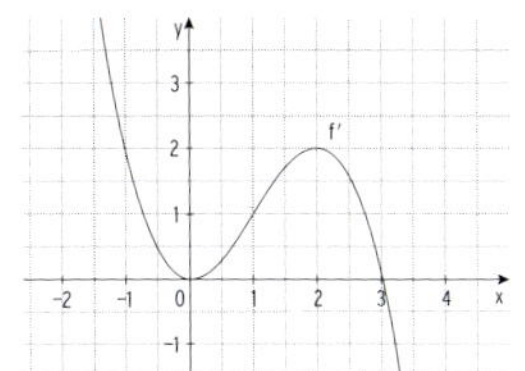

| Aussage | (w) | (f) | Begründung |
|---|---|---|---|
| Das Schaubild von f hat genau drei Extrempunkte. | ☐ | ☒ | Das Schaubild von f′ hat zwei gemeinsame Punkte mit der x-Achse, also hat der Graph von f höchstens 2 Extrempunkte. |
| Das Schaubild von f hat genau drei Wendepunkte. | ☐ | ☒ | Das Schaubild von f′ hat zwei Extrempunkte, also hat der Graph von f höchstens 2 Wendepunkte. |
| Das Schaubild von f hat einen Sattelpunkt auf der y-Achse. | ☒ | ☐ | Das Schaubild von f′ hat einen Extrempunkt auf der x-Achse. |
| $f'(x) < 2$ | ☐ | ☒ | Das Schaubild von f′ hat Punkte mit $y > 2$. (z.B. $f'(-1{,}5) > 2$) |
| $f'(2{,}5) > 0$ | ☒ | ☐ | Der Graph von f′ verläuft in $x = 2{,}5$ oberhalb der x-Achse, $f'(2{,}5) \approx 1{,}5 > 0$ |
| $f''(3) > 0$ | ☐ | ☒ | Das Schaubild von f′ hat in $x = 3$ eine negative Steigung, also $f''(3) < 0$. |
| Das Schaubild von f ist symmetrisch zur y-Achse. | ☐ | ☒ | Das Schaubild von f′ ist nicht punktsymmetrisch zu einem Punkt auf der y-Achse. |
| Das Schaubild von f ist bei $x = -1$ monoton steigend. | ☒ | ☐ | Das Schaubild von f′ verläuft in $x = -1$ oberhalb der x-Achse. |
| $f(2) > f(0)$ | ☒ | ☐ | Das Schaubild von f′ verläuft von 0 bis 2 oberhalb der x-Achse, das Schaubild von f ist also monoton steigend. |
| Das Schaubild von f verläuft in $P(2 \mid f(2))$ steiler als die 1. Winkelhalbierende. | ☒ | ☐ | $f'(2) = 2 > 1$ |



6 Gegeben ist das Schaubild der Funktion f für $x \in [-4; 2]$.
Die nachfolgenden Aussagen sind entweder wahr oder falsch. Entscheiden Sie.
Begründen Sie Ihre Entscheidung.

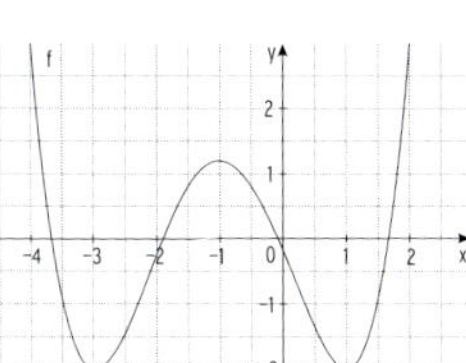

| Aussage | (w) | (f) | Begründung |
|---|---|---|---|
| f′ besitzt genau drei Nullstellen. | ☒ | ☐ | Das Schaubild von f hat 3 Extrempunkte. |
| Das Schaubild von f hat genau einen Wendepunkt. | ☐ | ☒ | Das Schaubild von f hat 2 Wendepunkte (Achsensymmetrie) |
| f′ hat eine doppelte Nullstelle. | ☐ | ☒ | Das Schaubild von f hat keinen Sattelpunkt. |
| Das Schaubild von f′ verläuft bei $x = -0{,}5$ oberhalb der x-Achse. | ☐ | ☒ | Das Schaubild von f ist bei $x = -0{,}5$ fallend; $f'(-0{,}5) \approx -2$ |
| $f'(-1{,}5) > 0$ | ☒ | ☐ | Das Schaubild von f ist bei $x = -1{,}5$ steigend. |
| $f''(-1{,}5) > 0$ | ☐ | ☒ | Das Schaubild von f ist bei $x = -1{,}5$ rechtsgekrümmt, d. h $f''(-1{,}5) < 0$ |
| Das Schaubild von f′ ist symmetrisch zum Ursprung. | ☐ | ☒ | Das Schaubild von f ist nicht symmetrisch zur y-Achse. |
| $f''(-1{,}5) < f''(1)$ | ☒ | ☐ | Das Schaubild von f ist bei $x = -1{,}5$ rechtsgekrümmt ($f''(-1{,}5) < 0$) und bei $x = 1$ linksgekrümmt ($f''(1) > 0$). |
| Die Tangente an das Schaubild von f an der Stelle $x = -2$ hat die Steigung 1. | ☐ | ☒ | Das Schaubild von f hat in $x = -2$ eine Steigung größer als 1, $f'(-2) \approx 3{,}5$ |



7 Bestimmen Sie den Parameter, so dass die gegebene Bedingung erfüllt wird.

| Bedingung | Lösung |
|---|---|
| $K_a(x) = x^3 + ax^2 + 10x + 87$<br>Für 3 ME entstehen Kosten von 27 GE. | $K_a(3) = 27 + 9a + 30 + 87 = 27$<br>$9a = -117 \Leftrightarrow a = -13$ |
| $K_a(x) = \frac{1}{100}x^3 + ax^2 + 50x + 1080$<br>Für 10 ME entstehen Kosten von 1690 GE. | $K_a(10) = 10 + 100a + 500 + 1080 = 1690$<br>$100a = 100$<br>$a = 1$ |
| $K_a(x) = 0{,}1x^3 + ax^2 + 186x + 540$<br>Der kleinste Kostenzuwachs ist in $x = 20$. | $K'_a(x) = 0{,}3x^2 + 2ax + 186$; $K''_a(x) = 0{,}6x + 2a$<br>Minimum von $K'_a$ in $x = 20$: $K''_a(20) = 0$<br>$0{,}6 \cdot 20 + 2a = 0$<br>$2a = -12$<br>$a = -6$ |
| $p_N(x) = -x^3 - 1{,}5x^2 + ax + 7$<br>$p_N$ ist monoton fallend auf $D_{ök}$. | $p'_N(x) = -3x^2 - 3x + a$;<br>Bedingung: $p'_N(x) \le 0$<br>Lösung der Gleichung: $-3x^2 - 3x + a = 0$<br>$x^2 + x - \frac{a}{3} = 0 \Leftrightarrow x_{1\|2} = -\frac{1}{2} \pm \sqrt{\frac{1}{4} + \frac{a}{3}}$<br>Für $a < 0$ sind beide Extremstellen negativ (für $-\frac{3}{4} < a < 0$) oder $p_N$ hat keine Extremstellen.<br>Für alle $a < 0$ gilt: $p'_N(0) = a < 0$<br>also $p_N$ ist für $a < 0$ monoton fallend für $x \ge 0$. |
| $K_q(x) = x^3 - 5x^2 + 9qx + 2$; $q \in \mathbb{N}$<br>Die kurzfristige Preisuntergrenze liegt bei etwa 12,50 GE/ME. | $k_{q,v}(x) = x^2 - 5x + 9q$<br>$k'_{q,v}(x) = 2x - 5$<br>$k'_{q,v}(x) = 0$ $\quad 2x - 5 = 0 \Leftrightarrow x = 2{,}5$<br>$k_{q,v}(2{,}5) = 6{,}25 - 12{,}5 + 9q \approx 12{,}50$<br>$9q \approx 18{,}75$<br>$q = 2$ da $q \in \mathbb{N}$ |
| $p_N(x) = -\frac{1}{32}x^2 + bx + 5$<br>Der Graph von $p_N$ ist rechtsgekrümmt. | $p'_N(x) = -\frac{1}{16}x + b$; $p''_N(x) = -\frac{1}{16} < 0$<br>Bedingung: $p''_N(x) < 0$<br>Die Bedingung ist für alle $b \in \mathbb{R}$ erfüllt. |
| $p_A(x) = (x + 0{,}25)^2 + k$<br>Der Mindestangebotspreis liegt bei 8,50 GE/ME. | $p_A$ ist eine Angebotsfunktion, also wachsend für $x > 0$<br>Mindestangebotspreis $p_A(0) = 0{,}25^2 + k = 8{,}50$<br>$k = 8{,}50 - \frac{1}{16} = 8{,}4375$ |



## *4 Aufstellen von Funktionstermen*

1 Formulieren Sie Bedingungen mithilfe des Textes. Das Schaubild von f ...

| Text | Bedingungen |
|---|---|
| hat den Hochpunkt $H(2 \mid 3)$. | $f(2) = 3$ und $f'(2) = 0$ |
| hat den Wendepunkt $W(-1 \mid 0)$. | $f(-1) = 0$ und $f''(-1) = 0$ |
| hat den Tiefpunkt $T(-2 \mid 1)$. | $f(-2) = 1$ und $f'(-2) = 0$ |
| berührt die x-Achse an der Stelle $x = 5$. | $f(5) = 0$ und $f'(5) = 0$ |
| hat an der Stelle $x = 0$ die Tangente mit der Gleichung $y = 3x - 4$. | $f(0) = -4$ und $f'(0) = 3$ |
| verläuft an der Stelle $x = -4$ parallel zur 1. Winkelhalbierenden. | $f'(-4) = 1$ |
| hat an den Stellen $x = 1$ und $x = 3$ dieselbe Steigung. | $f'(1) = f'(3)$ |
| ist an der Stelle $x = 1$ rechtsgekrümmt. | $f''(1) < 0$ |

2 Das Schaubild der Funktion p mit $p(x) = ax^2 + bx - 1$ hat den Tiefpunkt $T(2 \mid -3)$.

Berechnen Sie die Werte von a und b und geben Sie den Funktionsterm an.

Ableitung: $p'(x) = 2ax + b$

| Bedingungen: | Lineares Gleichungssystem: | |
|---|---|---|
| $T(2 \mid -3)$: $p(2) = -3$ | $4a + 2b - 1 = -3$ | |
| | $4a + 2b = -2$ | (I) |
| $p'(2) = 0$ | $4a + b = 0$ | (II) |

Lösung des linearen Gleichungssystems:

| | |
|---|---|
| Additionsverfahren: (I) − (II) | $b = -2$ |
| Einsetzen in (II): | $4a - 2 = 0$ |
| | $a = \frac{1}{2}$ |

Funktionsterm: $p(x) = \frac{1}{2}x^2 - 2x - 1$

3 Kreuzen Sie die für den Graphen von f zutreffende Bedingung an.

| Bedingung | | |
|---|---|---|
| P(2 \| − 3) liegt auf dem Graphen von f. | ☐ $f'(2) = -3$ | ☒ $f(2) = -3$ |
| Der Graph von f hat einen Wendepunkt W(− 4 \| 1). | ☐ $f'(-4) = 1$ | ☒ $f''(-4) = 0$ |
| Der Graph von f hat einen Hochpunkt in x = 5. | ☒ $f'(5) = 0$ | ☐ $f''(5) = 1$ |
| Der Graph von f hat an der Stelle x = 1 die Steigung 1. | ☐ $f'(1) = 0$ | ☒ $f'(1) = 1$ |
| Der Graph von f ist an der Stelle x = 1 linksgekrümmt. | ☐ $f''(1) = 0$ | ☒ $f''(1) > 0$ |
| In P(− 2 \| 5) wechselt der Graph von f das Monotonieverhalten. | ☒ $f(-2) = 5$ | ☒ $f'(-2) = 0$ |
| In x = 1 ist der Graph von f steigend. | ☒ $f'(1) > 0$ | ☐ $f'(1) = -2$ |

4 Formulieren Sie zum folgenden Aufschrieb eine geeignete Aufgabenstellung.

$f(x) = ax^3 + bx^2 + cx + d$

$f(x) = ax^3 + cx$; $f'(x) = 3ax^2 + c$

$f(2) = -3$ $\quad 8a + 2c = -3$

$f'(2) = 0$ $\quad 12a + c = 0$

Aufgabenstellung: Das Schaubild einer Polynomfunktion 3. Grades ist symmetrisch zum Ursprung und hat in P(2 |− 3) einen Extrempunkt. Stellen Sie ein geeignetes Gleichungssystem auf.

5 Ordnen Sie jeder Bedingung die zugehörige Angabe zu.

| Bedingung | | |
|---|---|---|
| Bei einer Produktionsmenge von 10 ME liegt das Minimum der Grenzkosten. | ☒ $K'(10) = 0$ | ☐ $K''(10) = 0$ |
| Bei 8 ME sind die Kosten gerade gedeckt. | ☒ $K(8) = E(8)$ | ☐ $G'(8) = 0$ |
| Bei 4 ME betragen die variablen Stückkosten 30 GE | ☐ $k(4) = 30$ | ☒ $k_v(4) = 30$ |
| Bei einer Produktionsmenge von 4 ME betragen die Gesamtkosten 24 GE. | ☒ $K(4) = 24$ | ☐ $K'(4) = 0$ |
| Die variablen Stückkosten sind bei 6 ME minimal. | ☒ $k_v'(6) = 0$ | ☐ $k'(6) = 6$ |
| Bei 5 ME betragen die Grenzkosten 20 GE/ME. | ☐ $K'(5) = 0$ | ☒ $K'(5) = 20$ |



6 Bei der Überprüfung der Kosten- und Gewinnsituation erhält die Buchhaltung folgende Angaben:
Die Grenzkosten lassen sich beschreiben durch die Funktion f mit $f(x) = 3x^2 - 12x + 15$, wobei x die produzierte Menge in Mengeneinheiten (ME) bezeichnet. Bei einer Produktionsmenge von 4 ME betragen die Stückkosten 10 Geldeinheiten (GE).

Ermitteln Sie eine Polynomfunktion dritten Grades, die den Zusammenhang zwischen Produktionsmenge und Gesamtkosten beschreibt.

Ansatz: $K(x) = x^3 - 6x^2 + 15x + d$

Bedingung: $K(4) = 10 \cdot 4 = 40$ $\qquad 64 - 6 \cdot 16 + 15 \cdot 4 + d = 40$

$d = 12$

Funktionsterm: $K(x) = x^3 - 6x^2 + 15x + 12$

7 Die Gesamtkosten eines Unternehmens werden durch eine ganzrationale Funktion 3. Grades beschrieben. Der Verkaufspreis beträgt 83 GE pro ME. Die fixen Kosten betragen 65 GE. Bei der Produktion von 6 ME wird ein Gewinn von 145 GE erzielt. Bei der Produktion von 1 ME betragen die variablen Stückkosten 18 GE/ME und die Grenzkosten 9 GE/ME.

Geben Sie die lineare Erlösfunktion E an.

Stellen Sie mithilfe der Angaben ein LGS zur Bestimmung der Gesamtkostenfunktion K auf.

lineare Erlösfunktion: $E(x) = 83x$

Ansätze: $K(x) = ax^3 + bx^2 + cx + d$ $\qquad K'(x) = 3ax^2 + 2bx + c$

$k(x) = ax^2 + bx + c + \frac{d}{x}$ $\qquad k_v(x) = ax^2 + bx + c$

| Bedingungen: | Lineares Gleichungssystem: |
|---|---|
| $K(0) = 65$ | $d = 65$ |
| $G(6) = 145 = E(6) - K(6)$<br>$K(6) = E(6) - G(6) = 498 - 145 = 353$ | $216a + 36b + 6c + d = 353$ |
| $k_v(1) = 18$ | $a + b + c = 18$ |
| $K'(1) = 9$ | $3a + 2b + c = 9$ |



8 Die Kostenfunktion eines Produktes lautet $K(x) = x^3 - 12x^2 + 96x + 216$. Die Kapazitätsgrenze liegt bei 10 ME, die derzeitige Produktion bei 6 ME.

a) Ermitteln Sie die Grenzkosten, die Stückkosten und die variablen Stückkosten an der Kapazitätsgrenze. Geben Sie jeweils auch die Funktionsgleichungen an.

$K'(x) = 3x^2 - 24x + 96$ $\qquad K'(10) = 156$

$k(x) = x^2 - 12x + 96 + \frac{216}{x}$ $\qquad k(10) = 97{,}6$

$k_v(x) = x^2 - 12x + 96$ $\qquad k_v(10) = 76$

b) Berechnen Sie das Grenzkostenminimum. Interpretieren Sie den Wert.

Bed.: $K''(x) = 0$ $\qquad 6x - 24 = 0$ $\qquad$ für $x = 4$

In x = 4 ist der Kostenzuwachs am geringsten mit $K'(4) = 48$.

c) Ermitteln Sie das Betriebsminimum und die kurzfristige Preisuntergrenze. Interpretieren Sie die Werte.

Bed.: $k'_v(x) = 0$ $\qquad 2x - 12 = 0$ $\qquad$ für $x = 6$

$k_v(6) = 60$ (kurzfristige Preisuntergrenze)

Bei Produktion von 6 ME sind die variablen Stückkosten am geringsten.

9 Die untenstehende Wertetabelle gehört zu einer ganzrationalen Funktion g.

| x | − 2 | − 1 | 0 | 1 | 2 | 3 | 4 |
|---|---|---|---|---|---|---|---|
| g(x) | − 4 | 0 | − 2 | − 4 | 0 | 16 | 50 |
| g'(x) | 9 | 0 | − 3 | 0 | 9 | 24 | 45 |
| g''(x) | − 12 | − 6 | 0 | 3 | 6 | 18 | 24 |

Das zugehörige Schaubild besitzt ...

die gemeinsamen Punkte mit der x-Achse:

$N_{1|2}$ (− 1 | 0); $N_3$ (2| 0)

den Schnittpunkt mit der y-Achse: $S_y$(0|− 2)

den Hochpunkt: H(− 1 | 0)

den Tiefpunkt: T(1 | − 4)

den Wendepunkt: W(0|− 2)

Die Funktion muss mindestens den Grad 3 haben, da K mindestens einen Wendepunkt hat.

Skizze des zugehörigen Schaubilds:

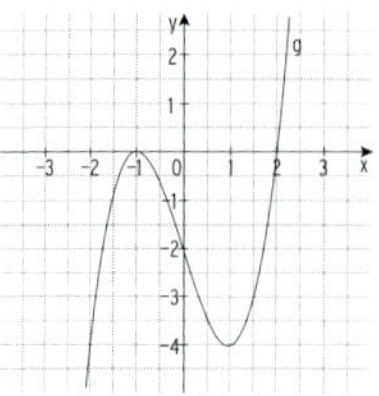




## 5 Differenzialrechnung bei Exponentialfunktionen

1 Bilden Sie die erste Ableitung.

| f(x) | f'(x) |
|---|---|
| $f(x) = 2 \cdot e^x + 1$ | $f'(x) = 2 \cdot e^x$ |
| $f(x) = 5e^x + 2x - 1$ | $f'(x) = 5e^x + 2$ |
| $f(x) = ae^x + b$ | $f'(x) = ae^x$ |

2 Bilden Sie die erste Ableitung mithilfe der Kettenregel.

| f(x) | f'(x) |
|---|---|
| $f(x) = 2 \cdot e^{-3x}$ | $f'(x) = 2 \cdot e^{-3x} \cdot (-3) = -6 \cdot e^{-3x}$ |
| $f(x) = \frac{5}{2}e^{4x} + 5x$ | $f'(x) = 10e^{4x} + 5$ |
| $f(x) = 0{,}25e^{x-1} + 2$ | $f'(x) = 0{,}25e^{x-1}$ |
| $f(x) = -1{,}2e^{2-3x} + x^3$ | $f'(x) = 3{,}6e^{2-3x} + 3x^2$ |
| $f(x) = 2ae^{bx+c}$ | $f'(x) = 2abe^{bx+c}$ |
| $f(x) = \frac{9}{5}e^{x^2+1} + 2$ | $f'(x) = \frac{9}{5}e^{x^2+1} \cdot 2x = \frac{18}{5}x \cdot e^{x^2+1}$ |

3 Bestimmen Sie die 1. Ableitung mithilfe der Produktregel.

| $f(x) = (x - 8)e^x$ | $f(x) = (2 - 6x)e^x$ | $f(x) = 10 \cdot x \cdot e^x$ |
|---|---|---|
| $u(x) = x - 8 \Rightarrow u'(x) = 1$ | $u(x) = 2 - 6x \Rightarrow u'(x) = -6$ | $u(x) = 10x \Rightarrow u'(x) = 10$ |
| $v(x) = e^x \Rightarrow v'(x) = e^x$ | $v(x) = e^x \Rightarrow v'(x) = e^x$ | $v(x) = e^x \Rightarrow v'(x) = e^x$ |
| $f'(x) = 1 \cdot e^x + (x - 8)e^x$ | $f'(x) = -6 \cdot e^x + (2 - 6x)e^x$ | $f'(x) = 10 \cdot e^x + 10x \cdot e^x$ |
| $f'(x) = e^x \cdot (1 + x - 8)$ | $f'(x) = e^x \cdot (-6 + 2 - 6x)$ | $f'(x) = e^x \cdot (10 + 10x)$ |
| $f'(x) = (x - 7)e^x$ | $f'(x) = (-4 - 6x)e^x$ | $f'(x) = 10(1 + x) \cdot e^x$ |

4 Bestimmen Sie die 1. Ableitung.

| $f(x) = 4xe^{-3x}$ | $f(x) = x^2 e^{-\frac{1}{2}x}$ | $f(x) = (4 - x) \cdot e^{-2x}$ |
|---|---|---|
| $u(x) = 4x \Rightarrow u'(x) = 4$ | $u(x) = x^2 \Rightarrow u'(x) = 2x$ | $u(x) = 4 - x \Rightarrow u'(x) = -1$ |
| $v(x) = e^{-3x} \Rightarrow v'(x) = -3e^{-3x}$ | $v(x) = e^{-\frac{1}{2}x} \Rightarrow v'(x) = -\frac{1}{2}e^{-\frac{1}{2}x}$ | $v(x) = e^{-2x} \Rightarrow v'(x) = -2e^{-2x}$ |
| $f'(x) = 4 \cdot e^{-3x} + 4x \cdot (-3)e^{-3x}$ | $f'(x) = 2xe^{-\frac{1}{2}x} + x^2 \cdot (-\frac{1}{2}e^{-\frac{1}{2}x})$ | $f'(x) = -e^{-2x} + (4-x) \cdot (-2e^{-2x})$ |
| $f'(x) = e^{-3x} \cdot (4 - 12x)$ | $f'(x) = (2x - \frac{1}{2}x^2)e^{-\frac{1}{2}x}$ | $f'(x) = e^{-2x} \cdot (-1 - 8 + 2x)$ |
| $f'(x) = (4 - 12x) \cdot e^{-3x}$ | | $f'(x) = (-9 + 2x) \cdot e^{-2x}$ |

5 Kreuzen Sie die richtige Ableitung an.

| | | |
|---|---|---|
| $f(x) = (x-3)e^x$ | ☒ $f'(x) = (x-2)e^x$ | ☐ $f'(x) = (x-2)e^{2x}$ |
| $f(x) = 4x - e^{2x}$ | ☐ $f'(x) = 4 - 2e^x$ | ☒ $f'(x) = 4 - 2e^{2x}$ |
| $f(x) = -3 \cdot e^{2x-1}$ | ☐ $f'(x) = -6 \cdot e^{2x}$ | ☒ $f'(x) = -6 \cdot e^{2x-1}$ |
| $f(x) = \frac{1}{7}e^{4x} + \frac{3}{7}e^{-3x}$ | ☐ $f'(x) = \frac{4}{7}x^{3x} + \frac{9}{7}e^{-3x}$ | ☒ $f'(x) = \frac{1}{7}(4e^{4x} - 9e^{-3x})$ |

6 Bilden Sie die erste und die zweite Ableitung.

| | | |
|---|---|---|
| $f(x) = 0{,}5 \cdot e^{-4x} + 2x$ | $f'(x) = -2e^{-4x} + 2$ | $f''(x) = 8e^{-4x}$ |
| $f(x) = 3x - e^{2x} - 1$ | $f'(x) = 3 - 2e^{2x}$ | $f''(x) = -4e^{2x}$ |
| $f(x) = 2x \cdot e^x$ | $f'(x) = 2e^x + 2xe^x$<br>$= e^x \cdot (2+2x)$ | $f''(x) = 2e^x + (2+2x)e^x$<br>$= e^x \cdot (4+2x)$ |
| $f(x) = \frac{1}{16}(e^{4x} + x^2 - 8)$ | $f'(x) = \frac{1}{16}(4e^{4x} + 2x)$ | $f''(x) = \frac{1}{16}(16e^{4x} + 2) = e^{4x} + \frac{1}{8}$ |
| $f(x) = 5(e^{3x} - t \cdot x)$ | $f'(x) = 5(3e^{3x} - t)$ | $f''(x) = 15 \cdot 3e^{3x} = 45e^{3x}$ |

7 Berechnen Sie die Gleichung der Tangente an das Schaubild von f an der Stelle x = u.

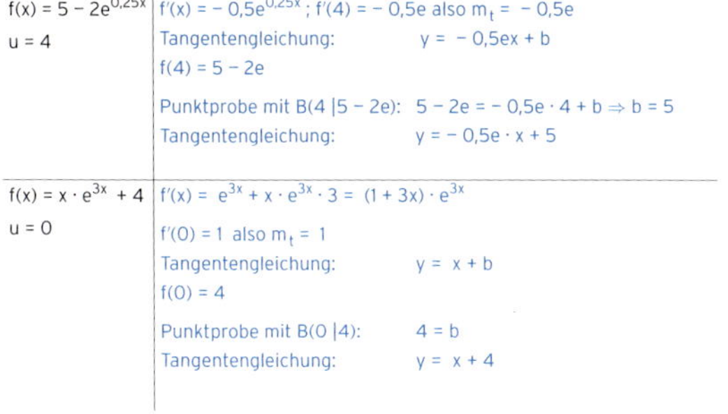

| | |
|---|---|
| $f(x) = 5 - 2e^{0,25x}$<br>u = 4 | $f'(x) = -0{,}5e^{0,25x}$; $f'(4) = -0{,}5e$ also $m_t = -0{,}5e$<br>Tangentengleichung: $y = -0{,}5ex + b$<br>$f(4) = 5 - 2e$<br>Punktprobe mit B(4 \| 5 − 2e): $5 - 2e = -0{,}5e \cdot 4 + b \Rightarrow b = 5$<br>Tangentengleichung: $y = -0{,}5e \cdot x + 5$ |
| $f(x) = x \cdot e^{3x} + 4$<br>u = 0 | $f'(x) = e^{3x} + x \cdot e^{3x} \cdot 3 = (1 + 3x) \cdot e^{3x}$<br>$f'(0) = 1$ also $m_t = 1$<br>Tangentengleichung: $y = x + b$<br>$f(0) = 4$<br>Punktprobe mit B(0 \| 4): $4 = b$<br>Tangentengleichung: $y = x + 4$ |



8 Gezeichnet ist das Schaubild einer Funktion h mit der Definitionsmenge D = [− 0,5; 8]. Prüfen Sie für jede der folgenden Aussagen, ob sie wahr oder falsch ist.

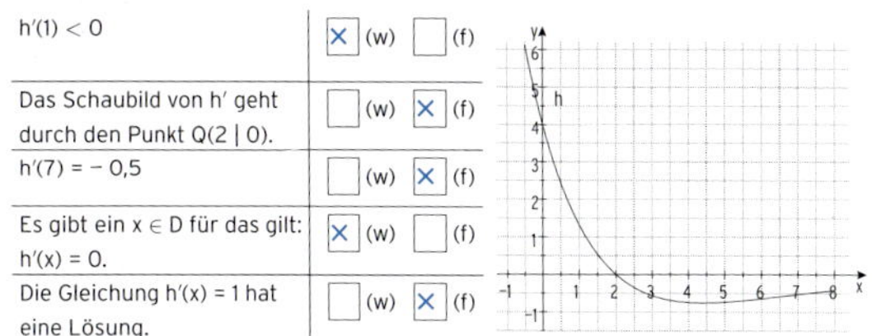

| | | |
|---|---|---|
| $h'(1) < 0$ | ☒ (w) | ☐ (f) |
| Das Schaubild von h' geht durch den Punkt Q(2 \| 0). | ☐ (w) | ☒ (f) |
| $h'(7) = -0{,}5$ | ☐ (w) | ☒ (f) |
| Es gibt ein $x \in D$ für das gilt: $h'(x) = 0$. | ☒ (w) | ☐ (f) |
| Die Gleichung $h'(x) = 1$ hat eine Lösung. | ☐ (w) | ☒ (f) |

9 Zeigen Sie, f mit $f(x) = \frac{1}{4}e^{1-2x} + 1$; $x \in \mathbb{R}$, ist auf $\mathbb{R}$ monoton fallend.

Ableitung: $f'(x) = -\frac{1}{2}e^{1-2x}$

Wegen $e^{1-2x} > 0$ ist $f'(x) < 0$ für $x \in \mathbb{R}$.

f ist auf $\mathbb{R}$ monoton fallend.

10 Gegeben ist die Funktion f. Berechnen Sie die Koordinaten der Hoch- und Tiefpunkte des Graphen von f.

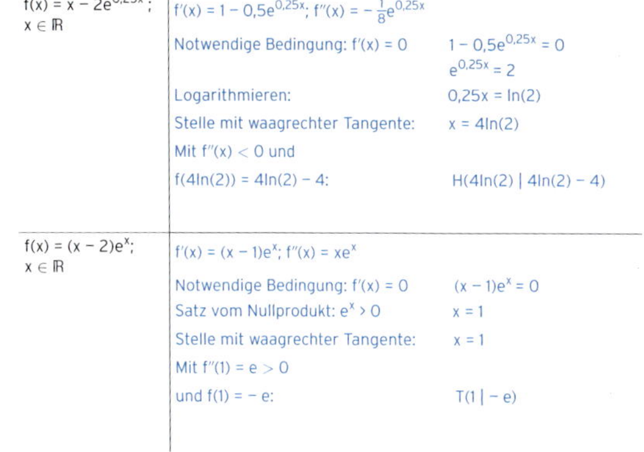

| | | |
|---|---|---|
| $f(x) = x - 2e^{0,25x}$;<br>$x \in \mathbb{R}$ | $f'(x) = 1 - 0{,}5e^{0,25x}$; $f''(x) = -\frac{1}{8}e^{0,25x}$<br>Notwendige Bedingung: $f'(x) = 0$<br><br>Logarithmieren:<br>Stelle mit waagrechter Tangente:<br>Mit $f''(x) < 0$ und<br>$f(4\ln(2)) = 4\ln(2) - 4$: | <br>$1 - 0{,}5e^{0,25x} = 0$<br>$e^{0,25x} = 2$<br>$0{,}25x = \ln(2)$<br>$x = 4\ln(2)$<br><br>H(4ln(2) \| 4ln(2) − 4) |
| $f(x) = (x-2)e^x$;<br>$x \in \mathbb{R}$ | $f'(x) = (x-1)e^x$; $f''(x) = xe^x$<br>Notwendige Bedingung: $f'(x) = 0$<br>Satz vom Nullprodukt: $e^x > 0$<br>Stelle mit waagrechter Tangente:<br>Mit $f''(1) = e > 0$<br>und $f(1) = -e$: | <br>$(x-1)e^x = 0$<br>$x = 1$<br>$x = 1$<br><br>T(1 \| − e) |



11 Bestimmen Sie die Krümmungsbereiche des Graphen von f mit Hilfe der Abbildung.

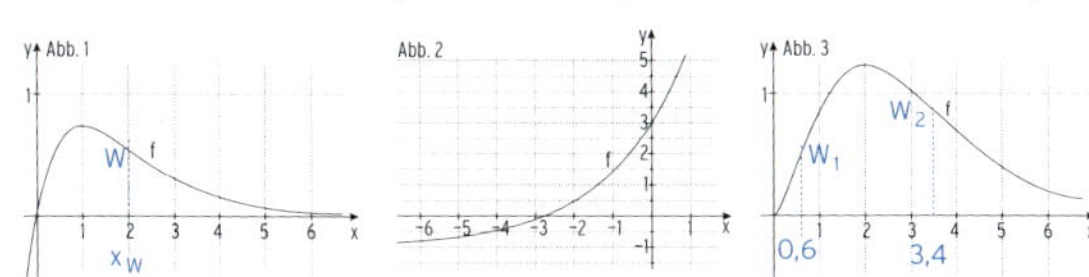

Abb. 1: Rechtskurve für x < 2, Linkskurve für x > 2,
Abb. 2: Linkskurve für $x \in \mathbb{R}$
Abb. 3: LK, RK, LK; K-wechsel in 0,6 und 3,4

12 Zeigen Sie, das Schaubild von f mit $f(x) = \frac{1}{2}e^{-x} + x$; $x \in \mathbb{R}$, ist linksgekrümmt auf $\mathbb{R}$.

Ableitungen: $f'(x) = -\frac{1}{2}e^{-x} + 1$; $f''(x) = \frac{1}{2}e^{-x}$

Wegen $e^{-x} > 0$ ist $f''(x) > 0$ für $x \in \mathbb{R}$

Das Schaubild von f ist auf $\mathbb{R}$ eine Linkskurve (linksgekrümmt).

13 Gegeben ist die Funktion f. Berechnen Sie die Koordinaten der Wendepunkte des Graphen von f mithilfe der notwendigen Bedingung. (Auf den Nachweis der hinreichenden Bedingung wird verzichtet.) Bestimmen Sie die Gleichung der Wendetangente.

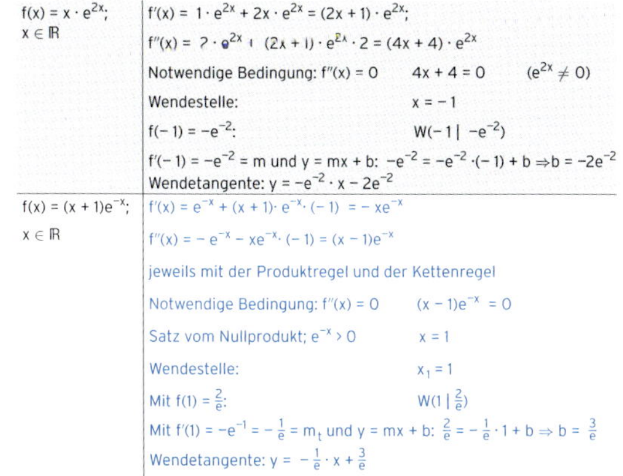

| | |
|---|---|
| $f(x) = x \cdot e^{2x}$;<br>$x \in \mathbb{R}$ | $f'(x) = 1 \cdot e^{2x} + 2x \cdot e^{2x} = (2x+1) \cdot e^{2x}$;<br>$f''(x) = 2 \cdot e^{2x} + (2x+1) \cdot e^{2x} \cdot 2 = (4x+4) \cdot e^{2x}$<br>Notwendige Bedingung: $f''(x) = 0$ $\quad 4x + 4 = 0 \quad (e^{2x} \neq 0)$<br>Wendestelle: $x = -1$<br>$f(-1) = -e^{-2}$: $\quad W(-1 \mid -e^{-2})$<br>$f'(-1) = -e^{-2} = m$ und $y = mx + b$: $-e^{-2} = -e^{-2} \cdot (-1) + b \Rightarrow b = -2e^{-2}$<br>Wendetangente: $y = -e^{-2} \cdot x - 2e^{-2}$ |
| $f(x) = (x+1)e^{-x}$;<br>$x \in \mathbb{R}$ | $f'(x) = e^{-x} + (x+1) \cdot e^{-x} \cdot (-1) = -xe^{-x}$<br>$f''(x) = -e^{-x} - xe^{-x} \cdot (-1) = (x-1)e^{-x}$<br>jeweils mit der Produktregel und der Kettenregel<br>Notwendige Bedingung: $f''(x) = 0$ $\quad (x-1)e^{-x} = 0$<br>Satz vom Nullprodukt: $e^{-x} > 0$ $\quad x = 1$<br>Wendestelle: $x_1 = 1$<br>Mit $f(1) = \frac{2}{e}$: $\quad W(1 \mid \frac{2}{e})$<br>Mit $f'(1) = -e^{-1} = -\frac{1}{e} = m_t$ und $y = mx + b$: $\frac{2}{e} = -\frac{1}{e} \cdot 1 + b \Rightarrow b = \frac{3}{e}$<br>Wendetangente: $y = -\frac{1}{e} \cdot x + \frac{3}{e}$ |



14 Gegeben ist der Graph der Funktion f. Tragen Sie die wichtigen Punkte ein und lesen Sie die Koordinaten ab. Bestimmen Sie mithilfe der Abbildung die Bereiche, in denen der Graph von f steigend bzw. rechtsgekrümmt ist.

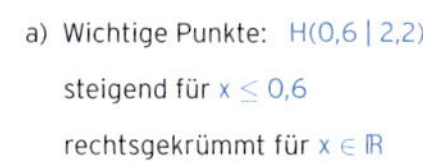

a) Wichtige Punkte: H(0,6 | 2,2)

steigend für $x \leq 0{,}6$

rechtsgekrümmt für $x \in \mathbb{R}$

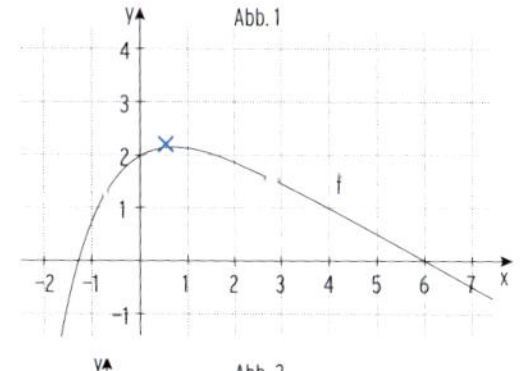

b) Wichtige Punkte: H(1 | 1,8); W(2 | 1,4)

steigend für $x \leq 1$

rechtsgekrümmt für $x < 2$

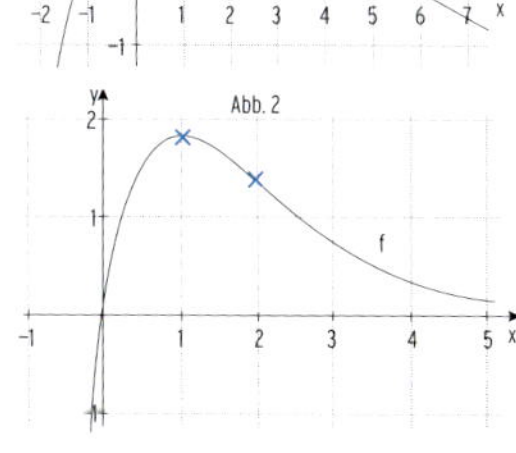

c) Wichtige Punkte: T(0 | 0); H(2 | 2,2), $W_1(0{,}7 \mid 1)$; $W_2(3{,}5 \mid 1{,}5)$

steigend für $0 \leq x \leq 2$

rechtsgekrümmt für $0{,}7 < x < 3{,}5$

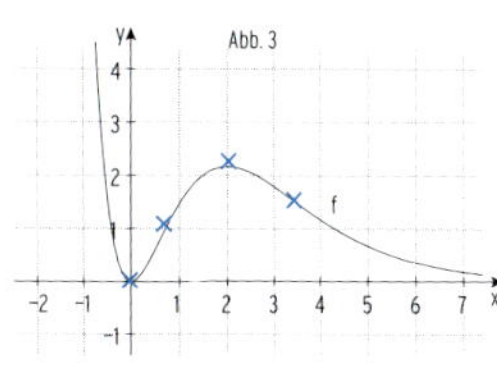

d) Wichtige Punkte: H(2 | 1,6)

steigend für $x \leq 2$

rechtsgekrümmt für alle $x \in \mathbb{R}$

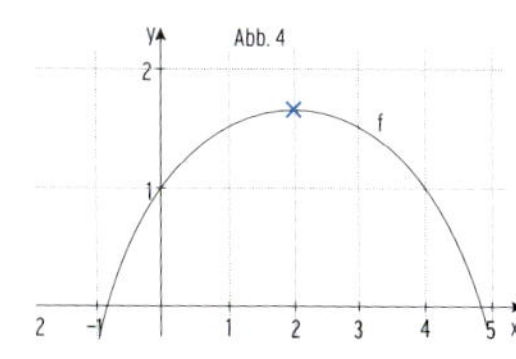

## 6 *Anwendungen der Differenzialrechnung*

1 Die Abbildungen zeigen die Absatzentwicklungen neuer Produkte A und B.

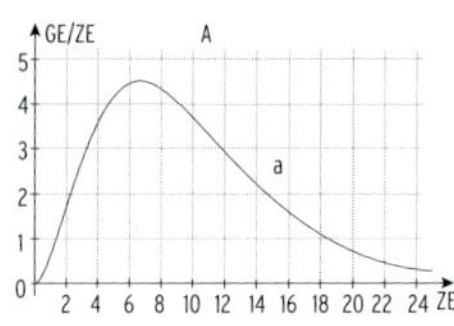


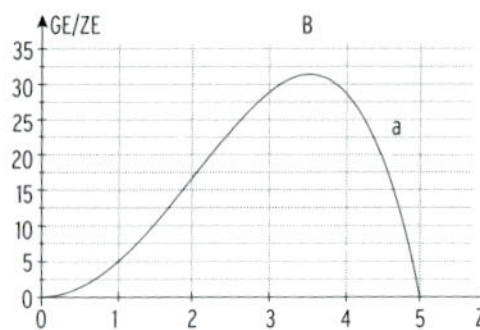


a) Bestimmen Sie den maximalen Absatz $a_{max}$.

A: 4,5 GE/ZE  B: 31 GE/ZE

b) Skizzieren Sie das Schaubild der Funktion, die die Absatzänderung beschreibt, in die Abbildung ein und bestimmen Sie die größte Absatzsteigerung.

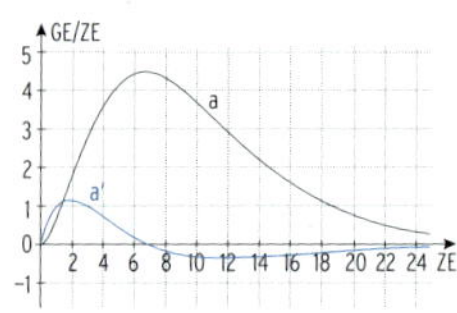


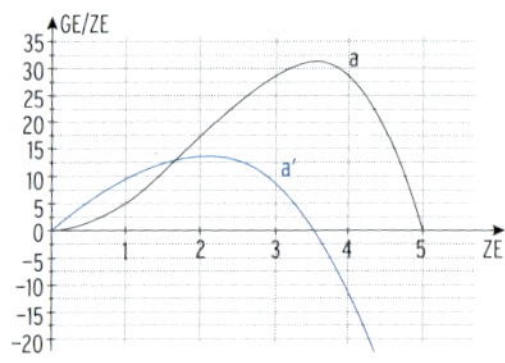


größte Absatzsteigerung: 1,2 GE/ZE pro ZE  13 GE/ZE pro ZE

c) Ordnen Sie den Verlauf der Absatzzahlen den folgenden Phasen zu.

| Phase | Wachstum | Reife | Sättigung | Degeneration |
|---|---|---|---|---|
| Absatz | progressiv steigend | degressiv steigend | langsam fallend | stark fallend |

A: (0; 2) (2; 7) (7; 10) (10; 12)

ab etwa 12 ZE fällt der Graph von a degressiv

B: (0; 2) (2; 3,5) (3,5; 4) (4; 5)



2 Die Abbildung zeigt die Modellierung des Absatzes von neu auf dem Markt eingeführter Setzlinge im Zeitraum von 0 bis 30 Jahren durch die Funktion f.

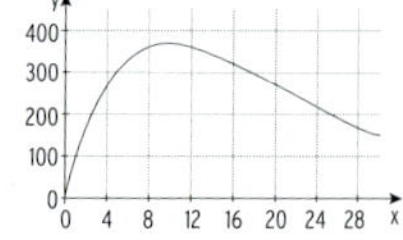
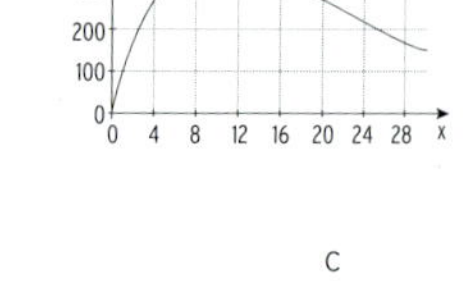


Begründen Sie, welche der drei Abbildungen dem Graphen der Funktion f' entsprechen könnte und welche beiden nicht.

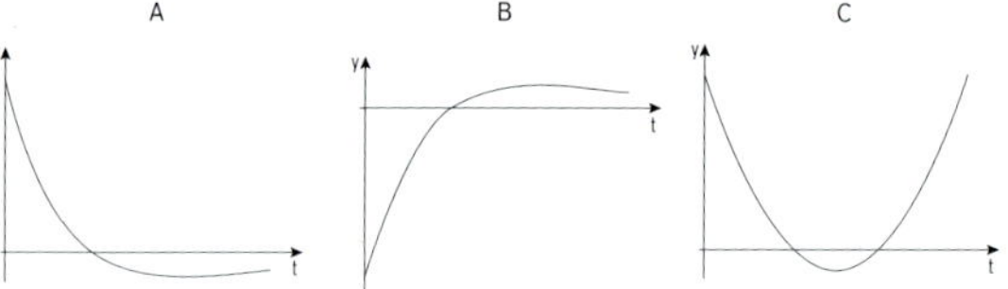


A: Wechsel von positiv nach negativ, größte Steigung zu Beginn; Graph von f'

B: Wechsel von negativ nach positiv, negative Steigung zu Beginn, Widerspruch

C: zwei Nullstellen, f hat aber nur eine Extremstelle, Widerspruch

3 Die Abbildung zeigt den Graphen der Gewinnfunktion G. Beurteilen Sie begründet anhand des Graphen von G folgende Aussagen:

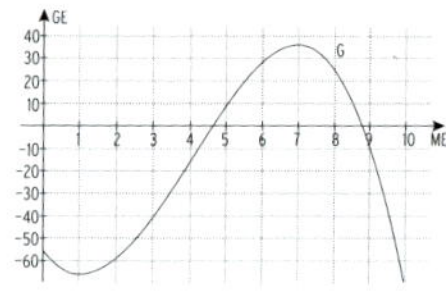


a) Die Gewinnschwelle wird bei ca. 4,6 ME erreicht.

wahr, Nullstelle von G in $x \approx 4,6$

b) Bei ca. 6,9 ME wechselt der Grenzgewinn vom Positiven ins Negative.

wahr, Extremstelle von G in $x \approx 6,9$

c) Die fixen Kosten betragen weniger als 50 GE.

falsch, $G(0) \approx -55$; die fixen Kosten betragen etwa 55 GE, also mehr als 50 GE.

d) Der maximale Gewinn beträgt ca. 35 GE.

wahr, der Graph von G hat den Hochpunkt H(7 | 35).



4 Die Abbildung zeigt die Erlös- und die Gewinnsituation der Wald AG. Das Verhältnis von Gewinn zu Erlös wird als Rentabilität bzw. Gewinnquote bezeichnet. Entsprechend wird die Funktion der Rentabilität definiert als Quotient aus Gewinnfunktion und Erlösfunktion: $R(x) = \frac{G(x)}{E(x)}$.

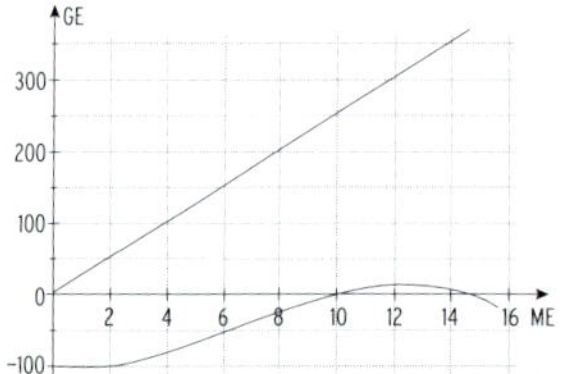


a) Bestimmen Sie jeweils die Rentabilität für 8 ME, 10 ME und 12 ME. Interpretieren Sie Ihre Ergebnisse hinsichtlich der Gewinnsituation.

$R(8) = \frac{G(8)}{E(8)} = \frac{-20}{200} = -\frac{1}{10}$; $R(10) = \frac{G(10)}{E(10)} = 0$; $R(12) = \frac{G(12)}{E(12)} = \frac{10}{300} = \frac{1}{30}$

Es gilt: $R(x) < 0$ für x in der Verlustzone, $R(x) > 0$ für x in der Gewinnzone

$R(x) = 0$ für x Gewinnschwelle oder Gewinngrenze

b) Zeigen Sie allgemein, dass die Rentabilität nicht größer als 1 werden kann.

$\frac{G(x)}{E(x)} = \frac{E(x) - K(x)}{E(x)} = 1 - \frac{K(x)}{E(x)} < 1 \quad (E(x)>0;\ K(x) > 0;\ \frac{K(x)}{E(x)} > 0)$

5 Die Elastizität einer Funktion f ist definiert durch $e(x) = \frac{f(x)}{x \cdot f'(x)}$.

Bestimmen Sie die Elastizität der Funktion f an der Stelle x = 1.

a) $f(x) = 4 - x^2$

$f'(x) = -2x$; $e(x) = \frac{4-x^2}{x \cdot (-2x)} = \frac{4-x^2}{-2x^2}$; $e(1) = -\frac{3}{2}$

b) $f(x) = 0,5x^2 + x + 1$

$f'(x) = x + 1$; $e(x) = \frac{0,5x^2 + x + 1}{x \cdot (x + 1)} = \frac{0,5x^2 + x + 1}{x^2 + x}$; $e(1) = \frac{2,5}{2} = 1,25$

6 Bestimmen Sie die Stelle x, so dass für die Elastizität der Funktion f mit

$f(x) = -4x + 12$ gilt: $e(x) = -1$.

$f'(x) = -4$; $e(x) = \frac{-4x + 12}{-4x}$

$e(x) = -1 = \frac{-4x + 12}{-4x}$

$4x = -4x + 12$

$x = 1,5$



7 Die Abbildungen zeigen Graphen der Elastizitätsfunktion einer Angebots- bzw. einer Nachfragefunktion.

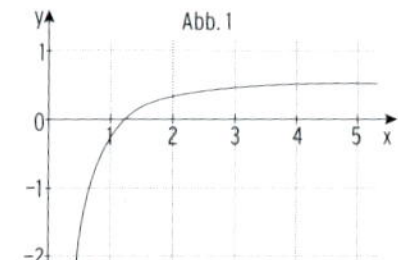


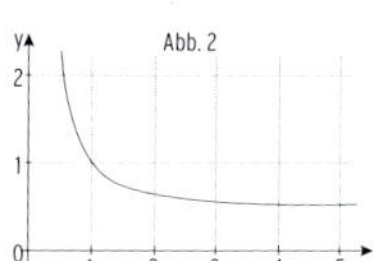


a) Entscheiden Sie, welche Abbildung die Elastizität eines Angebots bzw. die Elastizität einer Nachfrage beschreibt.

$p_A(x) > 0$; $p'_A(x) > 0 \Rightarrow e_A(x) > 0$ für $x \in D_{ök}$ (Abb. 2)

$p_N(x) > 0$; $p'_N(x) < 0 \Rightarrow e_N(x) < 0$ für $x \in D_{ök}$ (Abb. 1)

b) Bestimmen Sie die Elastizitätsbereiche.

Abb. 1: fließend: x = 0,6; elastisch: $0 < x < 0,6$; unelastisch: $0,6 < x < 1,2$

Abb. 2: fließend: x = 1; elastisch: $0 < x < 1$; unelastisch: $x > 1$

8 Die Gesamtkosten der Ventus AG lassen sich bestimmen mit $K(x) = 0,01x^3 - 0,9x^2 + 130x + 6000$.

a) Begründen Sie: K weist einen ertragsgesetzlichen Verlauf auf.

$K(0) = 6000 > 0$; $K'(x) = 0,03x^2 - 1,8x + 130$; $K''(x) = 0,06x - 1,8$

K ist streng monoton wachsend ($K'(x) = 0$ hat keine Lösung; $K'(x) > 0$)

Der Graph von K hat einen Recht-Links-Krümmungswechsel:

$K''(30) = 0$; $K''(20) = -0,6$; $K''(40) = 0,6$; Vorzeichenwechsel von − nach +

b) Die Abbildung zeigt den Graphen der Grenzkostenfunktion, der Stückkosten- und der variablen Stückkostenfunktion. Bezeichnen Sie die Graphen. Ermitteln Sie das Betriebsoptimum, das Betriebsminimum, die kurzfristige und die langfristigePreisuntergrenze mithilfe der Abbildung.

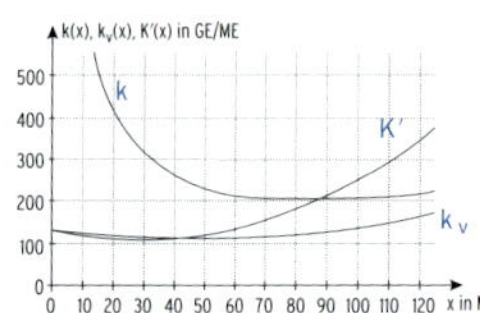


Betriebsoptimum: $x_{BO} = 80$  langfristige Preisuntergrenze: 200 GE

Betriebsminimum: $x_{BM} = 45$  kurzfristige Preisuntergrenze: 110 GE

9 Eine heisse Pizza wird aus dem Ofen genommen und auf einen Teller gelegt. Die Tabelle enthält die Temperatur der Pizza zu verschiedenen Zeitpunkten.

| Zeit t (in min) | 0 | 5 | 10 | 15 | 20 | 25 | 30 |
|---|---|---|---|---|---|---|---|
| Temperatur in °C | 175 | 82,8 | 46,4 | 31,1 | 25,1 | 21,8 | 20,7 |

a) Stellen Sie den Abkühlungsprozess im Koordinatensystem dar.

b) Berechnen Sie die mittlere Änderungsrate in den ersten 5 Minuten.

$\frac{82,8-175}{5-0} = -18,44$; Abnahme um 18,44°C/min

c) Berechnen Sie die mittlere Änderungsrate zwischen der 15. und der 20. Minute.

$\frac{25,1-31,1}{20-15} = -1,2$; Abnahme um 1,2°C/min

d) Die mittlere Änderungsrate ist negativ, da

die Temperatur sinkt.

e) Begründen Sie anhand der obigen Wertetabelle, dass der Vorgang nicht durch eine Funktion f mit $f(t) = a \cdot e^{kt}$ bzw. $f(t) = a \cdot b^t$ modelliert werden kann.

**Begründung durch Rechnung:** Die prozentuale Temperaturverringerung beträgt in den ersten 5 Minuten $\frac{18,44}{175} = 0,105 = 10,5$ % pro Minute und von der 15. bis zur 20. Minute $\frac{1,2}{31,1} = 0,039 = 3,9$ % pro Minute.

Da dieser Wert nicht konstant ist, kann der Prozess nicht durch einen solchen Funktionsterm modelliert werden.

**Begründung durch Argumentation:** Ein solcher Funktionsterm ist zur Modellierung ungeeignet, da die x-Achse Asymptote ist und sich die Temperatur somit langfristig dem Wert 0 °C annähern würde, was unrealistisch ist.

f) Nehmen Sie eine Zimmertemperatur von 20 °C an und ermitteln Sie einen geeigneten Funktionsterm durch Regression. Da das CAS durch Regression nur einen Funktionsterm der Form $f(t) = a \cdot e^{kt}$ bzw. $f(t) = a \cdot b^t$ ermitteln kann, müssen bei der Eingabe alle Temperaturwerte um 20°C vermindert werden.

Insgesamt erhält man: $f(t) = 157,942 \cdot 0,837^t + 20$.



# II Integralrechnung

## 1 Stammfunktion

1 Ein Mitschüler versteht nicht, weshalb eine Funktion mehrere Stammfunktionen besitzt.

a) Erklären Sie anhand der Ableitungsregeln.

Beispielsweise sind sowohl $F(x) = \frac{1}{2}x^2$, als auch $F(x) = \frac{1}{2}x^2 + 3$ und $F(x) = \frac{1}{2}x^2 - 2$ Terme von Stammfunktionen von f mit $f(x) = x$. Beim Ableiten fällt der konstante Summand weg. Somit hat eine Funktion unendlich viele Stammfunktionen, die sich alle durch den Wert eines konstanten Summanden unterscheiden.

b) Erklären Sie grafisch, anhand von Schaubildern.

Graphen von $F_1$, $F_2$, $F_3$

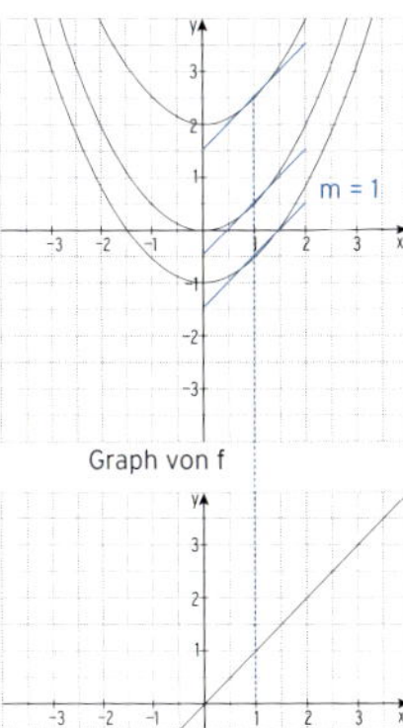



Skizzieren Sie hierfür die Schaubilder von

$F_1$ mit $F_1(x) = \frac{1}{2}x^2$

$F_2$ mit $F_2(x) = \frac{1}{2}x^2 + 2$

$F_3$ mit $F_3(x) = \frac{1}{2}x^2 - 1$

f mit $f(x) = x$

Graph von f

Durch eine Veränderung des konstanten Summanden verschiebt sich das Schaubild einer Stammfunktion in y-Richtung. Die Steigung an einer Stelle ändert sich hierdurch jedoch nicht. Alle Stammfunktionen haben also dieselbe Ableitungsfunktion.



2 Bilden Sie eine Stammfunktion.

| | |
|---|---|
| $f(x) = 2x^3 + x^2 + 6$ | $F(x) = \frac{1}{2} \cdot x^4 + \frac{1}{3} \cdot x^3 + 6 \cdot x$ |
| $f(x) = \frac{1}{4}x^3 + x^4 + 3$ | $F(x) = \frac{1}{16}x^4 + \frac{1}{5}x^5 + 3x$ |
| $f(x) = \frac{1}{32}x^3 + x^2 + x - 4$ | $F(x) = \frac{1}{128}x^4 + \frac{1}{3}x^3 + \frac{1}{2}x^2 - 4x$ |
| $f(x) = 5 \cdot e^{2x} + 2x - 1$ | $F(x) = \frac{5}{2}e^{2x} + x^2 - x$ |
| $f(x) = a \cdot e^{-3x} + b$ | $F(x) = -\frac{a}{3}e^{-3x} + bx$ |
| $f(x) = \frac{3}{5}(x^3 - 2x^4)$ | $F(x) = \frac{3}{5}(\frac{1}{4}x^4 - \frac{2}{5}x^5)$; ausmultiplizieren ist unnötig |
| $f(x) = 4x - 1 - 4 \cdot e^{1-2x}$ | $F(x) = 2x^2 - x + 2e^{1-2x}$ |

3 Bilden Sie eine Stammfunktion mit F(a) = b.

| | |
|---|---|
| $f(x) = -4x^2 + 3$; $F(1) = 2$ | $F(x) = -\frac{4}{3} \cdot x^3 + 3 \cdot x + C$; $F(1) = -\frac{4}{3} + 3 + C = 2 \Rightarrow C = \frac{1}{3}$<br>$F(x) = -\frac{4}{3} \cdot x^3 + 3 \cdot x + \frac{1}{3}$ |
| $f(x) = e^{2x} - 3$; $F(0) = 0$ | $F(x) = \frac{1}{2}e^{2x} - 3x + C$; $F(0) = \frac{1}{2}e^0 + C = 0 \Rightarrow C = -\frac{1}{2}$<br>$F(x) = \frac{1}{2}e^{2x} - 3x - \frac{1}{2}$ |
| $f(x) = -\frac{1}{32}x^3 + x^2 + 3x$; $F(1) = 0$ | $F(x) = -\frac{1}{128}x^4 + \frac{1}{3}x^3 + \frac{3}{2}x^2 + C$; $F(1) = \frac{701}{384} + C = 0$<br>$\Rightarrow C = -\frac{701}{384}$; $F(x) = -\frac{1}{128}x^4 + \frac{1}{3}x^3 + \frac{3}{2}x^2 - \frac{701}{384}$ |
| $f(x) = \frac{1}{2}(x^2 + 6x - 1)$; $F(-1) = 1$ | $F(x) = \frac{1}{2}(\frac{1}{3}x^3 + 3x^2 - x) + C$; $F(-1) = \frac{11}{6} + C = 1$<br>$\Rightarrow C = -\frac{5}{6}$; $F(x) = \frac{1}{2}(\frac{1}{3}x^3 + 3x^2 - x) - \frac{5}{6}$ |
| $f(x) = 0,2 \cdot e^{2x+1} + 2,25$; $F(0) = 4$ | $F(x) = 0,1e^{2x+1} + 2,25x + C$; $F(0) = 0,1e + C = 4$<br>$\Rightarrow C = 4 - \frac{e}{10}$; $F(x) = 0,1e^{2x+1} + 2,25x + 4 - \frac{e}{10}$ |
| $f(x) = 2a \cdot (e^{4-4x} + 1)$; $F(1) = 0$ | $F(x) = 2a(-\frac{1}{4}e^{4-4x} + x) + C$; $F(1) = 2a(-\frac{1}{4} + 1) + C = 0$<br>$\Rightarrow C = -\frac{3}{2}a$; $F(x) = 2a(-\frac{1}{4}e^{4-4x} + x) - \frac{3}{2}a$ |
| $f(x) = \frac{4}{5}(x^5 - 2x^4)$; $F(-2) = 3$ | $F(x) = \frac{4}{5}(\frac{1}{6}x^6 - \frac{2}{5}x^5) + C$; $F(-2) = \frac{4}{5} \cdot \frac{352}{15} + C = 3$<br>$\Rightarrow C = -\frac{1183}{75}$; $F(x) = \frac{4}{5}(\frac{1}{6}x^6 - \frac{2}{5}x^5) - \frac{1183}{75}$ |
| $f(x) = \frac{4x}{3} - \frac{4x^3}{3} - e^{x-1}$; $F(1) = \frac{2}{3}$ | $F(x) = \frac{2x^2}{3} - \frac{x^4}{3} - e^{x-1} + C$; $F(1) = \frac{1}{3} - 1 + C = \frac{2}{3}$<br>$\Rightarrow C = \frac{2}{3} + \frac{2}{3} = \frac{4}{3}$; $F(x) = \frac{2x^2}{3} - \frac{x^4}{3} - e^{x-1} + \frac{4}{3}$ |



4 Entscheiden Sie, ob hier richtig oder falsch integriert wurde. Beschreiben Sie gegebenenfalls kurz, worin der Fehler besteht.

| Funktion f<br>Stammfunktion F | richtig (r)<br>falsch (f) | richtig wäre ... | Was wurde nicht beachtet? |
|---|---|---|---|
| $f(x) = 2x^3 - 4x^2$<br>$F(x) = 2x^4 - 4x^3$ | ☐ (r)<br>☒ (f) | $F(x) = \frac{1}{2}x^4 - \frac{4}{3}x^3$ | $g(x) = x^3 \Rightarrow G(x) = \frac{1}{4}x^4$<br>$h(x) = x^2 \Rightarrow H(x) = \frac{1}{3}x^3$ |
| $f(x) = 1 + x$<br>$F(x) = \frac{1}{2}x^2 + x + 2$ | ☒ (r)<br>☐ (f) | F(x) = | |
| $f(x) = e^{3x-2}$<br>$F(x) = \frac{1}{3}e^{3x}$ | ☐ (r)<br>☒ (f) | $F(x) = \frac{1}{3}e^{3x-2}$ | Die Hochzahl<br>$u = 3x - 2$ bleibt erhalten. |
| $f(x) = 2 \cdot e^{2x}$<br>$F(x) = e^x$ | ☐ (r)<br>☒ (f) | $F(x) = e^{2x}$ | Die Hochzahl<br>$u = 2x$ bleibt erhalten. |
| $f(x) = e^{2x} \cdot (2x + 1)$<br>$F(x) = e^{2x} \cdot x$ | ☒ (r)<br>☐ (f) | F(x) – | |
| $f(x) = e^{2x} - e^x$<br>$F(x) = \frac{1}{2}e^{2x} - e^x + 1$ | ☒ (r)<br>☐ (f) | F(x) = | |
| $f(x) = 0,25x^4 + x^2$<br>$F(x) = x^3 + 2x$ | ☐ (r)<br>☒ (f) | $F(x) = \frac{1}{20}x^5 + \frac{1}{3}x^3$ | Die neue Hochzahl ist um 1 höher als die gegebene.<br>Abgeleitet statt integriert |
| $f(x) = -\frac{5}{2}(x^3 - 3x^2)$<br>$F(x) = -\frac{5}{2}(\frac{1}{4}x^4 - x^3)$ | ☒ (r)<br>☐ (f) | F(x) = | |
| $f(x) = (2x - 1)^3$<br>$F(x) = \frac{1}{4}(2x - 1)^4$ | ☐ (r)<br>☒ (f) | $F(x) = \frac{1}{8}(2x - 1)^4$ | $((2x - 1)^4)' = 4 \cdot 2 \cdot (2x - 1)^3$ |
| $f(x) = 2x(2x + 5)$<br>$F(x) = x^2(x^2 + 5x)$ | ☐ (r)<br>☒ (f) | $F(x) = \frac{4}{3}x^3 + 5x^2$ | Nicht faktorweise aufleiten<br>Hinweis: Zuerst ausmultiplizieren, dann aufleiten. |

5 Skizzieren Sie das Schaubild einer Stammfunktion F von f.

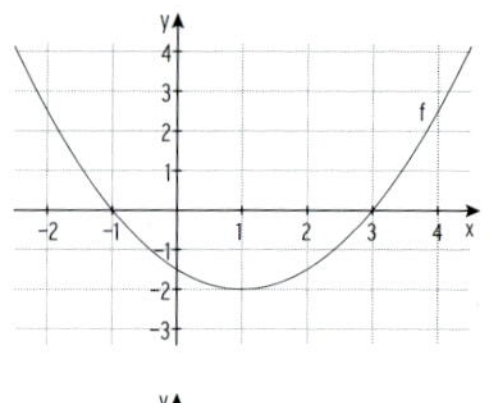

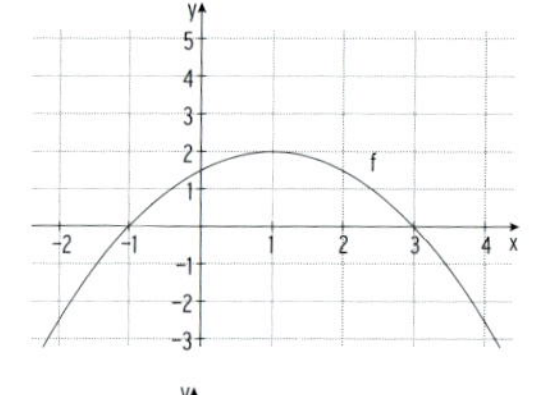

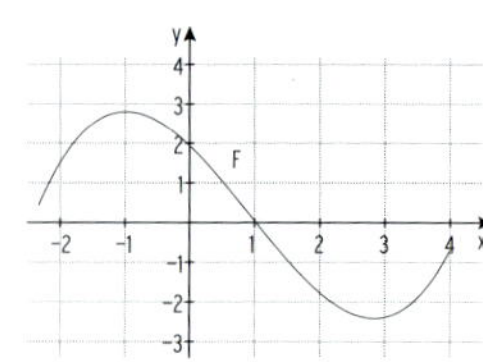

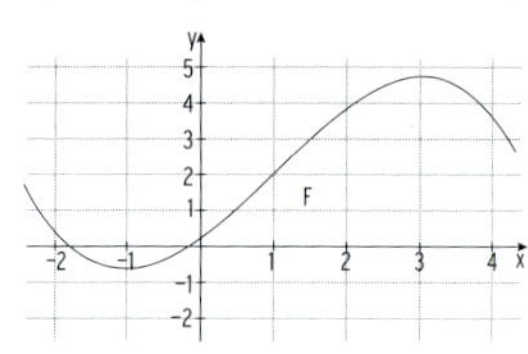

6 Skizzieren Sie das Schaubild einer Stammfunktion F von f
a) durch den Ursprung. b) durch P(0 | 1).

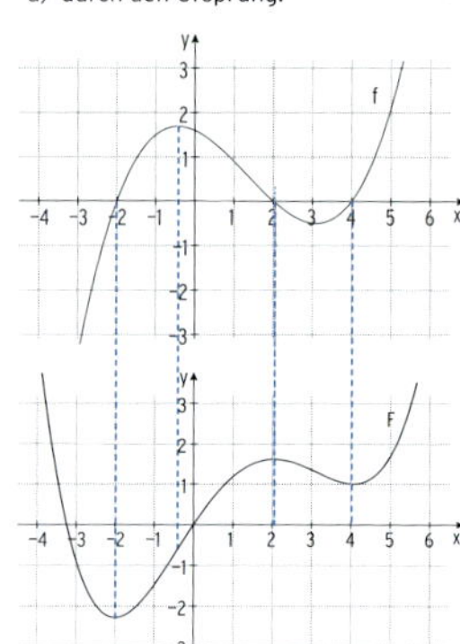

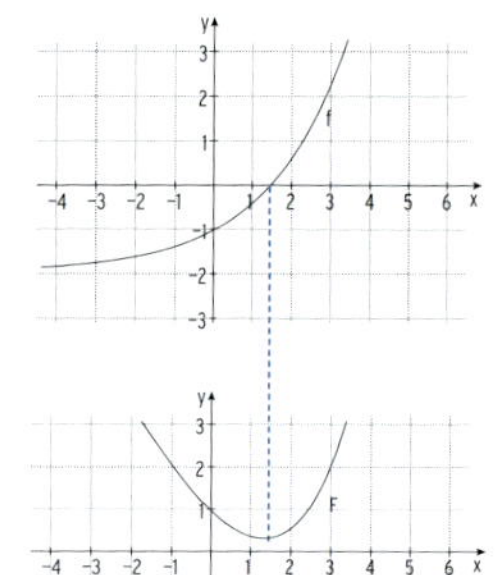



7 Gegeben ist das Schaubild der Funktion f. Zeichnen Sie das Schaubild ihrer Ableitungsfunktion f′ und das Schaubild einer Stammfunktion F von f.

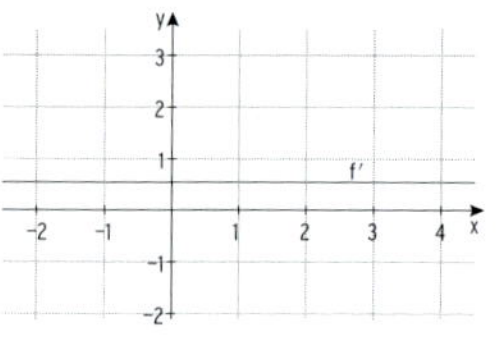

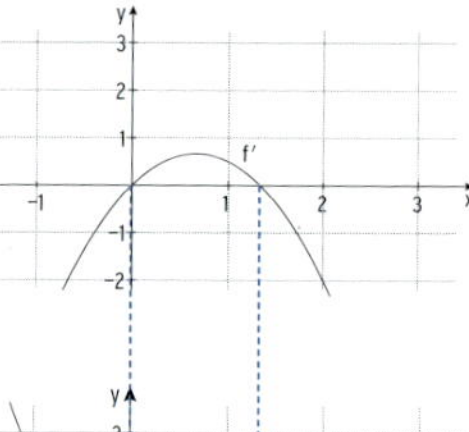

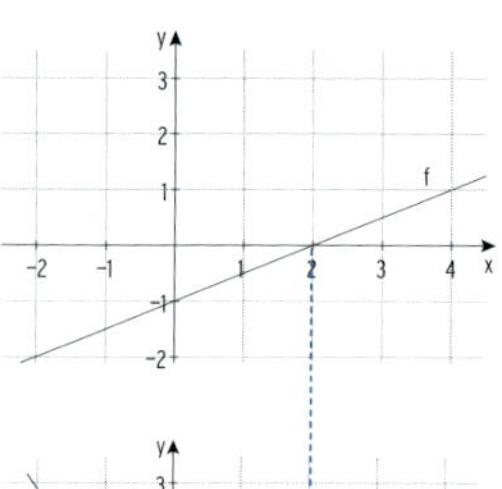

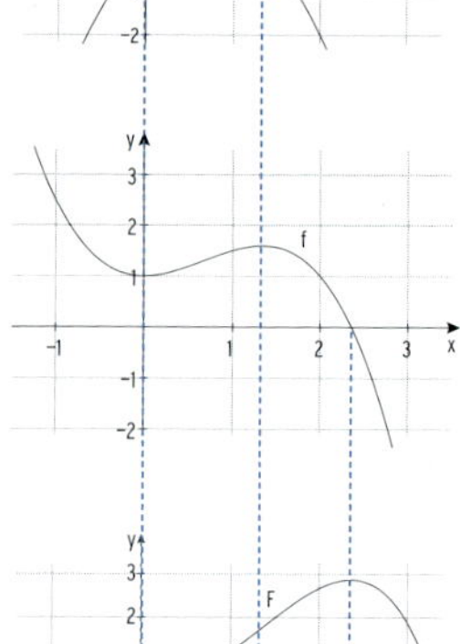



8 Die Abbildung zeigt den Graphen der Ableitungsfunktion h′ einer Funktion h. Entscheiden Sie, welche der folgenden Aussagen wahr sind oder welche falsch sind. Begründen Sie Ihre Entscheidungen.

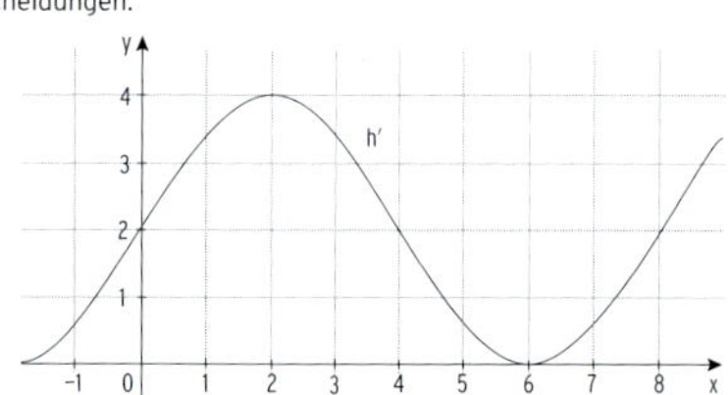

| Aussage | | Begründung |
|---|---|---|
| Die Funktion h hat bei x = 6 eine Extremstelle. | ☐ (w) ☒ (f) | $h'(x)$ wechselt bei x = 6 das Vorzeichen nicht. |
| Die Tangente an den Graphen von h im Schnittpunkt mit der y-Achse ist parallel zur ersten Winkelhalbierenden. | ☐ (w) ☒ (f) | $h'(0) = 2 \neq 1$ |
| Der Graph von h ist auf [0; 1,8] linksgekrümmt. | ☒ (w) ☐ (f) | Der Graph von h′ hat auf [0; 1,8] nur positive Steigungswerte, d. h. $h''(x) > 0$ |
| h ist monoton wachsend für 2 < x < 8 | ☒ (w) ☐ (f) | $h'(x) \geq 0$ für $2 < x < 8$ |
| h(0) > h(5) | ☐ (w) ☒ (f) | h ist monoton wachsend für $0 \leq x \leq 5$ |
| Der Graph von h hat auf [0; 7] zwei Wendepunkte. | ☒ (w) ☐ (f) | Der Graph von h′ hat 2 Extrempunkte |
| Der Graph einer Stammfunktion von h ist für alle x∈ [− 1; 5] linksgekrümmt. | ☒ (w) ☐ (f) | $H''(x) = h'(x) > 0$, da der Graph von h′ auf [− 1; 5] oberhalb der x-Achse verläuft. |



## 2 Bestimmtes Integral

1. Berechnen Sie das bestimmte Integral.

| Integral | Lösung |
|---|---|
| $\int_1^0 (e^{0,5x} + 1)dx$ | $\int_1^0 (e^{0,5x} + 1)dx = \left[2e^{0,5x} + x\right]_1^0 = 2 - (2e^{0,5} + 1) = 1 - 2e^{0,5}$ |
| $\int_0^1 (e^{-2x} + x)dx$ | $\left[-0,5e^{-2x} + 0,5x^2\right]_0^1 = -0,5e^{-2} + 0,5 + 0,5 = -0,5e^{-2} + 1$ |
| $\int_{-1}^0 (e^{-0,25x} - 2)dx$ | $= \left[-4e^{-0,25x} - 2x\right]_{-1}^0 = -4 - (-4e^{0,25} + 2)$ <br> $= -6 + 4e^{0,25}$ |
| $\int_{-1}^3 (x^2 - 3x)dx$ | $= \left[\frac{1}{3}x^3 - \frac{3}{2}x^2\right]_{-1}^3 = -\frac{9}{2} + \frac{11}{6} = -\frac{8}{3}$ |
| $\int_{-1}^1 (x^3 - 2x)dx$ | $= \left[\frac{1}{4}x^4 - x^2\right]_{-1}^1 = -\frac{3}{4} + \frac{3}{4} = 0$ |
| $\int_{-2}^2 (x^4 + 3x^2 + 1)dx$ | $= \left[\frac{1}{5}x^5 + x^3 + x\right]_{-2}^2 = \frac{82}{5} + \frac{82}{5}$ <br> $= \frac{164}{5} = 32,8$ |

2 Beschreiben Sie die Fehler in der Berechnung.

| Berechnung | Fehler |
|---|---|
| $\int_1^0 (e^{0,1x} - 1)dx = \left[0,1e^{0,1x} - x\right]_1^0$ <br> $= (0,1e^{0,1} - 1) - 0,1$ <br> $= 0,1e^{0,1} - 1,1$ | Stammfunktion falsch <br> Richtig: $F(x) = 10e^{0,1x} - x$ <br> Einsetzen in falscher Reihenfolge <br> Richtig: $F(0) - F(1)$ |
| $\int_0^1 (3e^{-2x} + x)dx = \left[-\frac{3}{2}e^{-2x} + 1)\right]_0^1$ <br> $= -\frac{3}{2} \cdot e^{-2} - \frac{3}{2} \cdot e^0$ <br> $= -\frac{3}{2} \cdot e^{-2}$ | Stammfunktion falsch <br> Richtig: $F(x) = -\frac{3}{2}e^{-2x} + \frac{1}{2}x^2$ <br> Einsetzfehler; Rechenfehler, <br> Vorzeichenfehler |
| $\int_{-1}^1 (5x^4 - 4x^3 - 2)dx$ <br> $= \left[x^5 + x^4 - 2x\right]_{-1}^1$ <br> $= -1 + 1 + 2 - 0$ <br> $= 2$ | Stammfunktion falsch <br> Richtig: $F(x) = ... - x^4 ...$ <br> Einsetzen in falscher Reihenfolge <br> Richtig: $F(1) - F(-1)$ |

## 3 Flächeninhaltsberechnungen

1 Das Schaubild von f begrenzt mit der x-Achse eine Fläche. Berechnen Sie den Inhalt.

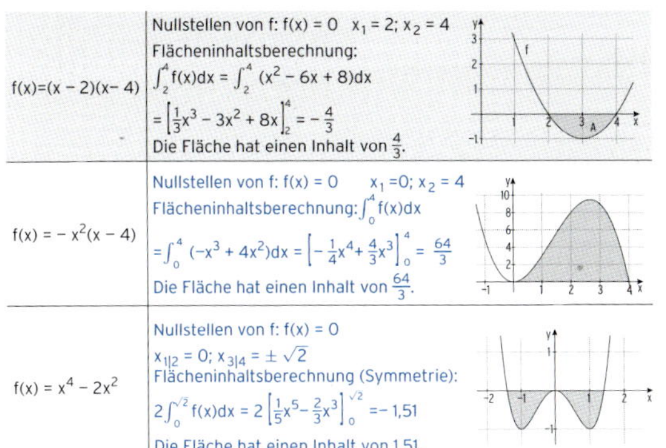

| | |
|---|---|
| $f(x)=(x-2)(x-4)$ | Nullstellen von f: $f(x) = 0 \quad x_1 = 2;\ x_2 = 4$<br>Flächeninhaltsberechnung:<br>$\int_2^4 f(x)dx = \int_2^4 (x^2 - 6x + 8)dx$<br>$= \left[\frac{1}{3}x^3 - 3x^2 + 8x\right]_2^4 = -\frac{4}{3}$<br>Die Fläche hat einen Inhalt von $\frac{4}{3}$. |
| $f(x) = -x^2(x-4)$ | Nullstellen von f: $f(x) = 0 \quad x_1 = 0;\ x_2 = 4$<br>Flächeninhaltsberechnung: $\int_0^4 f(x)dx$<br>$= \int_0^4 (-x^3 + 4x^2)dx = \left[-\frac{1}{4}x^4 + \frac{4}{3}x^3\right]_0^4 = \frac{64}{3}$<br>Die Fläche hat einen Inhalt von $\frac{64}{3}$. |
| $f(x) = x^4 - 2x^2$ | Nullstellen von f: $f(x) = 0$<br>$x_{1\|2} = 0;\ x_{3\|4} = \pm\sqrt{2}$<br>Flächeninhaltsberechnung (Symmetrie):<br>$2\int_0^{\sqrt{2}} f(x)dx = 2\left[\frac{1}{5}x^5 - \frac{2}{3}x^3\right]_0^{\sqrt{2}} = -1{,}51$<br>Die Fläche hat einen Inhalt von 1,51. |

2 Das Schaubild von f begrenzt mit der x-Achse auf [a; b] eine Fläche. Berechnen Sie den Inhalt.

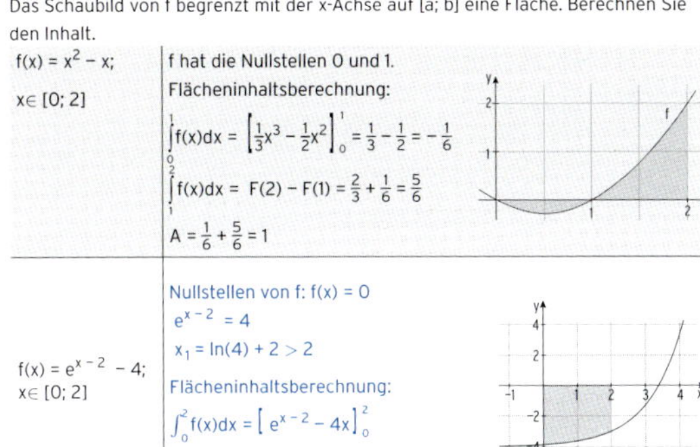

| | |
|---|---|
| $f(x) = x^2 - x$;<br>$x \in [0; 2]$ | f hat die Nullstellen 0 und 1.<br>Flächeninhaltsberechnung:<br>$\int_0^1 f(x)dx = \left[\frac{1}{3}x^3 - \frac{1}{2}x^2\right]_0^1 = \frac{1}{3} - \frac{1}{2} = -\frac{1}{6}$<br>$\int_1^2 f(x)dx = F(2) - F(1) = \frac{2}{3} + \frac{1}{6} = \frac{5}{6}$<br>$A = \frac{1}{6} + \frac{5}{6} = 1$ |
| $f(x) = e^{x-2} - 4$;<br>$x \in [0; 2]$ | Nullstellen von f: $f(x) = 0$<br>$e^{x-2} = 4$<br>$x_1 = \ln(4) + 2 > 2$<br>Flächeninhaltsberechnung:<br>$\int_0^2 f(x)dx = \left[e^{x-2} - 4x\right]_0^2$<br>$= -7 - e^{-2} = -7{,}14...$<br>Die Fläche hat einen Inhalt von 7,14. |



3 f hat die gegebenen Nullstellen. Berechnen Sie den Inhalt der markierten Fläche.

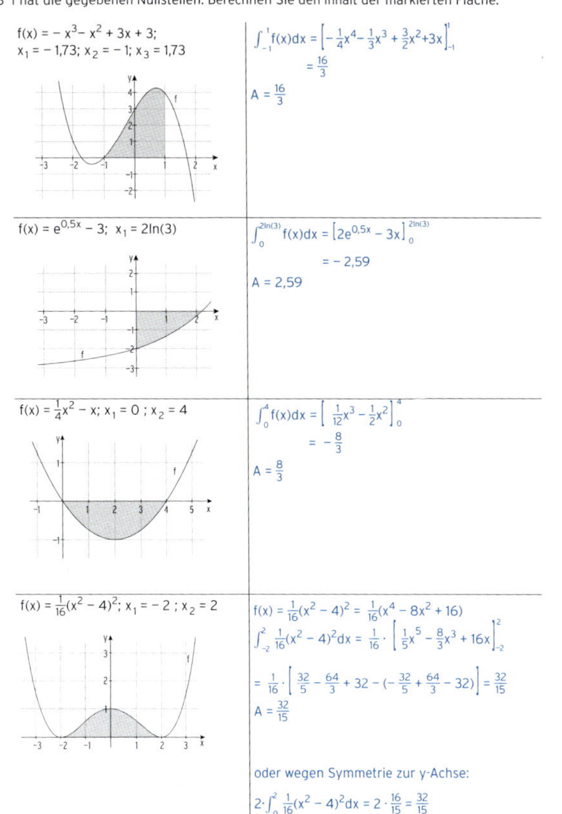

| | |
|---|---|
| $f(x) = -x^3 - x^2 + 3x + 3$;<br>$x_1 = -1{,}73;\ x_2 = -1;\ x_3 = 1{,}73$ | $\int_{-1}^1 f(x)dx = \left[-\frac{1}{4}x^4 - \frac{1}{3}x^3 + \frac{3}{2}x^2 + 3x\right]_{-1}^1$<br>$= \frac{16}{3}$<br>$A = \frac{16}{3}$ |
| $f(x) = e^{0{,}5x} - 3$; $x_1 = 2\ln(3)$ | $\int_0^{2\ln(3)} f(x)dx = \left[2e^{0{,}5x} - 3x\right]_0^{2\ln(3)}$<br>$= -2{,}59$<br>$A = 2{,}59$ |
| $f(x) = \frac{1}{4}x^2 - x$; $x_1 = 0$; $x_2 = 4$ | $\int_0^4 f(x)dx = \left[\frac{1}{12}x^3 - \frac{1}{2}x^2\right]_0^4$<br>$= -\frac{8}{3}$<br>$A = \frac{8}{3}$ |
| $f(x) = \frac{1}{16}(x^2 - 4)^2$; $x_1 = -2$; $x_2 = 2$ | $f(x) = \frac{1}{16}(x^2 - 4)^2 = \frac{1}{16}(x^4 - 8x^2 + 16)$<br>$\int_{-2}^2 \frac{1}{16}(x^2 - 4)^2 dx = \frac{1}{16} \cdot \left[\frac{1}{5}x^5 - \frac{8}{3}x^3 + 16x\right]_{-2}^2$<br>$= \frac{1}{16} \cdot \left[\frac{32}{5} - \frac{64}{3} + 32 - (-\frac{32}{5} + \frac{64}{3} - 32)\right] = \frac{32}{15}$<br>$A = \frac{32}{15}$<br>oder wegen Symmetrie zur y-Achse:<br>$2 \cdot \int_0^2 \frac{1}{16}(x^2 - 4)^2 dx = 2 \cdot \frac{16}{15} = \frac{32}{15}$ |



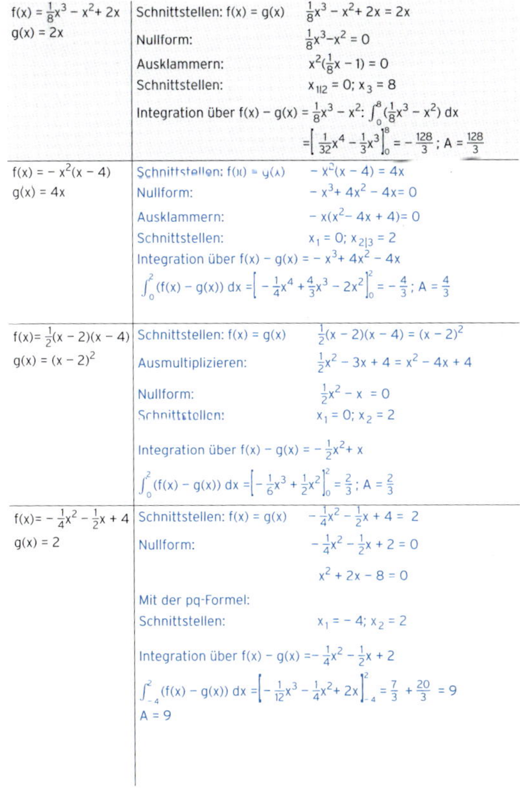

4 Die Graphen von f und g begrenzen eine Fläche vollständig.
Berechnen Sie den Inhalt der Fläche.

| | | |
|---|---|---|
| $f(x) = \frac{1}{8}x^3 - x^2 + 2x$<br>$g(x) = 2x$ | Schnittstellen: $f(x) = g(x)$<br>Nullform:<br>Ausklammern:<br>Schnittstellen: | $\frac{1}{8}x^3 - x^2 + 2x = 2x$<br>$\frac{1}{8}x^3 - x^2 = 0$<br>$x^2(\frac{1}{8}x - 1) = 0$<br>$x_{1\|2} = 0;\ x_3 = 8$ |
| | Integration über $f(x) - g(x) = \frac{1}{8}x^3 - x^2$: $\int_0^8 (\frac{1}{8}x^3 - x^2)\,dx$ | $= \left[\frac{1}{32}x^4 - \frac{1}{3}x^3\right]_0^8 = -\frac{128}{3}$; $A = \frac{128}{3}$ |
| $f(x) = -x^2(x-4)$<br>$g(x) = 4x$ | Schnittstellen: $f(x) = g(x)$<br>Nullform:<br>Ausklammern:<br>Schnittstellen: | $-x^2(x-4) = 4x$<br>$-x^3 + 4x^2 - 4x = 0$<br>$-x(x^2 - 4x + 4) = 0$<br>$x_1 = 0;\ x_{2\|3} = 2$ |
| | Integration über $f(x) - g(x) = -x^3 + 4x^2 - 4x$<br>$\int_0^2 (f(x) - g(x))\,dx = \left[-\frac{1}{4}x^4 + \frac{4}{3}x^3 - 2x^2\right]_0^2 = -\frac{4}{3}$; $A = \frac{4}{3}$ | |
| $f(x) = \frac{1}{2}(x-2)(x-4)$<br>$g(x) = (x-2)^2$ | Schnittstellen: $f(x) = g(x)$<br>Ausmultiplizieren:<br>Nullform:<br>Schnittstellen: | $\frac{1}{2}(x-2)(x-4) = (x-2)^2$<br>$\frac{1}{2}x^2 - 3x + 4 = x^2 - 4x + 4$<br>$\frac{1}{2}x^2 - x = 0$<br>$x_1 = 0;\ x_2 = 2$ |
| | Integration über $f(x) - g(x) = -\frac{1}{2}x^2 + x$<br>$\int_0^2 (f(x) - g(x))\,dx = \left[-\frac{1}{6}x^3 + \frac{1}{2}x^2\right]_0^2 = \frac{2}{3}$; $A = \frac{2}{3}$ | |
| $f(x) = -\frac{1}{4}x^2 - \frac{1}{2}x + 4$<br>$g(x) = 2$ | Schnittstellen: $f(x) = g(x)$<br>Nullform:<br><br>Mit der pq-Formel:<br>Schnittstellen: | $-\frac{1}{4}x^2 - \frac{1}{2}x + 4 = 2$<br>$-\frac{1}{4}x^2 - \frac{1}{2}x + 2 = 0$<br>$x^2 + 2x - 8 = 0$<br><br>$x_1 = -4;\ x_2 = 2$ |
| | Integration über $f(x) - g(x) = -\frac{1}{4}x^2 - \frac{1}{2}x + 2$<br>$\int_{-4}^2 (f(x) - g(x))\,dx = \left[-\frac{1}{12}x^3 - \frac{1}{4}x^2 + 2x\right]_{-4}^2 = \frac{7}{3} + \frac{20}{3} = 9$<br>$A = 9$ | |



5 Die Abbildung zeigt das Schaubild einer Funktion h.
H ist eine Stammfunktion von h.
Begründen Sie für jede der folgenden Behauptungen, ob sie richtig oder falsch ist.

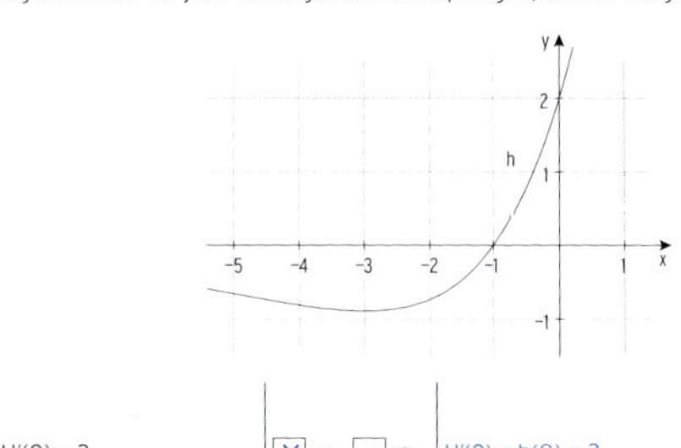


| | | |
|---|---|---|
| $H'(0) = 2$ | ☒ (r) ☐ (f) | $H'(0) = h(0) = 2$ |
| $h(-2) - h(0) < 0$ | ☒ (r) ☐ (f) | $h(-2) - h(0) \approx -2{,}8$ |
| Das Schaubild von H hat einen Tiefpunkt. | ☒ (r) ☐ (f) | h(x) wechselt bei x = − 1 das Vorzeichen von − nach +. |
| $\int_{-5}^{-1} h(x)dx < -5$ | ☐ (r) ☒ (f) | Inhalt der Fläche zwischen Kurve und x-Achse auf [− 5; − 1] ist kleiner als 5. |
| $\int_{-1}^{0} h'(x)dx = 2$ | ☒ (r) ☐ (f) | $h(0) - h(-1) = 2$ |
| Das Schaubild von H hat einen Wendepunkt mit negativer x-Koordinate. | ☒ (w) ☐ (f) | Das Schaubild von h hat einen Extrempunkt mit negativer x-Koordinate. |
| $3 \cdot \int_{-2}^{-1} h(x)dx > 0$ | ☐ (r) ☒ (f) | Fläche zwischen Kurve und x-Achse auf [− 2; − 1] liegt unterhalb der x-Achse. |

## 4 Anwendungen des Integrals

1 Berechnen Sie den Mittelwert $\overline{m}$ der Funktionswerte f(x) im Intervall [a; b]

| | |
|---|---|
| $f(x) = -x^2+1$<br>$[a;b] = [-1;1]$ | $\frac{1}{1-(-1)}\int_{-1}^{1}(-x^2+1)dx = \frac{1}{2}\left[-\frac{1}{3}x^3+x\right]_{-1}^{1} = \frac{1}{2}(-\frac{1}{3}+1-(\frac{1}{3}-1)) = \frac{2}{3}$<br>$\overline{m} = \frac{2}{3}$ |
| $f(x) = 2x-4$<br>$[a;b] = [-3;0]$ | $\frac{1}{0-(-3)}\int_{-3}^{0}(2x-4)dx = \frac{1}{3}\left[x^2-4x\right]_{-3}^{0} = \frac{1}{3}(0-(9+12)) = -7$<br>$\overline{m} = -7$ |
| $f(x) = e^{-0,5x}+2$<br>$[a;b] = [-2;2]$ | $\frac{1}{2-(-2)}\int_{-2}^{2}(e^{-0,5x}+2)dx = \frac{1}{4}\left[-2e^{-0,5x}+2x\right]_{-2}^{2}$<br>$= \frac{1}{4}(-2e^{-1}+4-(-2e^{1}-4)) = \frac{1}{4}(-2e^{-1}+2e^{1}+8) = 3{,}175$<br>$\overline{m} = 3{,}175$ |

2 Bestimmen Sie den mittleren Funktionswert $\overline{m}$ auf dem gegebenen Intervall.
Zeichnen Sie die Gerade mit $y = \overline{m}$ ein.

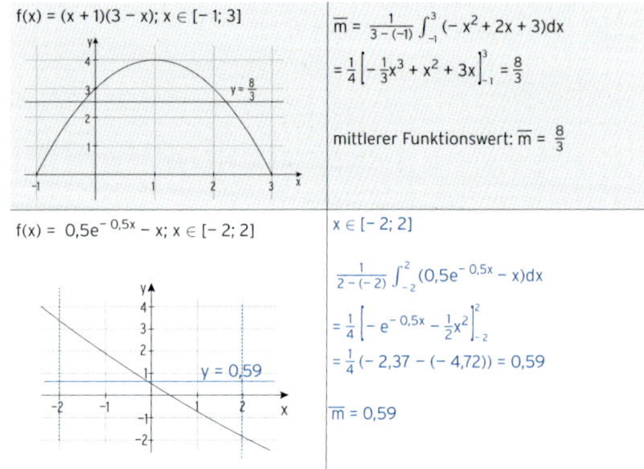

| | |
|---|---|
| $f(x) = (x+1)(3-x);\ x \in [-1;3]$ | $\overline{m} = \frac{1}{3-(-1)}\int_{-1}^{3}(-x^2+2x+3)dx$<br>$= \frac{1}{4}\left[-\frac{1}{3}x^3+x^2+3x\right]_{-1}^{3} = \frac{8}{3}$<br>mittlerer Funktionswert: $\overline{m} = \frac{8}{3}$ |
| $f(x) = 0{,}5e^{-0,5x} - x;\ x \in [-2;2]$ | $x \in [-2;2]$<br>$\frac{1}{2-(-2)}\int_{-2}^{2}(0{,}5e^{-0,5x}-x)dx$<br>$= \frac{1}{4}\left[-e^{-0,5x}-\frac{1}{2}x^2\right]_{-2}^{2}$<br>$= \frac{1}{4}(-2{,}37-(-4{,}72)) = 0{,}59$<br>$\overline{m} = 0{,}59$ |





3 Die Funktion f mit $f(t) = 100e^{0,25t} - 300$ gibt für die ersten 9 Minuten den momentanen Wasserzu- bzw. abfluss in einem Wasserspeicher an. Das zugehörige Schaubild ist nebenstehend dargestellt. Positive Werte stehen hierbei für einen Wasserzufluss, negative für einen Wasserabfluss.

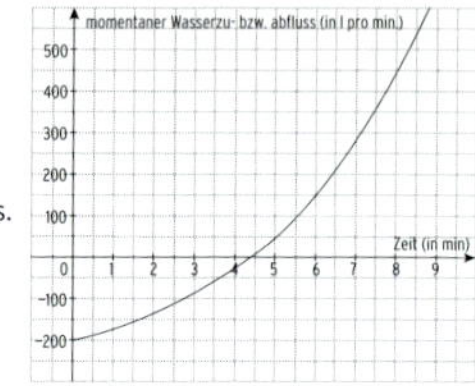


a) Bestimmen Sie den Zeitpunkt, indem am meisten Wasser abfließt.
In t = 0, hier hat f(t) den geringsten Funktionswert (f(t) < 0).

b) Ermitteln Sie den Zeitraum des Wasserabflusses.
Berechnung der Nullstelle von f(t):
$100e^{0,25t} - 300 = 0 \Leftrightarrow e^{0,25t} = 3$
$0{,}25t = \ln(3) \Leftrightarrow t = 4\ln(3) = 4{,}39$
In den ersten 4,39 Minuten fließt Wasser ab.

c) Geben Sie die gesamte abgeflossene Wassermenge an.
$\int_0^{4,39}(100e^{0,25t} - 300)dt = \left[400e^{0,25t} - 300t\right]_0^{4,39} = -518{,}33$
Insgesamt fließen also ca. 518,33 l ab.
(Inhalt der Fläche zwischen Kurve und waagerechter Achse entspricht dem gesamten Abfluss.)

d) Beschreiben Sie die Änderung der vorhandenen Wassermenge im Becken zwischen t = 3 und d t= 6.
$\int_3^{6}(100e^{0,25t} - 300)dt = \left[400e^{0,25t} - 300t\right]_3^{6} = 45{,}88$
Es kommen also ca. 45,88 l hinzu.
(Zunächst Abfluss, dann Zufluss. Beim integrieren über die Nullstelle hinweg, wird die gesamte Abflussmenge von der gesamten Zuflussmenge subtrahiert.)

e) Zu Beginn befanden sich 550 l Wasser im Becken. Ermitteln Sie den Term der Funktion, welche für jeden Zeitpunkt die gesamte Wassermenge im Becken angibt. Zeichnen Sie diese in das Koordinatensystem ein.

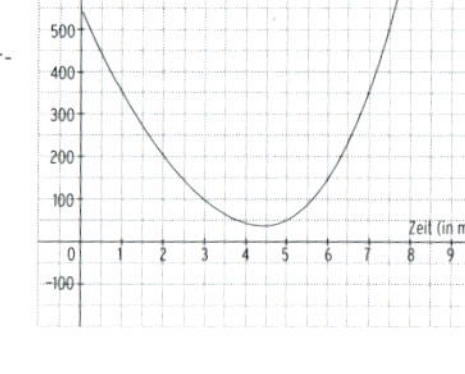


Die gesuchte Funktion ist eine Stammfunktion von f(t): $F(t) = 400e^{0,25t} - 300t + C$
Punktprobe mit (0 | 550):
$400 + C = 550 \Rightarrow C = 150$
$F(t) = 400e^{0,25t} - 300t + 150$

f) Bestimmen Sie die durchschnittliche Wassermenge im Becken zwischen t = 2 und t = 7.
$\frac{1}{5}\int_2^{7}(400e^{0,25t} - 300t + 150)dt = \frac{1}{5}\left[1600e^{0,25t} - 150t^2 + 150t\right]_2^{7} = 113{,}88$
Zwischen t = 2 und t = 7 sind durchschnittlich 113,88 l im Becken.



4 Die Abbildung zeigt den momentanen Absatz a der Pyrokomet AG in ME/ZE.

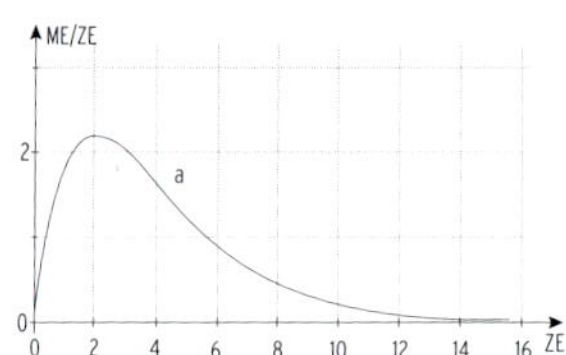


Der Gesamtabsatz der Pyrokomet AG in ME für die Zeit seit Einführung lässt sich modellieren durch eine Funktion A.
Ordnen Sie begründet zu, welche Abbildung den Graphen der Funktion A zeigt.

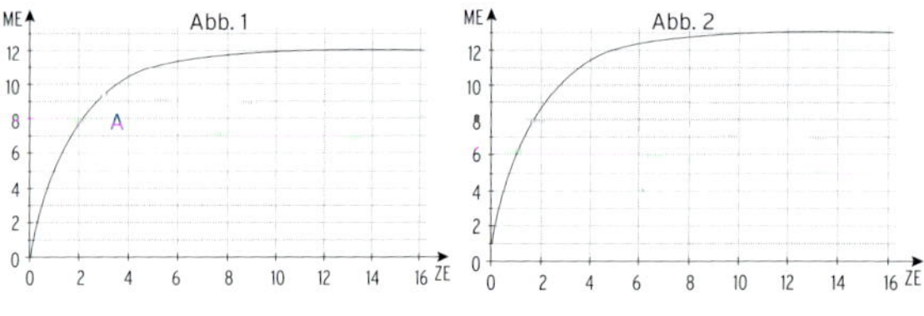


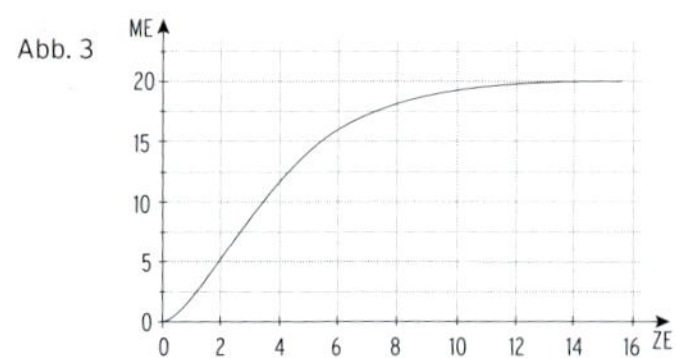


Die Fläche zwischen dem Graphen von a und der t-Achse hat etwa einen Inhalt von 12 FE. Abb. 3 kommt nicht in Frage ($A(t) \to 20$).

Die Stammfunktion von a verläuft durch den Ursprung, da a(0) = 0 ist, also kein Absatz erzielt wird. Abb. 2 kommt nicht in Frage (A(0) = 1).

Abb. 1 zeigt den Graphen der Gesamtabsatzfunktion A.



5 Zum Entfernen von Farbresten werden Eisenteile mit einer Spezialflüssigkeit besprüht. Diese befindet sich in einem Behälter, der zum Zeitpunkt 0 mit 7 Litern Flüssigkeit gefüllt ist. Durch den Verbrauch sinkt die Flüssigkeitsmenge im Behälter und muss daher wieder aufgefüllt werden. Entnahme und Zuführung der Flüssigkeit geschehen nicht gleichzeitig. Der Zu- bzw. Abfluss der Flüssigkeit wird modellhaft beschrieben durch den Graph der Funktion f mit $f(t) = 0{,}1t(t-12)(t-18)(t-24);\ 0 \leq t \leq 24$ (siehe Abb.)
Nehmen Sie begründet Stellung zu folgenden Aussagen:

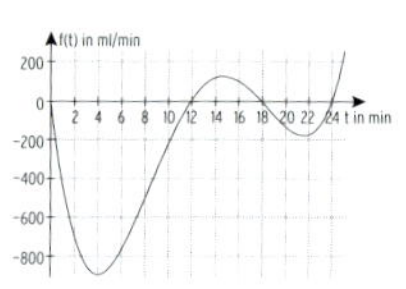


a) Nach 12Minuten und nach 18 Minuten wird weder Flüssigkeit aufgetragen noch in den Behälter nachgefüllt.
Diese Aussage ist richtig. Am Graphen kann man erkennen, dass in t = 12 und t = 18 die Nullstellen der Zulauf-bzw. der Ablaufratenfunktion liegen.

b) Innerhalb der ersten 12 Minuten werden 6428,16 ml Flüssigkeit entnommen.
Zur Prüfung wird das bestimmte Integral berechnet.
In den ersten 12 Minuten wird Flüssigkeit entnommen: $\int_0^{12} f(t)dt = -6428{,}16$
Die Aussage stimmt.

c) Zu keiner Zeit innerhalb der ersten 24 Minuten wird die Mindestfüllmenge des Behälters von 500 ml unterschritten.
Es ist zu prüfen, ob zu jeder Zeit mindestens 500 ml im Behälter sind.
t = 12: Füllmenge $7000 - 6428{,}16 \approx 572$ ml ; t = 24: $\int_0^{24} f(t)dt = -6635{,}52$,
Füllmenge in ml: $7000 - 6635{,}52 \approx 364 < 500$ Diese Aussage ist falsch.

d) Für ein Eisenteil werden 4 ml dieser Spezialflüssigkeit benötigt. Von Minute 20 bis zur Minute 23 sind insgesamt 121 Eisenteile besprüht worden.
$\int_{20}^{23} f(t)dt = -484{,}89$ ; 484,89: 4 = 121,22 Diese Aussage ist richtig.

6 Beschriften Sie die Abbildung zum Thema Angebot und Nachfrage.

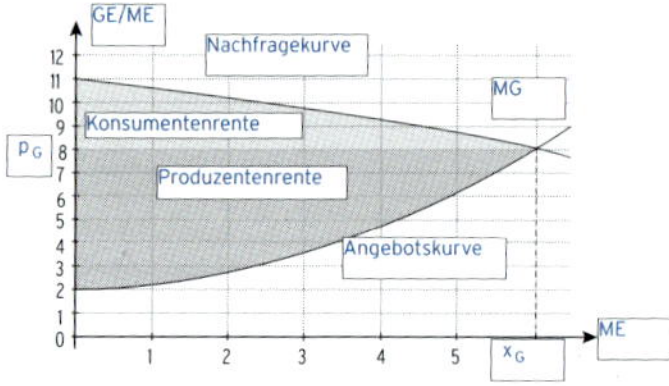

7 Angebot und Nachfrage auf dem Markt für das Produkt BiapA werden beschrieben durch $p_A(x) = 0{,}1(x + 2)^2 + 5$ bzw. $p_N(x) = 12 - 0{,}15x^2$; $x \geq 0$.

a) Bestimmen Sie die Sättigungsmenge, Höchstpreis und Mindestangebotspreis und das Marktgleichgewicht.

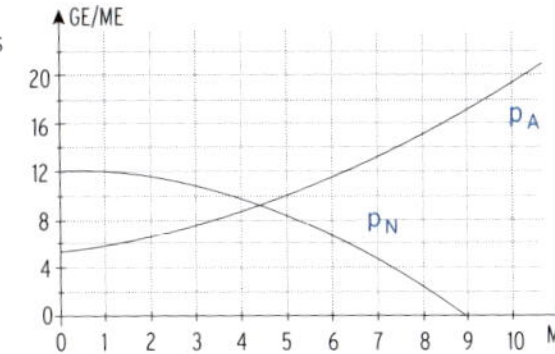


$p_N(x) = 0$ für $x_{Sätt} = \sqrt{80}$
Höchstpreis: $p_N(0) = 12$
Mindestangebotspreis: $p_A(0) = 5{,}4$
Gleichgewichtsmenge: $p_N(x) = p_A(x)$
$x_G = 4{,}4$
Marktgleichgewicht (4,4 | 9,1)

b) Die Gleichgewichtsmenge liegt bei 4,4 ME und das Verhältnis zwischen der Konsumentenrente und der Produzentenrente ist 1:1. Beurteilen Sie diese Aussage unter Verwendung entsprechender Stammfunktionen.

Stammfunktion von $p_N$: $F(x) = 12x - 0{,}05x^3$
Stammfunktion von $p_A(x) = 0{,}1x^2 + 0{,}4x + 5{,}4$: $F(x) = \frac{1}{30}x^3 + 0{,}2x^2 + 5{,}4x$

KR: $\int_0^{4,4} p_N(x)dx - 4{,}4 \cdot 9{,}1 = 48{,}54 - 40{,}04 = 8{,}50$

PR: $4{,}4 \cdot 9{,}1 - \int_0^{4,4} p_A(x)dx = 40{,}04 - 30{,}47 = 9{,}57$;

Verhältnis: $\frac{8{,}50}{9{,}57} = 0{,}89$ Die Aussage ist falsch.

8 Die Marktanalyse der Wald AG ergibt für $x \geq 0$:
$p_A(x) = a \cdot x^2 + 8{,}5$ bzw. $p_N(x) = 40 - 0{,}015x^2$

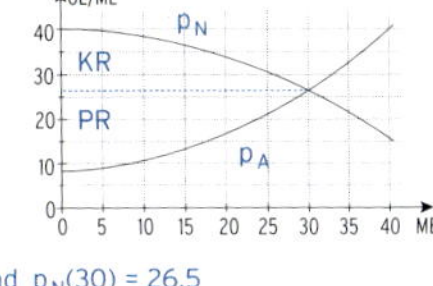


a) Ordnen Sie die Graphen begründet zu. Bestimmen Sie den Wert des Parameters a für die im Schaubild abgebildete Situation.

Graph von $p_N$ fallend, Graph von $p_A$ steigend.
MGG(30 | 26,5) mit $x_G = 30$ aus der Abbildung und $p_N(30) = 26{,}5$
$26{,}5 = a \cdot 30^2 + 8{,}5 \Rightarrow a = 0{,}02$

b) Kennzeichnen Sie die Konsumentenrente und die Produzentenrente. Die Konsumentenrente beträgt 75 % der Produzentenrente. Nehmen Sie Stellung.

MGG(30 | 26,5)
KR: $\int_0^{30} p_N(x)dx - 30 \cdot 26{,}5 = 1065 - 795 = 270$

PR: $30 \cdot 26{,}5 - \int_0^{30} p_A(x)dx = 795 - 435 = 360$; 270 = 75% von 360
Die Aussage ist wahr.



# III Stochastik

## 1 Zufallsexperimente und Ereignisse

1 Stellen Sie das Zufallsexperiment durch ein Baumdiagramm dar und geben Sie die zugehörige Ergebnismenge S an.
In einer Urne befinden sich eine blaue, eine rote und eine grüne Kugel.

a) Es werden zwei Kugeln gezogen. Gezogene Kugeln werden zurückgelegt.

Baumdiagramm: S = {bb, br, bg, rr, rb, rg, gb, gr, gg}

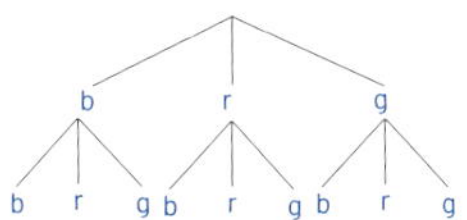

b) Es werden zwei Kugeln gezogen. Nur falls eine gezogene Kugel blau ist, wird diese zurückgelegt.

Baumdiagramm: S = {bb, br, bg, rb, rg, gb, gr}

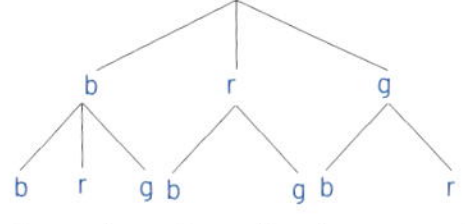

c) Es werden so lange Kugeln gezogen, bis die rote Kugel gezogen wurde. Gezogene Kugeln werden nicht zurückgelegt.

Baumdiagramm: S = {br, bgr, r, gbr, gr}

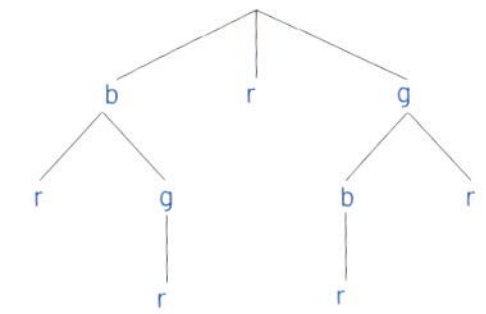



2 Stellen Sie das Zufallsexperiment durch ein Baumdiagramm dar und geben Sie die zugehörige Ergebnismenge S an.

a) Ein Basketballspieler wirft 3 Freiwürfe. Er interessiert sich für die Anzahl der Treffer.

Baumdiagramm: $S = \{TTT, TT\overline{T}, T\overline{T}T, T\overline{T}\overline{T}, \overline{T}TT, \overline{T}T\overline{T}, \overline{T}\overline{T}T, \overline{T}\overline{T}\overline{T}\}$

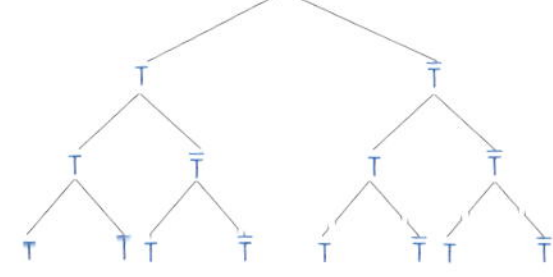

b) Ein Kartenstapel aus 4 Karten enthält zwei Asse. Lara hebt 3 Karten ab. Sie interessiert sich für die Anzahl der gezogenen Asse.

Baumdiagramm: $S = \{AA\overline{A}, A\overline{A}A, A\overline{A}\overline{A}, \overline{A}AA, \overline{A}A\overline{A}, \overline{A}\overline{A}A\}$

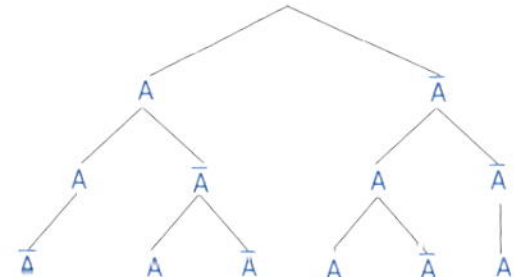

3 In einer Urne befinden sich 2 rote und 2 blaue Kugeln. Schließen Sie von den bekannten Informationen auf Eigenschaften der durchgeführten Zufallsexperimente.

| Über das Zufallsexperiment ist bekannt: | Anzahl gezogener Kugeln | Mit/ohne Zurücklegen |
|---|---|---|
| S = {rrr, rrb, rbb, brr, brb, rbr, bbr, bbb} | 3 | ☒ mit ☐ ohne ☐ unentscheidbar |
| S = {rrbb, rbrb, rbbr, brrb, brbr, bbrr} | 4 | ☐ mit ☒ ohne ☐ unentscheidbar |
| einzelnes Ergebnis: rbbrb | 5 | ☒ mit ☐ ohne ☐ unentscheidbar |
| einzelnes Ergebnis: rrb | 3 | ☐ mit ☐ ohne ☒ unentscheidbar |



4 Die gegebenen Zufallsexperimente sollen über Ziehungen aus Urnen modelliert werden. Geben Sie die Anzahl der gezogenen Kugeln an. Entscheiden Sie, ob eine Ziehung mit Zurücklegen oder ohne Zurücklegen stattfindet.

| Zufallsexperiment | Anzahl gezogener Kugeln | Mit/ohne Zurücklegen |
|---|---|---|
| a) Ein Würfel wird vier Mal geworfen. | 4 | ☒ mit ☐ ohne |
| b) Ein Kartenstapel enthält 4 Herz-Karten und 2 Karo-Karten. Ein Spieler zieht drei Karten aus dem Stapel. | 3 | ☐ mit ☒ ohne |
| c) Ein Glücksrad mit 3 roten und 2 blauen Feldern wird sieben Mal gedreht. | 7 | ☒ mit ☐ ohne |
| d) Ein Bogenschütze trifft 80 % der Schüsse und schießt fünf Mal. | 5 | ☒ mit ☐ ohne |
| e) In einer Lostrommel befinden sich 5 Gewinnlose und 25 Nieten. Es werden 4 Lose gezogen. | 4 | ☐ mit ☒ ohne |
| f) Es befinden sich 10 Teile in einem Karton, von denen 3 defekt sind. Aus dem Karton werden zwei Teile entnommen. | 2 | ☐ mit ☒ ohne |
| g) Es befinden sich immer 10 Teile in einem Karton, von denen 3 defekt sind. Es werden sieben Kartons kontrolliert. | 7 | ☒ mit ☐ ohne |

5 Ein Würfel wird ein Mal geworfen und die Augenzahl wird notiert. Die Ereignisse A bis I sind in Worten beschrieben. Ordnen Sie jedem Ereignis die zugehörige Mengenschreibweise zu.

| | |
|---|---|
| A: Eine ungerade Zahl | C = {1, 2, 3, 4} |
| B: Eine größere Zahl als 2 | E = {2, 3, 5} |
| C: Höchstens die Zahl 4 | G = {1, 2} |
| D: Mindestens 4 | I = { } |
| E: Eine Primzahl | F = {1, 2, 3, 4, 5, 6} |
| F: Höchstens eine 6 | D = {4, 5, 6} |
| G: Kleiner 3 | B = {3, 4, 5, 6} |
| H: Gegenereignis von E | H = {1, 4, 6} |
| I: Die Zahl 8 | A = {1, 3, 5} |

6 Ein Würfel wird ein Mal geworfen und die Augenzahl wird notiert. Die Ereignisse A = {1; 2; 4}, B = {1; 5; 6} und C = {2; 3; 6} sind gegeben. Geben Sie die durch die Verknüpfungen hervorgehenden Ereignisse in aufzählender Schreibweise an.

a) $A \cap B = \{1\}$ b) $A \cup C = \{1, 2, 3, 4, 6\}$

c) $A \cap \overline{A} = \{\ \}$ d) $\overline{A} \cap B = \{5, 6\}$

7 Die Düfa AG verkauft Fahrräder, darunter auch E-Bikes. Betrachtet werden die nächsten 3 verkauften Fahrräder. Beschreiben Sie die Ereignisse in Worten bzw. in aufzählender Schreibweise (D: Fahrrad ohne E-Antrieb; E: E-Bike)

| | |
|---|---|
| A= {DDD, EEE} | A: Nur E-Bike oder nur ohne E-Antrieb |
| B = {EEE, EDE,DEE,DDE } | B: Das 3. Fahrrad ist ein E-Bike. |
| C= {EEE, EDE,DEE} | C: Mindestens zwei E-Bikes |
| $D = \overline{C}$ | D = {DDE, EDD,DED, DDD } |
| E: genau zwei E-Bikes | E ={EED, DEE,EDE} |
| F = {DED, EDE} | F: E-Bike und ohne E-Antrieb im Wechsel |

8 Die Schülerinnen einer beruflichen Schule werden zum privaten Einsatz von internetfähigen Geräten befragt. Das Ereignis A sei „eine zufällig ausgewählte Schülerin besitzt ein Smartphone", das Ereignis B sei „eine zufällig ausgewählte Schülerin besitzt ein Tablet". Beschreiben Sie die durch die Verknüpfungen hervorgehenden Ereignisse in Worten. Eine zufällig ausgewählte Schülerin besitzt...

$\overline{A}$: kein Smartphone

$A \cap B$: ein Smartphone und ein Tablet

$A \cup B$: ein Smartphone oder ein Tablet

$\overline{A} \cap B$: kein Smartphone und ein Tablet

$A \cup \overline{B}$: ein Smartphone ofrt kein Tablet

9 Drei weiße und 7 rote Bälle liegen in einer Kiste. Ein Besucher entnimmt 3 Bälle nacheinander ohne Zurücklegen aus der Kiste. Beschreiben Sie das folgende Ereignis.

A: Der zweite Ball ist weiß. A= {rwr, wwr, www, rww}

B: Mindestens ein Ball ist weiß. B = {rwr, wrr, rrw, wwr, wrw, rww, www}

C: genau zwei Bälle haben die gleiche Farbe. C = {rwr, wrr, rrw, wwr, wrw, rww}

48

## 2 Wahrscheinlichkeit

1 Nebenstehend sind die Marktanteile der im Jahr 2014 in Deutschland eingesetzten Smartphones dargestellt.
Ein zufällig ausgewählter Nutzer eines Smartphones wird in diesem Jahr befragt.
Bestimmen Sie die Wahrscheinlichkeit dafür, dass dieser ...

a) ein Smarthone von htc hat. 8 %

b) ein Smartphone von Sony, Nokia oder htc hat. 25 %

c) kein Smarthone der Marke Samsung hat. 57 %

d) kein Smartphone von Samsung oder Apple hat. 37 %

2 Die 98 Schüler der Jahrgangsstufe 1 eines Wirtschaftsgymnasiums werden nach ihrem Alter und nach der gewählten Naturwissenschaft befragt.

| | 16 Jahre | 17 Jahre | 18 Jahre | 19 Jahre | 20 Jahre |
|---|---|---|---|---|---|
| Biologie | 1 | 16 | 14 | 5 | 1 |
| Chemie | 1 | 19 | 14 | 4 | 2 |
| Physik | 2 | 6 | 7 | 5 | 1 |

Bestimmen Sie die Wahrscheinlichkeit. P =

a) Ein zufällig ausgewählter Schüler hat Chemie gewählt. $\frac{40}{98}$

b) Ein zufällig ausgewählter Schüler ist 19 Jahre alt. $\frac{14}{98}$

c) Ein zufällig ausgewählter Schüler ist 16 Jahre alt und hat Physik gewählt. $\frac{2}{98}$

d) Ein zufällig ausgewählter Schüler ist nicht 18 Jahre alt. $\frac{63}{98}$

e) Ein Schüler hat Chemie gewählt. Mit welcher Wahrscheinlichkeit ist er 20 Jahre alt? $\frac{2}{40}$

f) Ein Schüler ist 17 Jahre alt. Mit welcher Wahrscheinlichkeit hat er nicht Physik gewählt? $\frac{35}{41}$

3 Eine Fußballmannschaft hat 72 % der letzten 35 Spiele gewonnen. Somit beträgt die Wahrscheinlichkeit, dass die Mannschaft das nächste Spiel gewinnt, ungefähr 72 %. Nehmen Sie Stellung.
Die 35 Spiele fanden überwiegend gegen verschiedene Mannschaften statt. Zudem waren die Rahmenbedingungen bei jedem Spiel verschieden. Es wurde also nicht 35 Mal dasselbe Zufallsexperiment durchgeführt. Somit ist der Wert der relativen Häufigkeit kein Schätzwert für die Wahrscheinlichkeit.

49

4 Entscheiden Sie, ob ein Laplace-Experiment vorliegt.

| | | |
|---|---|---|
| a) Eine verbeulte Münze wird geworfen. | ☐ ja | ☒ nein |
| b) Ein Würfel wird geworfen. | ☒ ja | ☐ nein |
| c) Aus einer Urne mit 3 roten und 4 blauen Kugeln wird eine Kugel gezogen. | ☐ ja | ☒ nein |
| d) Ziehen eines Loses auf einem Jahrmarkt: Es interessiert, ob ein Gewinn oder eine Niete gezogen wurde. | ☐ ja | ☒ nein |
| e) Ein Radiergummi (keine Würfelform) fällt vom Tisch. Es interessiert, ob die markierte Seite nach oben zeigt. | ☐ ja | ☒ nein |

5 In einem Stapel aus 13 Karten befinden sich 3 Asse, 2 Buben und ein König. Ein Spieler hebt eine Karte ab. Bestimmen Sie die Wahrscheinlichkeit.

a) Er erhält ein Ass. $P = \frac{3}{13}$

b) Er erhält keinen Buben. $P = \frac{11}{13}$

c) Er erhält ein Ass oder einen König. $P = \frac{4}{13}$

d) Er erhält kein Ass oder einen Buben. $P = \frac{10}{13}$

e) Drei weitere Könige werden in den Stapel eingemischt. Er zieht genau einen König. $P = \frac{1+3}{13+3} = \frac{1}{4}$

6 Stellen Sie das Zufallsexperiment durch ein Baumdiagramm dar.

a) In einer Keksdose befinden sich 7 Vollkornkekse und 3 Nusskekse. Adrian entnimmt ohne hinzuschauen 3 Kekse.
Baumdiagramm:
V: Vollkornkekse
N: Nusskekse

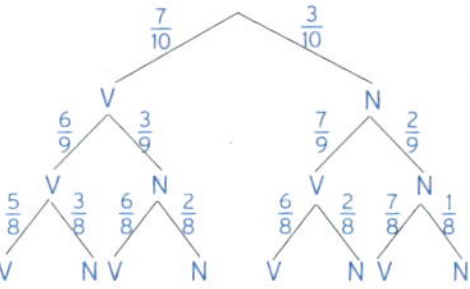

b) Bei einer Polizeikontrolle sind üblicherweise 15 % der Fahrer alkoholisiert. Es werden 2 Autos kontrolliert.
Baumdiagramm:
a: Fahrer ist alkoholisiert
$\overline{a}$: Fahrer ist nicht alkoholisiert

50

7 Vervollständigen Sie das Baumdiagramm.
Schließen Sie vom Baumdiagramm auf die Eigenschaften des zugrunde liegenden Zufallsexperimentes, bei welchem Kugeln aus einer Urne entnommen werden.

Baumdiagramm:

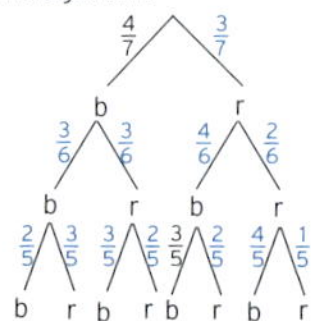

Zufallsexperiment:
Die Urne enthält beispielsweise vier blaue Kugeln und drei rote Kugeln. Es werden drei Kugeln gezogen. Gezogene Kugeln werden nicht zurückgelegt.

8 Zeichnen Sie ein Baumdiagramm und berechnen Sie die Wahrscheinlichkeit.

a) Zwei Glücksräder, deren Einzelsektoren alle gleich groß sind, werden gleichzeitig gedreht. Das eine Glücksrad hat 2 rote und 4 blaue Felder. Das andere Glücksrad hat 2 rote, 2 grüne und 3 blaue Felder. Bestimmen Sie die Wahrscheinlichkeit, dass beide Glücksräder auf der Farbe rot stehen bleiben.

Lösung: $P(rr) = \frac{2}{6} \cdot \frac{2}{7} = \frac{2}{21}$

Baumdiagramm:

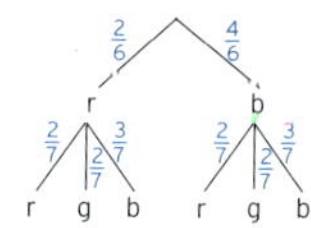

b) Eine Rubbelkarte enthält 25 mit einer undurchsichtigen Schicht überzogene Felder, von welchen 10 Gewinne und 15 Nieten sind. Daniela rubbelt 2 Felder auf. Bestimmen Sie die Wahrscheinlichkeit, dass sie genau ein Gewinnfeld aufgerubbelt hat.

Lösung:
$P(GN) + P(NG) = \frac{10}{25} \cdot \frac{15}{24} + \frac{15}{25} \cdot \frac{10}{24} = \frac{1}{2}$

Baumdiagramm:

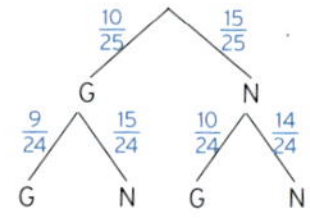

51

9 In einem Stapel aus 10 Karten befinden sich 5 Asse, 3 Könige und 2 Damen. Ein Spieler hebt drei Karten ab.

a) Berechnen Sie die Wahrscheinlichkeiten der Ereignisse
A: Der Spieler erhält genau 2 Asse.
B: Der Spieler erhält mindestens ein Ass.
Vervollständigen Sie das zugehörige Baumdiagramm.

Baumdiagramm:

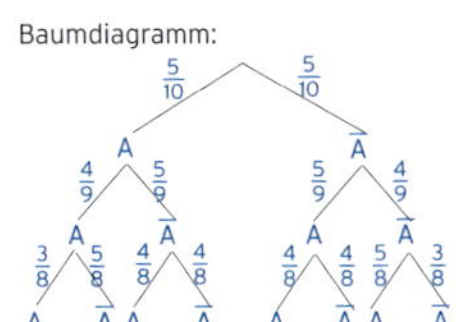

$P(A) = \frac{5}{10} \cdot \frac{4}{9} \cdot \frac{5}{8} + \frac{5}{10} \cdot \frac{5}{9} \cdot \frac{4}{8} + \frac{5}{10} \cdot \frac{5}{9} \cdot \frac{4}{8} = \frac{5}{12}$

$P(B) = 1 - P(\text{kein Ass}) = 1 - \frac{5}{10} \cdot \frac{4}{9} \cdot \frac{3}{8} = \frac{11}{12}$

b) Berechnen Sie die Wahrscheinlichkeiten der Ereignisse C, D und E.
C: Der Spieler erhält genau einen König. $P(C) = \frac{3}{10} \cdot \frac{7}{9} \cdot \frac{6}{8} + \frac{7}{10} \cdot \frac{3}{9} \cdot \frac{6}{8} + \frac{7}{10} \cdot \frac{6}{9} \cdot \frac{3}{8} = \frac{21}{40}$

D: Der Spieler erhält höchstens zwei Damen. P(D) = 1 (es gibt nur 2 Damen)

E: Der Spieler erhält alle Kartenwerte. $P(E) = \frac{5}{10} \cdot \frac{3}{9} \cdot \frac{2}{8} \cdot 6 = \frac{1}{4}$

10 Die Personalabteilung eines Unternehmens möchte 3 Plätze für ein Duales Studium unter gleich qualifizierten Bewerbern verlosen. Von den Bewerbern aus dem beruflichen Gymnasium sind 3 weiblich und 2 männlich. Von den Bewerbern aus dem allgemeinbildenden Gymnasium sind 2 weiblich und 2 männlich.
Berechnen Sie die Wahrscheinlichkeiten der folgenden Ereignisse.

b: Bewerber berufliches Gmnasium; a: Bewerber allgemeines Gmnasium

m: Bewerber; w: Bewerberin

a) Alle Plätze werden an Bewerber aus dem beruflichen Gymnasium vergeben.
$P = P(bbb) = \frac{5}{9} \cdot \frac{4}{8} \cdot \frac{3}{7} = \frac{5}{42}$

b) Mindestens ein männlicher Bewerber erhält einen Platz.
$P = P(\text{mind. ein } m) = 1 - P(www) = 1 - \frac{5}{9} \cdot \frac{4}{8} \cdot \frac{3}{7} = \frac{37}{42}$

c) Zwei weibliche Bewerberinnen aus dem beruflichen Gymnasium erhalten einen Platz. $P = \frac{3}{9} \cdot \frac{2}{8} \cdot \frac{6}{7} + \frac{3}{9} \cdot \frac{6}{8} \cdot \frac{2}{7} + \frac{6}{9} \cdot \frac{3}{8} \cdot \frac{2}{7} = 3 \cdot \frac{3}{9} \cdot \frac{2}{8} \cdot \frac{6}{7} = \frac{3}{14}$ Hinweis: $P(w \text{ und } b) = \frac{3}{9}$

d) Der Geschäftsführer schlägt statt der Verlosung einen Multiple-ChoiceTest vor, bei welchem es zu jeder Frage 4 Antwortmöglichkeiten gibt, von denen genau eine richtig ist. Berechnen Sie die Wahrscheinlichkeiten, dass ein unvorbereiteter Be werber bei 6 Fragen kein einziges Mal die richtige Antwort errät.
$P = P(ffffff) = (\frac{3}{4})^6 = 0{,}178...$ r: richtige Antwort; f: falsche Antwort



## 3 Bedingte Wahrscheinlichkeit

1 Bestimmen Sie folgende Wahrscheinlichkeiten mit Hilfe der Vierfeldertafel.

| | A | B | Summe |
|---|---|---|---|
| D | 0,1 | 0,05 | 0,15 |
| $\overline{D}$ | 0,6 | 0,25 | 0,85 |
| Summe | 0,70 | 0,30 | 1 |

$P(A \cap D) = 0{,}1$ $P_D(A) = \frac{0{,}1}{0{,}15} = \frac{2}{3}$ $P_{\overline{D}}(B) = \frac{0{,}25}{0{,}85} = 0{,}29$

$P_A(D) = \frac{0{,}1}{0{,}70} = 0{,}143$ $P_B(D) = \frac{0{,}05}{0{,}30} = 0{,}17$ $P_A(\overline{D}) = \frac{0{,}6}{0{,}70} = 0{,}86$

2 Ein Unternehmen wirbt auf einer Internetseite für sein Produkt. Es wird angenommen, dass 60 % der Besucher der Seite die Werbung wahrnehmen und 42 % dieser Besucher das Produkt kaufen. Von den Besuchern der Seite, die die Werbung nicht wahrnehmen, kaufen nur 12 % das Produkt.
(W: Werbung wahrgenommen; K: Produkt gekauft.)

a) Stellen Sie die Aufgabenstellung in einem Baumdiagramm dar.

0,6 | 0,4
W | $\overline{W}$
0,42 | 0,58 | 0,12 | 0,88
K | $\overline{K}$ | K | $\overline{K}$

b) Füllen Sie die Vierfeldertafel aus.

| | K | $\overline{K}$ | |
|---|---|---|---|
| W | 0,6 · 0,42 =0,252 | 0,6 · 0,58 = 0,348 | 0,6 |
| $\overline{W}$ | 0,4 · 0,12= 0,048 | 0,4 · 0,88 = 0,352 | 0,4 |
| | 0,3 | 0,7 | 1 |

c) Bestimmen Sie die Wahrscheinlichkeit, dass ein Besucher der Seite das Produkt kauft.
$P(K) = 0{,}6 \cdot 0{,}42 + 0{,}4 \cdot 0{,}12 = 0{,}3$

d) Der Geschäftsführer ist von der Wirksamkeit der Werbeanzeige nicht überzeugt und behauptet, dass das Wahrnehmen der Werbeanzeige und der Kauf des Produktes unabhängig voneinander sind. Untersuchen Sie dies rechnerisch.
$P(W \cap K) = 0{,}252$
$P(W) \cdot P(K) = 0{,}6 \cdot 0{,}3 = 0{,}18$
Somit sind die Ereignisse „Besucher nimmt Werbung wahr" und „Besucher kauft Produkt" abhängig voneinander. Die Werbeanzeige ist also wirksam.

e) Ein Besucher der Internetseite hat das Produkt gekauft. Bestimmen Sie die Wahrscheinlichkeit, dass er die Anzeige wahrgenommen hat.
$P_K(W) = \frac{P(K \cap W)}{P(K)} = \frac{0{,}252}{0{,}3} = 0{,}84$



3 Ein Betrieb stellt Kopfhörer her. 2 % der hergestellten Kopfhörer sind fehlerhaft. In der Qualitätskontrolle werden 1 % der einwandfreien Kopfhörer irrtümlich als fehlerhaft aussortiert, während 96 % der fehlerhaften Kopfhörer auch als solche erkannt und aussortiert werden. (F - Fehlerhaft; A - Aussortiert.)

a) Stellen Sie die Aufgabenstellung in einem Baumdiagramm oder einer Vierfeldertafel dar.

Baumdiagramm

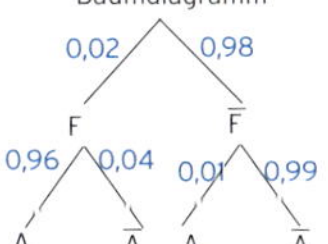

Vierfeldertafel

| | F | $\overline{F}$ | |
|---|---|---|---|
| A | 0,0192 | 0,0098 | 0,029 |
| $\overline{A}$ | 0,0008 | 0,9702 | 0,971 |
| | 0,02 | 0,98 | 1 |

b) Bestimmen Sie die Wahrscheinlichkeit mit der ein zufällig ausgewählter Kopfhörer aussortiert wird.
$P(FA) + P(\overline{F}A) = 0{,}02 \cdot 0{,}96 + 0{,}98 \cdot 0{,}01 = 0{,}029$

c) Bestimmen Sie die Wahrscheinlichkeit, dass ein Kopfhörer, welcher nicht aussortiert wurde, fehlerhaft ist.
Von dem Kopfhörer ist bekannt, dasser nicht aussortiert wurde. Somit handelt es sich um eine bedingte Wahrscheinlichkeit:
$P_{\overline{A}}(F) = \frac{P(\overline{A} \cap F)}{P(\overline{A})} = \frac{0{,}0008}{0{,}971} = 0{,}0008...$

4 Bei der Herstellung der Feuerwerksraketen werden Oxidationsmittel benötigt. Diese werden von drei Händlern geliefert. Händler A liefert 30 %, Händler B liefert 40 % und Händler C liefert 30 % der Oxidationsmittel. Die Qualitätskontrolle beim Eingang der Lieferung ergibt folgendes Ergebnis: Durchschnittlich 5 % der Lieferungen von Händler A und 2 % der Lieferungen von Händler B werden zurückgeschickt. Insgesamt werden durchschnittlich 4 % der Lieferungen zurückgeschickt.
Erstellen Sie zu dieser Situation ein vollständiges Baumdiagramm und geben Sie die Wahrscheinlichkeit an, mit der eine zufällig untersuchte Lieferung von Händler C stammt und zurückgeschickt wird.

LA: Lieferung angenommen;
$P(\overline{LA}) = 0{,}3 \cdot 0{,}05 + 0{,}4 \cdot 0{,}02 + 0{,}3 \cdot P_C(\overline{LA}) = 0{,}04$
$\Rightarrow P_C(\overline{LA}) \approx 0{,}0567$
$P(C \cap \overline{LA}) = 0{,}3 \cdot 0{,}0567 = 0{,}017.$
Die Wahrscheinlichkeit, mit der eine zufällige Lieferung von Händler C stammt und zurückgeschickt wird, beträgt 1,7 %

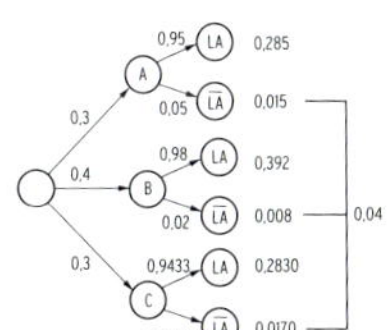




## 4 Zufallsvariable

1 Bestimmen Sie die Werte, die die Zufallsvariable X annehmen kann.

| | |
|---|---|
| Aus einer Urne mit 6 s, 4 r und 5 w Kugeln wird dreimal eine Kugel gezogen. X ist die Anzahl der schwarzen Kugeln. | X nimmt Werte an aus {0; 1; 2; 3} |
| Jana kauft 5 Lose. X ist die Anzahl der Gewinnlose. | X nimmt Werte an aus {0; 1; 2; 3; 4; 5} |
| Aus der Produktion von Walzen wird eine Stichprobe von 10 Walzen entnommen. X ist die Anzahl der defekten Walzen. | X nimmt Werte an aus {0; 1; 2; 3; 4; 5; ... 10} |
| Die Firma Velo verkauft täglich 100 Solarmodule. X ist die Anzahl der bei der Endkontrolle aussortierten Module. | X nimmt Werte an aus {0; 1; 2; ... ; 100} |

2 Ein Elektronikbetrieb produziert Speicherchips. Die Chips werden in drei Produktionsstufen hergestellt, die technisch unabhängig voneinander sind. Die Fehlerwahrscheinlichkeit in jeder Produktionsstufe beträgt 20 %. Die Zufallsvariable X gibt die Anzahl der Fehler bei einem Chip an.

a) Geben Sie ein Baumdiagramm an.
F: fehlerhaft; $\overline{F}$: nicht fehlerhaft

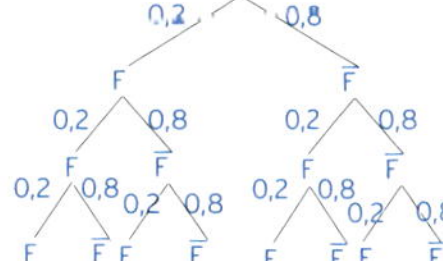

b) Geben Sie die Wahrscheinlichkeitsverteilung von X an.

| Ergebnisse | $(\overline{F}\overline{F}\overline{F})$ | $(\overline{F}\overline{F}F), (F\overline{F}\overline{F}), (\overline{F}F\overline{F})$ | $(\overline{F}FF), (F\overline{F}F), (FF\overline{F})$ | $(FFF)$ |
|---|---|---|---|---|
| $x_i$ | 0 | 1 | 2 | 3 |
| $P(X = x_i)$ | $0{,}8^3 = 0{,}512$ | $3 \cdot 0{,}8^2 \cdot 0{,}2 = 0{,}384$ | $3 \cdot 0{,}8 \cdot 0{,}2^2 = 0{,}096$ | $0{,}2^3 = 0{,}008$ |

3 Bei einem Spiel wird drei Mal gewürfelt. Falls bei allen Würfen die gleiche Augenzahl erscheint, bekommt der Spieler 10 EUR. Falls genau zwei Mal eine 1 gewürfelt wird, bekommt der Spieler 2 EUR. Ansonsten erhält der Spieler nichts.
Die Zufallsvariable X gibt die Auszahlung an.

Geben Sie die Wahrscheinlichkeitsverteilung von X an.

| Ergebnisse | (1 1 1), (2 2 2),..., (6 6 6) | $(1\,1\,\bar{1}),(\bar{1}\,1\,1),(1\,\bar{1}\,1)$ | sonst |
|---|---|---|---|
| $x_i$ | 10 | 2 | 0 |
| $P(X = x_i)$ | $6 \cdot (\frac{1}{6})^3 = \frac{1}{36}$ | $3 \cdot (\frac{1}{6})^2 \cdot \frac{5}{6} = \frac{5}{72}$ | $1 - \frac{1}{36} - \frac{5}{72} = \frac{65}{72}$ |

4 Berechnen Sie Erwartungswert, Varianz und Standardabweichung der Zufallsvariablen X.

a) Wahrscheinlichkeitsverteilung

| $x_i$ | 0 | 1 | 2 |
|---|---|---|---|
| $P(X = x_i)$ | 0,5 | 0,25 | 0,25 |

Erwartungswert
$E(X) = 0 \cdot 0{,}5 + 1 \cdot 0{,}25 + 2 \cdot 0{,}25 = 0{,}75$

Varianz
$\sigma^2 = (0 - 0{,}75)^2 \cdot 0{,}5 + (1 - 0{,}75)^2 \cdot 0{,}25 + (2 - 0{,}75)^2 \cdot 0{,}25 = 0{,}6875$

Standardabweichung $\sigma = \sqrt{0{,}6875} = 0{,}8292$

b) Wahrscheinlichkeitsverteilung

| $x_i$ | − 2 | 0 | 4 |
|---|---|---|---|
| $P(X = x_i)$ | 40 % | 30 % | 30 % |

$E(X) = -2 \cdot 0{,}4 + 0 \cdot 0{,}3 + 4 \cdot 0{,}3 = 0{,}4$

$\sigma^2 = (-2 - 0{,}4)^2 \cdot 0{,}4 + (0 - 0{,}4)^2 \cdot 0{,}3 + (4 - 0{,}4)^2 \cdot 0{,}3 = 6{,}24$

$\sigma = 2{,}498$

c) Wahrscheinlichkeitsverteilung

| $x_i$ | − 10 | 5 | 20 |
|---|---|---|---|
| $P(X = x_i)$ | $\frac{1}{2}$ | $\frac{3}{8}$ | $\frac{1}{8}$ |

$E(X) = -10 \cdot 0{,}5 + 5 \cdot 0{,}375 + 20 \cdot 0{,}125 = E(X) = -0{,}625$

$\sigma^2 = (-10 + 0{,}625)^2 \cdot 0{,}5 + (5 + 0{,}625)^2 \cdot 0{,}375 + (20 + 0{,}625)^2 \cdot 0{,}125 = 108{,}98$

$\sigma = 10{,}44$

d) Wahrscheinlichkeitsverteilung

| $x_i$ | − 2 | − 1 | 1 | 5 |
|---|---|---|---|---|
| $P(X = x_i)$ | $\frac{1}{12}$ | $\frac{1}{6}$ | $\frac{1}{3}$ | $\frac{5}{12}$ |

$E(X) = -2 \cdot \frac{1}{12} - 1 \cdot \frac{1}{6} + 1 \cdot \frac{1}{3} + 5 \cdot \frac{5}{12} = 2{,}083$

$\sigma^2 = (-2 - 2{,}083)^2 \cdot \frac{1}{12} + (-1 - 2{,}083)^2 \cdot \frac{1}{6} + (1 - 2{,}083)^2 \cdot \frac{1}{3} + (5 - 2{,}083)^2 \cdot \frac{5}{12} = 6{,}91$

$\sigma = 2{,}63$

56

5 Frau Bader fährt mit dem Bus zur Arbeit. Ihr Nachbar und Kollege Herr Rössler wird von seiner Frau mit dem Auto zur Arbeit gebracht. Frau Bader meint, dass sie mit dem Bus schneller zur Arbeit käme. Um dies zu überprüfen, notieren beide an 30 Arbeitstagen die Fahrzeiten.
Die folgende Tabelle zeigt, wie oft die notierten Fahrzeiten mit dem PKW bzw. mit dem Bus erreicht wurden:

| Zeit in min | 20 | 21 | 22 | 23 | 24 | 25 | 26 | 27 | 28 | 29 | 30 | 31 |
|---|---|---|---|---|---|---|---|---|---|---|---|---|
| Bus | 0 | 0 | 3 | 1 | 4 | 2 | 8 | 3 | 5 | 4 | 0 | 0 |
| PKW | 1 | 2 | 4 | 6 | 0 | 5 | 2 | 4 | 3 | 0 | 0 | 3 |

a) Berechnen Sie jeweils Erwartungswert und Standardabweichung für Bus und PKW.

X (Y): Fahrtzeit in Minuten Bus (PKW)

Bus: Erwartungswert E(X) = 26
Standardabweichung $\sigma = 2{,}11$

PKW: Erwartungswert E(Y) = 25
Standardabweichung $\sigma = 3$

b) Vergleichen Sie und ziehen Sie eine Schlussfolgerung.

Die Fahrzeit im PKW ist im Durchschnitt 1 min kürzer als die Fahrzeit im Bus.
Auch die Fahrzeiten schwanken im PKW mehr als im Bus.
Natürlich darf man die Kosten nicht außer Acht lassen, um zu entscheiden, mit welchem Verkehrmittel man zur Arbeit fährt.

6 Die Zulieferfirma für Fahrzeugsitze lässt den Zuschnitt aus großen Lederbahnen auf auf zwei Maschinen I und II durchführen. Die Güteklasse des Zuschnitts mit den zugehörigen Wahrscheinlichkeiten und die Folgekosten in EUR sind in der Tabelle aufgelistet.

Maschine I

| Güteklasse | A | B | C |
|---|---|---|---|
| Folgekosten X | 0 | 10 | 24 |
| $P(X = x_i)$ | 0,96 | 0,03 | 0,01 |

Maschine II

| Güteklasse | A | B | C |
|---|---|---|---|
| Folgekosten Y | 0 | 8 | 22 |
| $P(Y = y_i)$ | 0,95 | 0,04 | 0,01 |

Eine Maschine soll stillgelegt werden. Entscheiden Sie.

Maschine I: Erwartungswert E(X) = 0,54
Standardabweichung $\sigma = 2{,}91$

Maschine II: Erwartungswert E(Y) = 0,54
Standardabweichung $\sigma = 2{,}67$

Die mittleren Folgekosten sind identisch. Maschine I arbeitet etwas ungenauer, da die Abweichungen vom Erwartungswert größer sind als bei Maschine II.

57

## *5 Binomialverteilung*

### Bernoulli-Formel

1 Untersuchen Sie, ob es sich hier um einen Bernoulli-Versuch handelt. Geben Sie in diesem Fall die Länge der Bernoullikette und die Trefferwahrscheinlichkeit an.

| | |
|---|---|
| Ein Würfel wird 10-mal geworfen. Nach jedem Wurf wird die Augenzahl notiert. | ☒ kein Bernoulli-Versuch<br>☐ Bernoulli-Versuch; n = ___; p = ___ |
| Ein Würfel wird 10-mal geworfen. Nach jedem Wurf wird notiert ob eine Eins gewürfelt wurde. | ☐ kein Bernoulli-Versuch<br>☒ Bernoulli-Versuch; n = 10; p = $\frac{1}{6}$ |
| Unter 10 Personen befinden sich 3 Schmuggler. Ein Zollbeamter kontrolliert die Personen nacheinander. | ☒ kein Bernoulli-Versuch<br>☐ Bernoulli-Versuch; n = ___; p = ___ |
| Im Schnitt haben 15 % aller Autos abgefahrene Reifen. Ein Polizist überprüft die Reifen von 20 Autos. | ☐ kein Bernoulli-Versuch<br>☒ Bernoulli-Versuch; n = 20; p = 0,15 |
| Von den 24 Schülern aus einer Klasse besitzen 7 ein i-Phone. Nacheinander werden 6 Schüler aus der Klasse befragt, ob sie ein i-Phone besitzen. | ☒ kein Bernoulli-Versuch<br>☐ Bernoulli-Versuch; n = ___; p = ___ |
| In 87 % aller Haushalte in Deutschland ist mindestens ein Fernseher vorhanden. Es werden 50 Haushalte befragt, ob mindestens ein Fernseher vorhanden ist. | ☐ kein Bernoulli-Versuch<br>☒ Bernoulli-Versuch; n = 50; p = 0,87 |

2 Berechnen Sie den Wert der Binomialkoeffizienten ohne Hilfsmittel.

| | |
|---|---|
| $\binom{4}{2} = \frac{4 \cdot 3}{1 \cdot 2} = 6$ | $\binom{3}{2} = \frac{3 \cdot 2}{1 \cdot 2} = 3$ |
| $\binom{10}{1} = 10$ | $\binom{10}{8} = \binom{10}{2} = \frac{10 \cdot 9}{1 \cdot 2} = 45$ |
| $\binom{6}{2} = \frac{6 \cdot 5}{1 \cdot 2} = 15$ | $\binom{20}{0} = 1$ |
| $\binom{8}{7} = \frac{8 \cdot 7 \cdot 6 \cdot 5 \cdot 4 \cdot 3 \cdot 2}{1 \cdot 2 \cdot 3 \cdot 4 \cdot 5 \cdot 6 \cdot 7} = \binom{8}{1} = 8$ | $\binom{14}{1} = 14$ |

58

3 Vervollständigen Sie die Bernoulliformel.

$P(X = \_\_) = \binom{4}{2} \cdot 0{,}7^{\square} \cdot \triangle^{\bigcirc}$ Lösung: $P(X = 2) = \binom{4}{2} \cdot 0{,}7^2 \cdot 0{,}3^2$

| | |
|---|---|
| $P(X = 1) = \binom{10}{1} \cdot 0{,}4^1 \cdot 0{,}6^9$ | $P(X = 5) = \binom{12}{5} \cdot 0{,}1^5 \cdot 0{,}9^7$ |
| $P(X = 10) = \binom{50}{10} \cdot 0{,}01^{10} \cdot 0{,}99^{40}$ | $P(X = 0) = \binom{20}{0} \cdot 0{,}05^0 \cdot 0{,}95^{20}$ |
| $P(X = 7) = \binom{8}{7} \cdot 0{,}4^7 \cdot 0{,}6^1$ | $P(X = 5) = \binom{20}{5} \cdot 0{,}1^5 \cdot 0{,}9^{15}$ |

4 Berechnen Sie die gesuchten Wahrscheinlichkeiten mithilfe der Bernoulliformel.

| | |
|---|---|
| Eine Maschine produziert mit einer Wahrscheinlichkeit von 95 % fehlerfreie Schrauben. Bei einer Qualitätskontrolle werden 100 Schrauben überprüft. Bestimmen Sie die Wahrscheinlichkeit, dass genau 89 fehlerfrei sind. | X: Anzahl der fehlerfreien Schrauben<br>P(X = 89)<br>$= B_{100;0,95}(89)$<br>$= \binom{100}{89} \cdot 0{,}95^{89} \cdot 0{,}05^{11} \approx 0{,}0072$ |
| Eine verbeulte Münze, die mit einer Wahrscheinlichkeit von 42 % „Wappen" zeigt, wird 25 Mal geworfen. Bestimmen Sie die Wahrscheinlichkeit, dass 12 Mal „Zahl" erscheint. | X: Anzahl der Wappen bei 25 Würfen<br>P(X = 13) (13 mal Wappen)<br>$= B_{25;0,42}(13)$<br>$= \binom{25}{13} \cdot 0{,}42^{13} \cdot 0{,}58^{12} \approx 0{,}095$ |
| Ein Glücksrad hat 4 gleich große Felder mit den Farben gelb, grün, rot und blau. Das Glücksrad wird 13 Mal gedreht. Bestimmen Sie die Wahrscheinlichkeit, dass 8 Mal die Farbe blau erscheint. | X: Anzahl der blauen Felder bei 13 Drehungen<br>$P(X = 8) = B_{13;0,25}(8)$<br>$= \binom{13}{8} \cdot 0{,}25^8 \cdot 0{,}75^5 \approx 0{,}0047$ |
| Ein Basketballspieler verwandelt einen Freiwurf mit einer Wahrscheinlichkeit von 78 %. Bestimmen Sie die Wahrscheinlichkeit, dass er von 20 Freiwürfen zwei nicht verwandelt. | X: Anzahl der nicht verwandelten Freiwürfe bei 20 Freiwürfen<br>P(nicht verwandelt) = 0,22<br>$P(X = 2) = B_{20;0,22}(2)$<br>$= \binom{20}{2} \cdot 0{,}22^2 \cdot 0{,}78^{18} \approx 0{,}105$ |
| Bei der Endkontrolle werden 50 Bälle überprüft. 10 % der produzierten Bälle sind defekt und damit nicht wettkampftauglich. Bestimmen Sie die Wahrscheinlichkeit für genau 5 defekte Bälle. | X: Anzahl der defekten Bälle<br>P(X = 5)<br>$= B_{50;0,10}(5)$<br>$= \binom{50}{5} \cdot 0{,}10^5 \cdot 0{,}90^{45} \approx 0{,}1849$ |

59

5 Andreas möchte eine 10-tägige Gebirgstour machen. Die Wahrscheinlichkeit für einen Regentag beträgt dort in dieser Jahreszeit 34 %.
Berechnen Sie die gesuchten Wahrscheinlichkeiten mithilfe der Bernoulliformel.

X: Anzahl der Regentage; X ist $B_{10;\,0,34}$-verteilt

| | |
|---|---|
| Wahrscheinlichkeit für 2 Regentage | $P(X = 2) = B_{10;\,0,34}(2)$ <br> $= \binom{10}{2} \cdot 0,34^2 \cdot 0,66^8 \approx 0,1873$ |
| Wahrscheinlichkeit für 3 oder 4 Regentage | $P(X = 3) + P(X = 4)$ <br> $= \binom{10}{3} \cdot 0,34^3 \cdot 0,66^7 + \binom{10}{4} \cdot 0,34^4 \cdot 0,66^6$ <br> $\approx 0,489$ |
| Wahrscheinlichkeit für mindestens einen Regentag | $1 - P(X = 0)$ <br> $= 1 - \binom{10}{0} \cdot 0,34^0 \cdot 0,66^{10} \approx 0,984$ |
| Wahrscheinlichkeit für höchstens 8 Regentage | $1 - P(X = 9) - P(X = 10)$ <br> $= 1 - \binom{10}{9} \cdot 0,34^9 \cdot 0,66^1 - \binom{10}{10} \cdot 0,34^{10}$ <br> $\approx 0,9996$ |

6 Bei einer Tombola führen 10 % der Lose zu einem Gewinn. Jan kauft 12 Lose.
Geben Sie jeweils eine Aufgabenstellung an, deren Lösung auf die folgende Weise berechnet wird. Gehen Sie von einer Binomialverteilung aus.
Berechnen Sie die Wahrscheinlichkeit, dass Jan:

| | |
|---|---|
| 3 Gewinnlose kauft | $P = \binom{12}{3} \cdot 0,10^3 \cdot 0,90^9$ |
| 2 oder 3 Gewinnlose kauft | $P = \binom{12}{2} \cdot 0,10^2 \cdot 0,90^{10} + \binom{12}{3} \cdot 0,10^3 \cdot 0,90^9$ |
| mindestens ein Gewinnlos kauft | $P = 1 - \binom{12}{0} \cdot 0,10^0 \cdot 0,90^{12}$ |
| höchstens ein Gewinnlos kauft | $P = \binom{12}{0} \cdot 0,10^0 \cdot 0,90^{12} + \binom{12}{1} \cdot 0,10^1 \cdot 0,90^{11}$ |

60

7 Vervollständigen Sie die Wahrscheinlichkeitsverteilung und die kumulierte Wahrscheinlichkeitsverteilung der binomialverteilten Zufallsvariablen. Geben Sie außerdem die Länge der Bernoulli-Kette und die Trefferwahrscheinlichkeit an.

a) n = 2  p = 0,5

| k | 0 | 1 | 2 |
|---|---|---|---|
| P(X = k) | 0,25 | 0,5 | 0,25 |
| $P(X \le k)$ | 0,25 | 0,75 | |

Weisen Sie mit der Bernoulli-Formel nach, dass P(X = 0) = P(X = 2) gilt.

$P(X = 0) = \binom{2}{0} \cdot 0,5^0 \cdot 0,5^2 = 0,25$  $P(X = 2) = \binom{2}{2} \cdot 0,5^2 \cdot 0,5^0 = 0,25$  w.z.b.w.

b) n = 4  p = 0,8

| k | 0 | 1 | 2 | 3 | 4 |
|---|---|---|---|---|---|
| P(X = k) | 0,0016 | 0,0256 | 0,1536 | 0,4096 | 0,4096 |
| $P(X \le k)$ | 0,0016 | 0,0272 | 0,1808 | 0,5904 | 1 |

Weisen Sie mit der Bernoulli-Formel nach, dass P(X = 3) = P(X = 4)gilt.

$P(X = 3) = \binom{4}{3} \cdot 0,8^3 \cdot 0,2^1 = 0,4096$  $P(X = 4) = \binom{4}{4} \cdot 0,8^4 \cdot 0,2^0 = 0,4096$  w.z.b.w.

8 Eine Zufallsvariable ist $B_{6;\,0,5}$-verteilt. Geben Sie mithilfe des WTR die Wahrscheinlichkeitsverteilung und die kumulierte Wahrscheinlichkeitsverteilung $F_{6;\,0,5}$ an und stellen Sie diese graphisch dar.

| k | 0 | 1 | 2 | 3 | 4 | 5 | 6 |
|---|---|---|---|---|---|---|---|
| P(X = k) | 0,016 | 0,094 | 0,234 | 0,313 | 0,234 | 0,094 | 0,016 |
| $P(X \le k)$ | 0,016 | 0,109 | 0,344 | 0,656 | 0,891 | 0,984 | 1 |

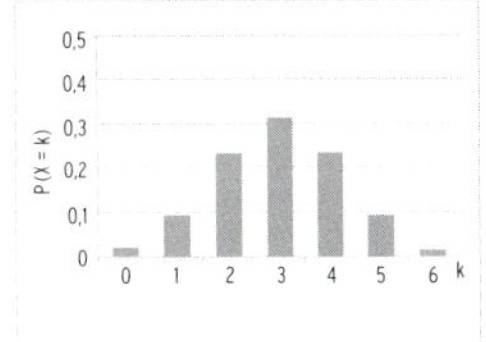


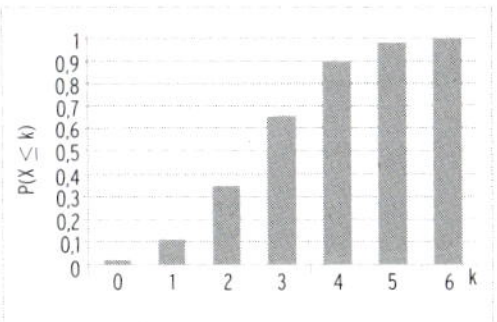


61

9 Bestimmen Sie die Wahrscheinlichkeiten.

X ist $B_{20;\,0,25}$-verteilt: $P(X = 5) = B_{20;\,0,25}(5) = 0,2023$

$P(X \le 5) = F_{20;\,0,25}(5) = 0,6172$

| | | |
|---|---|---|
| $B_{11;\,0,9}(5) = 0,00027$ | $B_{100;\,0,3}(30) = 0,0868$ | $F_{11;\,0,9}(8) = 0,090$ |
| $B_{50;\,0,05}(2) = 0,2611$ | $F_{250;\,0,15}(20) = 0,00063$ | $B_{500;\,0,02}(10) = 0,1264$ |
| $B_{50;\,0,1}(6) = 0,1541$ | $F_{25;\,0,5}(10) = 0,2122$ | $F_{50;\,0,1}(6) = 0,7702$ |

10 Schreiben Sie mit dem Summenzeichen.

X ist $B_{20;\,0,2}$-verteilt: $P(X \le 5) = \sum_{i=0}^{5} P(X = x_i) = \sum_{i=0}^{5} B_{20;\,0,2}(i)$

X ist $B_{100;\,0,05}$-verteilt: $P(X \le 30) = \sum_{i=0}^{30} P(X = x_i) = \sum_{i=0}^{30} B_{100;\,0,05}(i)$

X ist $B_{50;\,0,01}$-verteilt: $P(10 \le X \le 20) = \sum_{i=10}^{20} P(X = x_i) = \sum_{i=10}^{20} B_{50;\,0,01}(i)$

11 Eine Zufallsvariable zählt die Anzahl der Treffer bei einem Bernoulli-Versuch. Ordnen Sie jedem Ereignis den zugehörigen Berechnungsansatz durch einen Pfeil zu.

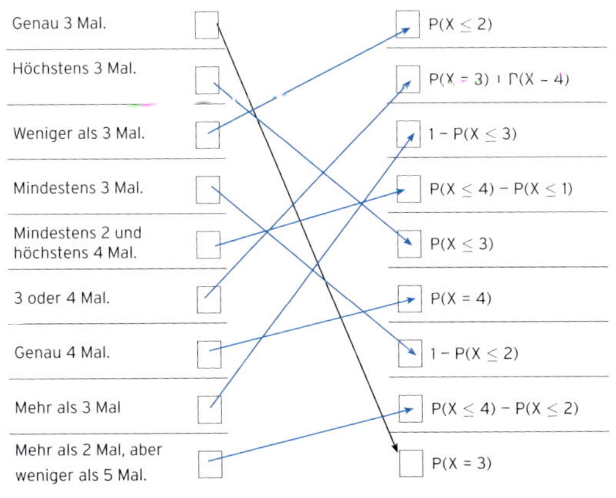


62

12 Die Zufallsvariable X ist binomialverteilt mit n = 16 und p = 0,58. Bestimmen Sie die Wahrscheinlichkeiten mit einem Hilfsmittel.

| | |
|---|---|
| $P(X = 7) = 0,1027$ | $P(X < 9) = P(X \le 8)$ <br> $= 0,3428$ |
| $P(X \ge 5) = 1 - P(X \le 4)$ <br> $= 1 - 0,0078 = 0,9922$ | $P(X > 6) = 1 - P(X \le 6)$ <br> $= 1 - 0,0805 = 0,9195$ |
| $P(X = 10) + P(X = 11)$ <br> $= 0,1894 + 0,1426 = 0,3320$ | $P(4 < X < 8) = P(X \le 7) - P(X \le 4)$ <br> $= 0,1832 - 0,0078 = 0,1754$ |
| $P(3 \le X \le 8) = P(X \le 8) - P(X \le 2)$ <br> $= 0,3428 - 0,0002 = 0,3426$ | $P(1 \le X \le 5) = P(X \le 5) - P(X = 0)$ <br> $= 0,0284 - 0,0000 = 0,0284$ |

13 Ein Glücksrad hat 6 gleich große Felder. 2 der Felder sind grün, 3 sind rot und eines ist blau. Das Glücksrad wird 15 Mal gedreht.

Bestimmen Sie mit einem Hilfsmittel die Wahrscheinlichkeit

| | |
|---|---|
| für höchstens 5 Mal grün. | $p = \frac{1}{3}$; $P(X \le 5) = 0,6184$ |
| für mehr als 7 Mal grün. | $p = \frac{1}{3}$; $P(X > 7) = 1 - P(X \le 7) = 0,0882$ |
| für höchstens 6 Mal rot. | $p = \frac{1}{2}$; $P(X \le 6) = 0,3036$ |
| für höchstens 5 Mal grün. | $p = \frac{1}{3}$; $P(X \le 5) = 0,6184$ |
| für mehr als 2 Mal und weniger als 10 mal grün. | $p = \frac{1}{3}$; $P(3 \le X \le 9) = 0,9121$ |
| für 5 oder 6 Mal blau. | $p = \frac{1}{6}$; $P(X = 5) + P(X = 6)$ <br> $= 0,0624 + 0,0208 = 0,0832$ |
| für mindestens 7 und höchstens 12 Mal rot. | $p = \frac{1}{2}$; $P(7 \le X \le 12) = P(X \le 12) - P(X \le 6)$ <br> $= 0,9963 - 0,3036 = 0,6927$ |
| für mehr als 8 Mal rot oder blau. | $p = \frac{2}{3}$; $P(X > 8) = 1 - P(X \le 8)$ <br> $= 1 - 0,2030 = 0,7970$ |

63

14 Ein Medikament verursacht bei 5 % aller Patienten Nebenwirkungen. Bei einem Test nehmen 170 Personen das Medikament ein.

a) Bestimmen Sie die Wahrscheinlichkeit, dass bei mindestens 13 Personen Nebenwirkungen auftreten.

$P(X \geq 13) = 1 - P(X \leq 12) = 1 - 0{,}9145 = 0{,}0855$

b) Bestimmen Sie die Wahrscheinlichkeit, dass bei höchstens 10 % aller Personen Nebenwirkungen auftreten.

$P(X \leq 0{,}1 \cdot 170) = P(X \leq 17) = 0{,}9977$

c) Bestimmen Sie die Wahrscheinlichkeit, dass bei höchstens 5 % aller Personen Nebenwirkungen auftreten.

$0{,}05 \cdot 170 = 8{,}5$; $P(X \leq 8) = 0{,}5213$

15 Die Tabelle zeigt die Wahrscheinlichkeitsverteilung einer binomialverteilten Zufallsgröße X.

| k | 0 | 1 | 2 | 3 | 4 | 5 | 6 |
|---|---|---|---|---|---|---|---|
| P(X = k) | 0,0467 | 0,1866 | 0,3110 | 0,2765 | 0,1382 | 0,0369 | 0,0041 |

Bestimmen Sie die Wahrscheinlichkeiten mithilfe der Tabelle.

| | |
|---|---|
| $P(X = 4)$ | 0,1382 |
| $P(X \leq 1)$ | $0{,}0467 + 0{,}1866 = 0{,}2333$ |
| $P(X \geq 4)$ | $P(X = 4) + P(X = 5) + P(X = 6) = 0{,}1792$ |
| $P(3 \leq X \leq 5)$ | $P(X = 3) + P(X = 4) + P(X = 5) = 0{,}4516$ |
| $\sum_{i=0}^{2} P(X = x_i)$ | $P(X = 0) + P(X = 1) + P(X = 2) = 0{,}5443$ |
| $\sum_{i=4}^{6} P(X = x_i)$ | $P(X \geq 4) = 0{,}1792$ |
| $P(X > 5)$ | $P(X = 6) = 0{,}0041$ |



## Erwartungswert und Standardabweichung

1 Es liegt eine binomialverteilte Zufallsvariable vor. Ergänzen Sie die Tabelle.

| n | 50 | 50 | 80 | 120 | 125 |
|---|---|---|---|---|---|
| p | 0,2 | 0,6 | 0,5 | 0,5 | 0,1 |
| μ | $n \cdot p = 10$ | 30 | 40 | 60 | 12,5 |
| σ | $\sqrt{n \cdot p \cdot (1-p)} = 2{,}83$ | 3,46 | 4,47 | 5,48 | 3,35 |

2 Eine Maschine produziert mit einer Wahrscheinlichkeit von 85 % fehlerfreie Schrauben. Bei einer Qualitätskontrolle werden 3 Schrauben überprüft. Die Zufallsvariable X gibt die Anzahl an fehlerfreien Schrauben bei der Qualitätskontrolle an.

a) Berechnen Sie den Erwartungswert μ der Zufallsvariablen: $\mu = n \cdot p = 3 \cdot 0{,}85 = 2{,}55$

b) μ gibt die zu erwartende Anzahl an fehlerfreien Schrauben in der Stichprobe an.

c) Geben Sie eine Wahrscheinlichkeitsverteilung der Zufallsvariablen X an.

| k | 0 | 1 | 2 | 3 |
|---|---|---|---|---|
| P(X = k) | 0,0034 | 0,0574 | 0,3251 | 0,6141 |

d) Berechnen Sie μ erneut. Verwenden Sie hierzu jedoch die Wahrscheinlichkeitsverteilung. $\mu = 0{,}0034 \cdot 0 + 0{,}0574 \cdot 1 + 0{,}3251 \cdot 2 + 0{,}6141 \cdot 3 = 2{,}55$

e) Berechnen Sie die Standardabweichung von X: $\sigma = \sqrt{3 \cdot 0{,}85 \cdot 0{,}15} = 0{,}62$

f) σ gibt die Streuung der Anzahl der fehlerfreien Schrauben um μ an.

3 In einem Hallenbad gibt der Eintrittskartenautomat jedem zwölften Besucher eine unbrauchbare Eintrittskarte aus. An einem Samstag Vormittag benutzen 155 Personen den Automat.
X ist die Anzahl der Personen, die eine unbrauchbare Eintrittskarte erhalten.
Berechnen Sie den Erwartungswert und die Standardabweichung von X.

$\mu = 155 \cdot \frac{1}{12} = 12{,}92$; $\sigma = \sqrt{155 \cdot \frac{1}{12} \cdot \frac{11}{12}} = 3{,}44$

Berechnen Sie $P(\mu - \sigma \leq X \leq \mu + \sigma)$: $P = P(12{,}92 - 1{,}96 \cdot 3{,}44 \leq X \leq 12{,}92 + 1{,}96 \cdot 3{,}44)$
$= P(6{,}18 \leq X \leq 19{,}66) = P(7 \leq X \leq 19) = 0{,}9435$

Interpretieren Sie diese Wahrscheinlichkeit. Die Wahrscheinlichkeit, dass zwischen 7 und 19 Personen eine unbrauchbare Eintrittskarte erhalten, beträgt 94,35 %.



4 Vervollständigen Sie die Tabelle. Ordnen Sie dann die Schaubilder zu.

| n | 250 | 50 | 80 | 60 |
|---|---|---|---|---|
| p | 0,1 | 0,5 | 0,6 | 0,8 |
| μ | 25 | 25 | 48 | 48 |
| σ | 4,74 | 3,54 | 4,38 | 3,10 |
| Schaubild | 1 | 4 | 3 | 2 |

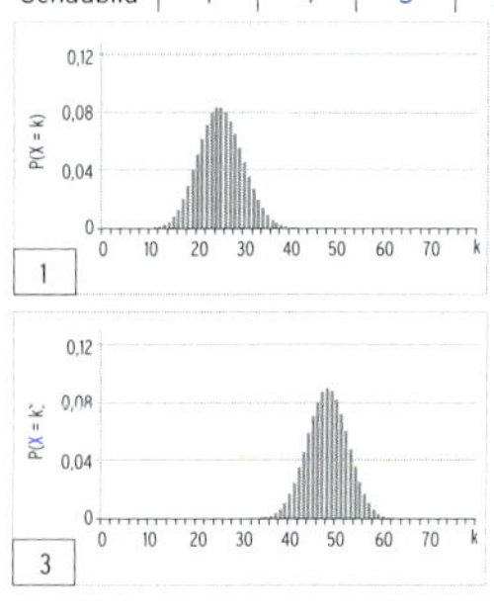


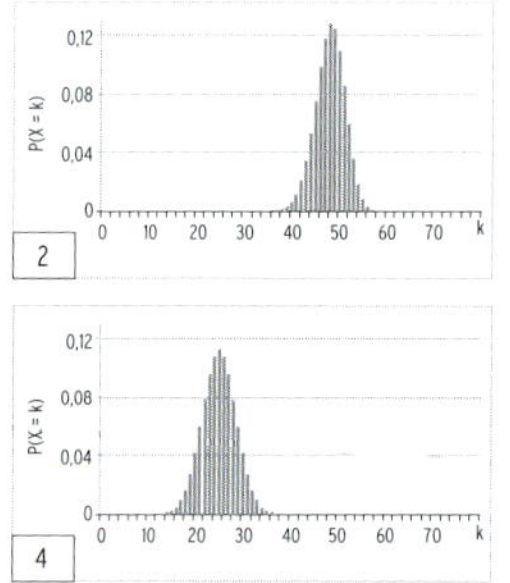


5 Ein Glücksrad hat drei farbige Sektoren, die beim einmaligen Drehen mit folgenden Wahrscheinlichkeiten angezeigt werden: Rot 20 %; Grün 30 %; Blau 50 %.
Das Glücksrad wird n-mal gedreht. Die Zufallsvariable X gibt an, wie oft die Farbe Rot angezeigt wird.

a) Begründen Sie, dass X binomialverteilt ist. Es werden nur die zwei Ausgänge Rot oder nicht Rot betrachtet. Die Wahrscheinlichkeit für Rot ist stets p = 0,2.

b) Die Tabelle zeigt einen Ausschnitt der Wahrscheinlichkeitsverteilung von X.

| k | 0 | 1 | 2 | 3 | 4 | 5 | 6 | 7 | ... |
|---|---|---|---|---|---|---|---|---|---|
| P(X = k) | 0,01 | 0,06 | 0,14 | 0,21 | 0,22 | 0,17 | 0,11 | 0,05 | |

Bestimmen Sie die Wahrscheinlichkeit, dass mindestens 3-mal rot angezeigt wird.
$P(X \geq 3) = 1 - P(X \leq 2) = 1 - 0{,}21 = 0{,}79$
Entscheiden Sie, welcher der folgenden Werte von n der Tabelle zugrunde liegen kann: 20, 25 oder 30. Begründen Sie Ihre Entscheidung. Die Wahrscheinlichkeitsverteilung hat bei k = 4 ihren größten Wert. Für den Erwartungswert gilt $E(X) = n \cdot 0{,}2$. Wegen $E(X) \approx 4$ kommt nur n = 20 in Frage.



# 6 Normalverteilung

1 Die Zufallsgröße X sei ein normalverteiltes Merkmal mit den Parametern μ = 80 und σ = 5. Berechnen Sie folgende Wahrscheinlichkeiten.

a) $P(X \leq 70) = 0{,}02275$ b) $P(40 \leq X \leq 90) = 0{,}9772$

c) $P(X > 65) = 1 - P(X \leq 65) = 1 - 0{,}00135 = 0{,}99865$

d) Berechnen Sie $P(\mu - 2\sigma \leq X \leq \mu + 2\sigma)$ und vergleichen Sie ihr Ergebnis mit der Sigmaregel.
$P(\mu - 2\sigma \leq X \leq \mu + 2\sigma) = P(70 \leq X \leq 90) = 0{,}9545$
Sigmaregel $P(\mu - 2\sigma \leq X \leq \mu + 2\sigma) \approx 95{,}5\ \%$, also Übereinstimmung

2 Vervollständigen Sie den Term, geben Sie die Eigenschaften der normalverteilten Variablen X an und berechnen Sie den Wert des Terms.

a) $P(X \leq 40) = \Phi\left(\frac{40 - 10 + 0{,}5}{4}\right) = 1$; X ist normalverteilt mit μ = 10; σ = 4

b) $P(X \leq 370) = \Phi\left(\frac{370 - 375 + 0{,}5}{3{,}8}\right) = 0{,}1182$; X ist normalverteilt mit μ = 375; σ = 3,8

c) n = 500; p = 0,9; $P(X \leq 446) = \Phi\left(\frac{446 - 450 + 0{,}5}{6{,}7}\right) = 0{,}3007$
X ist normalverteilt mit μ = 450 und σ = 6,7

d) n = 1000; $P(400 \leq X \leq 500) = \Phi\left(\frac{500 - 400 + 0{,}5}{15{,}49}\right) - \Phi\left(\frac{400 - 400 - 0{,}5}{15{,}49}\right) = 0{,}5129$
$1000 \cdot p \cdot (1 - p) = 15{,}49^2 \approx 240 \Rightarrow p = 0{,}4$ (oder p = 0,6); damit μ = 400
X ist normalverteilt mit μ = 400 und σ = 15,49

3 Die Hama AG stellt unter anderem in hoher Stückzahl Chips für Laptops her. Aufgrund von technischen Problemen wird davon ausgegangen, dass durchschnittlich 10 % der Chips fehlerhaft sind. Eine Lieferung umfasst 1500 Chips.

a) Bestimmen Sie die Wahrscheinlichkeit dafür, dass in einer Lieferung höchstens 160 Chips fehlerhaft sind.

Hinweis: Berechnung kann auch mit Binomialverteilung erfolgen.

X darf wegen $\sigma^2 = 1500 \cdot 0{,}1 \cdot 0{,}9 = 135 > 9$ mit Normalverteilung angenähert werden. $P(X \leq 160) = 0{,}8053$
Die Wahrscheinlichkeit liegt bei ca. 80,53 %.

b) Ermitteln Sie für die Anzahl der fehlerhaften Chips in einer Lieferung eine Obergrenze, die nur mit einer Wahrscheinlichkeit von 0,05 überschritten wird.
Bedingung: $P(X \leq k) \geq 0{,}95$ z.B. durch Probieren: $P(X \leq 169) = 0{,}949$; $P(X \leq 170) = 0{,}957$ Obergrenze: k = 170

4 Die Abbildungen zeigen die Normalverteilung einer Zufallsgröße X mit $\sigma = 3{,}2$.

Berechnen Sie die dargestellten Wahrscheinlichkeiten.

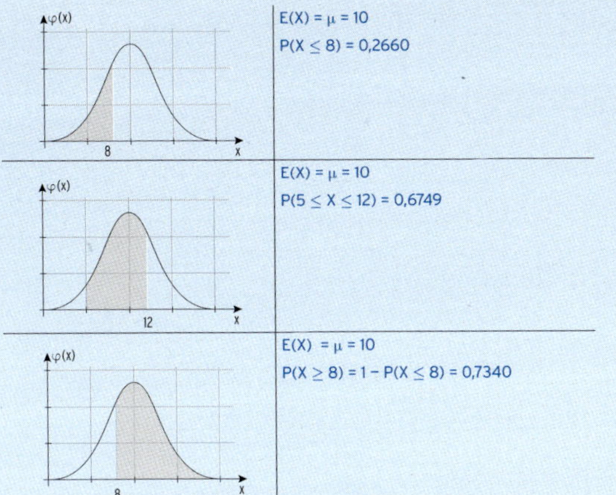


5 Die Zufallsvariable X ist binomialverteilt. Prüfen Sie, ob die Binomialverteilung durch eine Normalverteilung angenähert werden kann und berechnen Sie die gesuchten Wahrscheinlichkeiten (mit CAS).

| | |
|---|---|
| $n = 800;\ p = 0{,}4$<br>$P(X \le 300)$<br>$P(200 \le X \le 300)$<br>$P(X \ge 350)$ | Die Laplace-Bedingung $\sigma^2 = n \cdot p \cdot (1-p) = 800 \cdot 0{,}4 \cdot 0{,}6 = 192 > 9$ ist erfüllt. X ist näherungsweise normalverteilt mit $\mu = 320$ und $\sigma = 13{,}86$: $P(X \le 300) = 0{,}075$<br>$P(200 \le X \le 300) = 0{,}075;\ P(X \ge 350) = 0{,}015$ |
| $n = 20;\ p = 0{,}5$<br>$P(X \le 8)$<br>$P(5 \le X \le 10)$ | $\sigma^2 = n \cdot p \cdot (1-p) = 20 \cdot 0{,}5 \cdot 0{,}5 = 5 < 9$ ist nicht erfüllt.<br>X ist binomialverteilt: $P(X \le 8) = 0{,}2517$<br>$P(5 \le X \le 10) = 0{,}5881 - 0{,}0059 = 0{,}5822$ |
| $n = 1200;\ p = 0{,}01$<br>$P(X \le 10)$<br>$P(2 \le X \le 10)$<br>$P(X \ge 6)$ | $\sigma^2 = n \cdot p \cdot (1-p) = 1200 \cdot 0{,}01 \cdot 0{,}99 = 11{,}88 > 9$ ist erfüllt.<br>X ist näherungsweise normalverteilt mit $n = 1200;\ \mu = 12$ mit $\sigma = 3{,}45$: $P(X \le 10) = 0{,}2811$<br>$P(2 \le X \le 10) = 0{,}2792;\ P(X \ge 6) = 0{,}9592$ |



## 7 Hypothesentest

1 Die Zufallsgröße X beschreibt die Anzahl der defekten Handies in der Produktion.

X ist binomialverteilt mit $n = 50$ und $p = 0{,}1$.

Testen Sie die Nullhypothese $H_0$: $p = 0{,}1$ linksseitig auf einem Signifikanzniveau von $\alpha \le 0{,}05$.

Bestimmen Sie einen Ablehnungsbereich und entwickeln Sie eine Entscheidungsregel.

Entsprechend der Nullhypothese ist X $B_{50;0,1}$ -verteilt

Es wird linksseitig getestet (Gegenhypothese $H_1$: $p < 0{,}1$) und der Ablehnungsbereich lautet: $\overline{A}_k = \{0; \ldots; k\}$.

Es soll gelten: $P(X \le k) \le 0{,}05$

Mit GTR oder Tabelle: $\overline{A}_k = \{0; 1\}$.

Wenn von den 50 kontrollierten Handies höchstens eines defekt ist, kann signifikant von einer Senkung der Fehlerquote ausgegangen werden.

2 X sei die Anzahl der fehlerfreien Küchen von 80 getesteten. X ist binomialverteilt mit $n = 80$ und $p = 0{,}85$.

$H_0$: Mindestens 85 % der Küchen sind fehlerfrei (d.h. $p \ge 0{,}85$)

$H_1$: Weniger als 85 % der Küchen sind fehlerfrei (d.h. $p < 0{,}85$)

Begründen Sie, auf welchem Bereich $H_0$ mit einer Unsicherheit von 5% abgelehnt werden kann: $\overline{A} = \{0; 1; \ldots; 62\}$ (1) ; $\overline{A} = \{63; 64; \ldots; 80\}$ (2) ; $\overline{A} = \{0; 1; \ldots; 52\}$ (3)

X ist $B_{80;0,85}$-verteilt; Entscheidungsregel: $X \le k$: Ablehnung von $H_0$

$P(X \le k) \le 0{,}05$ Mit GTR (oder mit der Näherungsformel von Moivre-Laplace) erhält man einen Ablehnungsbereich der Nullhypothese von $\overline{A} = \{0; 1; \ldots; 62\}$.

Sind maximal 62 Küchen von 80 fehlerfrei, so kann $H_0$ mit einer Unsicherheit von maximal 5 % angezweifelt werden.

$\overline{A} = \{63; 64; \ldots; 80\}$ falsch wegen linksseitigem Test

$\overline{A} = \{0; 1; \ldots; 52\}$ falsch wegen $P(X \le 52) = 0{,}000007 \le 0{,}05$, es gibt ein größeres k.

3 Ein Lottospieler vermutet, dass die Zahl 17 mit einer Wahrscheinlichkeit von mindestens 14 % gezogen wird. Bestimmen Sie die Mindestanzahl der Ziehungen von Zahl 17 bei 300 Ziehungen und einem Signifikanzniveau von 3 %, wenn die Vermutung bestätigt werden soll.

Hypothese $H_0$: $p \ge 0{,}14$ Gegenhypothese $H_1$: $p < 0{,}14$

Es liegt ein linksseitiger Test vor. Wenn die 17 zu selten gezogen wird, wird die Hypothese abgelehnt. Die Zufallsvariable Y gibt an, wie oft die Zahl 17 gezogen wird.

$P(Y \le k) \le 0{,}03$

Durch Ausprobieren erhält man: $P(Y \le 30) \approx 0{,}0241$; $P(Y \le 31) \approx 0{,}0363$.

Wird die Zahl 17 bei 300 Ziehungen mindestens 31 Mal gezogen, muss die Hypothese $H_0$ nicht abgelehnt werden. Die Vermutung kann bestätigt werden.



4 X ist $B_{n;0,25}$-verteilt. $H_0$: $p = 0{,}25$ soll linksseitig getestet werden auf dem Signifikanzniveau von $\alpha \le 0{,}05$. Füllen Sie die Tabelle aus.

| n | $\overline{A}$ | α-Fehler | β-Fehler für p = 0,3 | β-Fehler für p = 0,25 |
|---|---|---|---|---|
| 50 | {0; 1; … ;7} | 0,045 | 1 − 0,007 = 0,993 | 1 − 0,045 = 0,955 |
| 200 | {0; 1; … ;39} | 0,041 | 1 − 0,0005 = 0,9995 | 1 − 0,041 = 0,959 |
| 1000 | {0; 1; … ;227} | 0,049 | 0,9999999 | 1 − 0,049 = 0,951 |

5 Die Mumm AG bezieht Extrakt für Pastillen in Dosen. Der Zulieferer behauptet, dass bei durchschnittlich 95 % der Dosen der Reinheitsgrad des Extraktes dem Höchststandard „exzellent" entspricht. Die Mumm AG möchte auf der Basis eines Hypothesentestes zeigen, dass das Qualitätsversprechen nicht eingehalten wird. Dazu werden 50 Dosen einer Lieferung entnommen und geprüft. (Signifikanzniveau 5 %).

Nullhypothese $H_0$: $p \ge 0{,}95$ Gegenhypothese $H_1$: $p < 0{,}95$

X ist binomialverteilt mit $n = 50$ und $p = 0{,}95$

Es liegt ein linksseitiger Hypothesentest vor.

$P(X \le 43) = 0{,}0118$ ; $P(X \le 44) = 0{,}0378$ ; $P(X \le 45) = 0{,}1036$

Ablehnungsbereich $\overline{A} = \{0; \ldots 44\}$ Annahmebereich: $A = \{45; \ldots 50\}$

Die Nullhypothese wird verworfen, falls nur maximal 44 Dosen dem Reinheitsgrad entsprechen. Auf diesem Bereich ist die Annahme der Huma AG bei 5 % Unsicherheit gezeigt.

Die Mumm AG will in Zukunft größere Mengen von Dosen bestellen und führt daher zur Absicherung, ob durchschnittlich 95 % der Dosen exzellent sind, einen Test mit 500 Dosen durch. 7 % der getesteten Dosen entsprechen nicht dem Höchststandard (Signifikanzniveau 5 %). Prüfen Sie unter Verwendung der Näherungsformel von Moivre-Laplace, ob die Mumm AG weiter bei dem Zulieferer bestellen sollte.

Anzahl der minderwertigen Dosen $500 \cdot 0{,}07 = 35$

Anzahl der Dosen mit Höchststandard: $500 - 35 = 465$

X: Anzahl der Dosen mit Höchststandard; X ist binomialverteilt mit $n = 500$, $p = 0{,}95$

Es liegt ein linksseitiger Hypothesentest vor.

$\mu = 500 \cdot 0{,}95 = 475$ $\sigma = \sqrt{500 \cdot 0{,}95 \cdot 0{,}05} = 4{,}873 > 3$

Die Laplace- Bedingung ($\sigma > 3$) ist erfüllt.

$P(X \le 465) = \Phi\left(\frac{465 - 475 + 0{,}5}{4{,}873}\right) \approx 0{,}0256 < 0{,}05$

Da 35 minderwertige Dosen gefunden wurden, hält der Zulieferer seine Zusagen nicht ein. Die Mumm AG sollte nicht weiter bei diesem Zulieferer bestellen.



6 Entscheiden Sie, ob die Aussagen wahr oder falsch sind.

| Aussage | (w) | (f) |
|---|---|---|
| Die Gegenhypothese ist die zu widerlegende Vermutung. | ☐ | ☒ |
| Ein Test besagt, ob die Nullhypothese wahr oder falsch ist. | ☐ | ☒ |
| Bei einem Signifikanzniveau von 5 % gilt: $P(\overline{A}) \le 0{,}05$ | ☒ | ☐ |
| Das 2-σ-Intervall ist eine Näherung für den Annahmebereich mit dem Signifikanzniveau von 5 %. | ☐ | ☒ |
| Die Wahrscheinlichkeit des Ablehnungsbereichs entspricht der Irrtumswahrscheinlichkeit. | ☐ | ☒ |

7 Bei einem zweiseitigen Test der Nullhypothese $H_0$: $p = \frac{1}{3}$ ergibt sich für $n = 50$ der Annahmebereich $A = \{10; 11; \ldots; 23\}$.

Ablehnungsbereich: $\overline{A} = \{0; \ldots; 9\} \cup \{24; \ldots; 50\}$

Fehler 1. Art: X ist $B_{50;\frac{1}{3}}$-verteilt; $\alpha = P(\overline{A})$

Fehler 2.Art, wenn $p = 0{,}4$ ist: X ist $B_{50;0,4}$-verteilt; $\beta = P(A)$

8 Die Produktionsleitung behauptet, dass aufgrund einer Veränderung im Produktionsprozess sich der Anteil der Feuerwerksraketen mit fehlerhaftem Leitstab auf 4 % verringert. Dies soll an 500 Raketen gestestet werden mit einer Sicherheitswahrscheinlichkeit von 5 %.

Die Nullhypothese lautet: $H_0$: $p = 0{,}04$.

Der Erwartungswert ist $\mu = 500 \cdot 0{,}04 = 20$,

die Standardabweichung ist $\sigma = \sqrt{500 \cdot 0{,}04 \cdot 0{,}96} = 4{,}38$

(Die Laplace-Bedingung ($\sigma > 3$) ist erfüllt. )

95%-ige Wahrscheinlichkeit für den Annahmebereich mit $z = 1{,}96$:

$\mu - 2\sigma = 11{,}24$ ; $\mu + 2\sigma = 28{,}76$

Entscheidungsregel: $H_0$ sollte verworfen werden, wenn weniger als 12 oder mehr als 28 fehlerhaft sind.

Einen Fehler 1. Art begeht man, wenn $H_0$ zutrifft und verworfen wrd.

$\alpha = 1 - P(12 \le X \le 28) = 1 - (0{,}9686 - 0{,}0195) \approx 1 - 0{,}9491 = 0{,}0509$

$\alpha = 0{,}0509$

Einen Fehler 2.Art begeht man, wenn $H_1$ zutrifft und $H_0$ angenommen wird.

β-Fehler bei einer tatsächlichen Wahrscheinlichkeit von $p = 0{,}05$:

X ist binomialverteilt mit $n = 500$; $p = 0{,}05$; $\mu = 500 \cdot 0{,}05 = 25$

$\sigma = \sqrt{500 \cdot 0{,}05 \cdot 0{,}95} = 4{,}87 > 3$

$\beta = P(X \le 28) - P(X \le 11) = 0{,}7683 - 0{,}0011 = 0{,}7672$

Hinweis: Berechnung von α und β mit Binomialverteilung.

# IV Lineare Algebra

## 1 Lineare Gleichungssysteme

### Umformung und Lösung eines linearen Gleichungssystems

1 Lösen Sie das zugehörige lineare Gleichungssystem für $x_1, x_2, x_3$.

a) $\left(\begin{array}{ccc|c} 2 & 1 & 5 & 13 \\ 4 & 3 & 2 & -9 \\ -3 & -4 & -3 & 6 \end{array}\right)$ b) $\left(\begin{array}{ccc|c} 1 & 2 & 3 & 5 \\ 4 & 6 & 1 & 3 \\ -1 & -1 & 4 & 5 \end{array}\right)$

a)

$$\left(\begin{array}{ccc|c} 2 & 1 & 5 & 13 \\ 4 & 3 & 2 & -9 \\ -3 & -4 & -3 & 6 \end{array}\right) \cdot(-2);\ \cdot 3;\ \cdot 2$$

$$\left(\begin{array}{ccc|c} 2 & 1 & 5 & 13 \\ 0 & 1 & -8 & -35 \\ 0 & -5 & 9 & 51 \end{array}\right) \cdot 5$$

$$\left(\begin{array}{ccc|c} 2 & 1 & 5 & 13 \\ 0 & 1 & -8 & -35 \\ 0 & 0 & -31 & -124 \end{array}\right)$$

$$\left(\begin{array}{ccc|c} 2 & 1 & 5 & 13 \\ 0 & 1 & -8 & -35 \\ 0 & 0 & 1 & 4 \end{array}\right) \cdot 8;\ \cdot(-5)$$

$$\left(\begin{array}{ccc|c} 2 & 1 & 0 & -7 \\ 0 & 1 & 0 & -3 \\ 0 & 0 & 1 & 4 \end{array}\right)$$

$$\left(\begin{array}{ccc|c} 2 & 0 & 0 & -4 \\ 0 & 1 & 0 & -3 \\ 0 & 0 & 1 & 4 \end{array}\right)$$

Lösung: $(-2; -3; 4)$

b)

$$\left(\begin{array}{ccc|c} 1 & 2 & 3 & 5 \\ 4 & 6 & 1 & 3 \\ -1 & -1 & 4 & 5 \end{array}\right)$$

$$\left(\begin{array}{ccc|c} 1 & 2 & 3 & 5 \\ 0 & -2 & -11 & -17 \\ 0 & 1 & 7 & 10 \end{array}\right)$$

$$\left(\begin{array}{ccc|c} 1 & 2 & 3 & 5 \\ 0 & -2 & -11 & -17 \\ 0 & 0 & 3 & 3 \end{array}\right)$$

$$\left(\begin{array}{ccc|c} 1 & 2 & 3 & 5 \\ 0 & -2 & -11 & -17 \\ 0 & 0 & 1 & 1 \end{array}\right)$$

$$\left(\begin{array}{ccc|c} 1 & 2 & 0 & 2 \\ 0 & -2 & 0 & -6 \\ 0 & 0 & 1 & 1 \end{array}\right)$$

$$\left(\begin{array}{ccc|c} 1 & 0 & 0 & -4 \\ 0 & -2 & 0 & -6 \\ 0 & 0 & 1 & 1 \end{array}\right)$$

Lösung: $(-4; 3; 1)$

c) $\left(\begin{array}{ccc|c} 1 & 1 & 1 & 0 \\ 2 & 1 & 1 & 5 \\ -3 & 0 & 3 & 3 \end{array}\right)$

$$\left(\begin{array}{ccc|c} 1 & 1 & 1 & 0 \\ 0 & -1 & -1 & 5 \\ 0 & 3 & 6 & 3 \end{array}\right)$$

$$\left(\begin{array}{ccc|c} 1 & 1 & 1 & 0 \\ 0 & -1 & -1 & 5 \\ 0 & 0 & 3 & 18 \end{array}\right)$$

$3x_3 = 18 \Rightarrow x_3 = 6$

Einsetzen in $-x_2 - x_3 = 5$ ergibt:

$-x_2 - 6 = 5 \Rightarrow x_2 = -11$

Einsetzen in $x_1 + x_2 + x_3 = 0$ ergibt:

$x_1 - 11 + 6 = 0 \Rightarrow x_1 = 5$

Lösung: $(5; -11; 6)$

oder auch: $\left(\begin{array}{ccc|c} 1 & 0 & 0 & 5 \\ 0 & 1 & 0 & -11 \\ 0 & 0 & 1 & 6 \end{array}\right)$

d) $\left(\begin{array}{ccc|c} 1 & 1 & -1 & 1 \\ -2 & 2 & 1 & 1 \\ 3 & 4 & -5 & -5 \end{array}\right)$

$$\left(\begin{array}{ccc|c} 1 & 1 & -1 & 1 \\ -2 & 2 & 1 & 1 \\ 3 & 4 & -5 & -5 \end{array}\right)$$

$$\left(\begin{array}{ccc|c} 1 & 1 & -1 & 1 \\ 0 & 4 & -1 & 3 \\ 0 & 1 & -2 & -8 \end{array}\right)$$

$$\left(\begin{array}{ccc|c} 1 & 1 & -1 & 1 \\ 0 & 4 & -1 & 3 \\ 0 & 0 & 7 & 35 \end{array}\right)$$

$7x_3 = 35 \Rightarrow x_3 = 5$

Einsetzen in $4x_2 - x_3 = 3$ ergibt: $x_2 = 2$

Einsetzen in $x_1 + x_2 - x_3 = 1$ ergibt: $x_1 = 4$

Lösung: $(4; 2; 5)$

oder auch: $\left(\begin{array}{ccc|c} 1 & 0 & 0 & 4 \\ 0 & 1 & 0 & 2 \\ 0 & 0 & 1 & 5 \end{array}\right)$



2 Das lineare Gleichungssystem wird mit dem Gaußverfahren gelöst. Ergänzen Sie die fehlenden Zahlen.

a) $\left(\begin{array}{ccc|c} 1 & 1 & 1 & 0 \\ 2 & 3 & 3 & 4 \\ -2 & 0 & 3 & -1 \end{array}\right) \sim \left(\begin{array}{ccc|c} 1 & 1 & 1 & 0 \\ 0 & 1 & 1 & 4 \\ 0 & 2 & 5 & -1 \end{array}\right) \sim \left(\begin{array}{ccc|c} 1 & 1 & 1 & 0 \\ 0 & 1 & 1 & 4 \\ 0 & 0 & 3 & -9 \end{array}\right)$

b) $\left(\begin{array}{ccc|c} 1 & 4 & -1 & 2 \\ -3 & 2 & 0 & 1 \\ 4 & 8 & -5 & -3 \end{array}\right) \sim \left(\begin{array}{ccc|c} 1 & 4 & -1 & 2 \\ 0 & 14 & -3 & 7 \\ 0 & -8 & -1 & -11 \end{array}\right) \sim \left(\begin{array}{ccc|c} 1 & 4 & -1 & 2 \\ 0 & 14 & -3 & 7 \\ 0 & 38 & 0 & 40 \end{array}\right)$

3 Das lineare Gleichungssystem für $x_1, x_2, x_3$ hat genau eine Lösung. Bestimmen Sie die Lösung.

| | | | |
|---|---|---|---|
| a) | $\left(\begin{array}{ccc\|c} 1 & 0 & 2 & 1 \\ 0 & 2 & 0 & 3 \\ 0 & 0 & 3 & -3 \end{array}\right)$ | $3x_3 = -3;\ x_3 = -1$<br>$2x_2 = 3;\ x_2 = 1{,}5$<br>Eingesetzt in $x_1 + 2x_3 = 1$<br>ergibt: $x_1 + 2 \cdot (-1) = 1 \Rightarrow x_1 = 3$ | Lösung: $(3; 1{,}5; -1)$<br>oder:<br>$x_1 = 3;\ x_2 = 1{,}5;\ x_3 = -1$ |
| b) | $\left(\begin{array}{ccc\|c} 1 & 2 & -1 & 4 \\ 0 & 1 & 0 & 1 \\ 0 & 1 & 2 & -2 \end{array}\right)$ | $x_2 = 1$<br>Eingesetzt in $x_2 + 2x_3 = -2$<br>$1 + 2x_3 = -2;\ x_3 = -1{,}5$<br>Eingesetzt in $x_1 + 2x_2 - x_3 = 4$:<br>$x_1 + 2 + 1{,}5 = 4;\ x_1 = 0{,}5$ | Lösung:<br>$(0{,}5; 1; -1{,}5)$<br>oder:<br>$x_1 = 0{,}5;\ x_2 = 1;\ x_3 = -1{,}5$ |

4 Prüfen Sie, ob die dargestellte Umformung beim Gauß-Verfahren korrekt ist. Beschreiben Sie ansonsten den Fehler.

| Umformung | Umformung ist | Fehlerbeschreibung |
|---|---|---|
| $\left(\begin{array}{ccc\|c} 1 & 1 & 1 & 5 \\ 1 & 0 & 3 & -1 \\ 0 & 2 & 4 & 2 \end{array}\right)$ | ☐ richtig. | Subtraktion von 1 („– 1") in der 2. Zeile ist nicht erlaubt. |
| $\left(\begin{array}{ccc\|c} 1 & 1 & 1 & 5 \\ 0 & -1 & 2 & -2 \\ 0 & 2 & 4 & 2 \end{array}\right)$ | ☒ falsch | |
| $\left(\begin{array}{ccc\|c} 1 & 1 & 1 & 5 \\ 1 & 0 & 3 & -1 \\ 0 & 2 & 4 & 2 \end{array}\right) \cdot 0$ | ☐ richtig | Zeilen dürfen nur mit einer Zahl ungleich 0 multipliziert werden. |
| $\left(\begin{array}{ccc\|c} 1 & 1 & 1 & 5 \\ 1 & 0 & 3 & -1 \\ 0 & 0 & 0 & 0 \end{array}\right)$ | ☒ falsch | |
| $\left(\begin{array}{ccc\|c} 1 & 2 & 1 & 5 \\ 0 & -7 & 3 & -1 \\ 0 & -2 & 1 & 3 \end{array}\right)$ | ☐ richtig | Rechenfehler.<br>Man erhält:<br>$\left(\begin{array}{ccc\|c} 1 & 2 & 1 & 5 \\ 0 & -7 & 3 & -1 \\ 1 & 0 & 2 & 8 \end{array}\right)$ |
| $\left(\begin{array}{ccc\|c} 1 & 2 & 1 & 5 \\ 0 & -7 & 3 & -1 \\ 0 & 0 & 2 & 8 \end{array}\right)$ | ☒ falsch | |



5 Das lineare Gleichungssystem hat unendlich viele Lösungen. Bestimmen Sie die allgemeine Lösung.

| | | | |
|---|---|---|---|
| a) | $\left(\begin{array}{ccc\|c} 1 & -2 & 1 & 0 \\ 0 & 1 & -1 & 2 \\ 0 & 0 & 0 & 0 \end{array}\right)$ | Wählen Sie: $x_3 = r$<br>Eingesetzt in $x_2 - x_3 = 2$: $x_2 = 2 + r$<br>Eingesetzt in $x_1 - 2x_2 + x_3 = 0$<br>$x_1 - 2(2 + r) + r = 0$: $x_1 = 4 + r$ | Lösung: $(4 + r; 2 + r; r)$<br>oder:<br>$x_1 = 4 + r;\ x_2 = 2 + r;$<br>$x_3 = r$ |
| b) | $\left(\begin{array}{ccc\|c} 1 & 1 & 1 & 0 \\ 0 & 1 & 2 & 4 \\ 0 & 0 & 0 & 0 \end{array}\right)$ | Wählen Sie: $x_3 = r$<br>Eingesetzt in $x_2 + 2x_3 = 4$:<br>$x_2 + 2r = 4$, also $x_2 = 4 - 2r$<br>Eingesetzt in $x_1 + x_2 + x_3 = 0$:<br>$x_1 + 4 - 2r + r = 0;\ x_1 = -4 + r$ | Lösung:<br>$(-4 + r; 4 - 2r; r)$<br>oder:<br>$x_1 = -4 + r;\ x_2 = 4 - 2r;$<br>$x_3 = r$ |
| c) | $\left(\begin{array}{ccc\|c} 1 & -1 & 1 & 5 \\ 0 & 2 & 0 & 4 \\ 0 & 0 & 0 & 0 \end{array}\right)$ | $2x_2 = 4 \Rightarrow x_2 = 2$<br>Wählen Sie: $x_3 = r$<br>Eingesetzt in $x_1 - x_2 + x_3 = 5$:<br>$x_1 - 2 + r = 5;\ x_1 = 7 - r$ | Lösung: $(7 - r; 2; r)$<br>oder:<br>$x_1 = 7 - r;\ x_2 = 2;\ x_3 = r$ |

6 Ergänzen Sie die Werte in der erweiterten Koeffizientenmatrix so, dass das LGS

a) eindeutig lösbar $\left(\begin{array}{ccc|c} 1 & 0 & -1 & 0 \\ 0 & 1 & 2 & 4 \\ 0 & 0 & 1 & 2 \end{array}\right)$

Lösung:

$(-2;0;2)$

b) mehrdeutig lösbar $\left(\begin{array}{ccc|c} 1 & 1 & 1 & 0 \\ 0 & 1 & 2 & 4 \\ 0 & 0 & 0 & 0 \end{array}\right)$

Lösung:

$(-4+r; 4-2r; r)$

c) unlösbar ist. $\left(\begin{array}{ccc|c} 1 & 1 & 1 & 3 \\ 0 & 0 & 2 & -5 \\ 0 & 0 & 0 & 5 \end{array}\right)$

7 Gegeben ist die allgemeine Lösung eines linearen Gleichungssystems. Überprüfen Sie, ob der gegebene Vektor eine Lösung ist.

| allgemeine Lösung | | | | |
|---|---|---|---|---|
| $\vec{x} = \begin{pmatrix} 2r-1 \\ r-1 \\ r \end{pmatrix};\ r \in \mathbb{R}$ | $\begin{pmatrix} 3 \\ 1 \\ 2 \end{pmatrix}$ | ☒ ist Lösung<br>☐ ist keine Lösung | $\begin{pmatrix} -1 \\ -1 \\ 2 \end{pmatrix}$ | ☐ ist Lösung<br>☒ ist keine Lösung |
| $\vec{x} = \begin{pmatrix} -2r \\ 4r \\ -r \end{pmatrix};\ r \in \mathbb{R}$ | $\begin{pmatrix} 0 \\ 1 \\ -2 \end{pmatrix}$ | ☐ ist Lösung<br>☒ ist keine Lösung | $\begin{pmatrix} 2 \\ -4 \\ 1 \end{pmatrix}$ | ☒ ist Lösung<br>☐ ist keine Lösung |
| $\vec{x} = \begin{pmatrix} r \\ r+1 \\ 3 \end{pmatrix};\ r \in \mathbb{R}$ | $\begin{pmatrix} 3 \\ 4 \\ 3 \end{pmatrix}$ | ☒ ist Lösung<br>☐ ist keine Lösung | $\begin{pmatrix} -1 \\ 0 \\ 3 \end{pmatrix}$ | ☒ ist Lösung<br>☐ ist keine Lösung |



8 Dargestellt ist ein LGS in Matrixform. Ordnen Sie dieses bezüglich der Lösbarkeit ein. Begründen Sie Ihre Entscheidung mithilfe der Rangkriterien.

a) Anzahl Unbekannte = Anzahl Gleichungen

| LGS in Matrixform | Lösbarkeit | Begründung |
|---|---|---|
| $\left(\begin{array}{ccc\|c} 1 & 1 & -1 & 0 \\ 0 & 1 & 2 & 4 \\ 0 & 0 & 1 & 0 \end{array}\right)$ | ☒ eindeutig lösbar<br>☐ mehrdeutig lösbar<br>☐ unlösbar | Erweiterte Dreiecksform. Alle Diagonalelemente sind hierbei ungleich 0. $Rg(A) = Rg(A\|\vec{b}) = 3$ |
| $\left(\begin{array}{ccc\|c} 1 & 1 & 1 & 0 \\ 0 & 1 & 2 & 4 \\ 0 & 0 & 0 & 3 \end{array}\right)$ | ☐ eindeutig lösbar<br>☐ mehrdeutig lösbar<br>☒ unlösbar | Widerspruch in 3. Zeile. $Rg(A) = 2 < Rg(A\|\vec{b}) = 3$ |
| $\left(\begin{array}{ccc\|c} 1 & 1 & 1 & 3 \\ 0 & 0 & 2 & -5 \\ 0 & 0 & -1 & 2{,}5 \end{array}\right)$ | ☐ eindeutig lösbar<br>☒ mehrdeutig lösbar<br>☐ unlösbar | 2. Zeile und 3. Zeile: $x_3 = -2{,}5$<br>$x_1$ oder $x_2$ kann beliebig gewählt werden. $Rg(A) = Rg(A\|\vec{b}) = 2$ |
| $\left(\begin{array}{ccc\|c} 0 & 1 & 1 & 0 \\ 0 & 2 & 0 & -1 \\ 0 & 0 & 4 & 2 \end{array}\right)$ | ☐ eindeutig lösbar<br>☒ mehrdeutig lösbar<br>☐ unlösbar | 2. Zeile: $x_2 = -0{,}5$<br>3. Zeile: $x_3 = 0{,}5$ Einsetzen in 1. Zeile führt auf eine wahre Aussage. $Rg(A) = Rg(A\|\vec{b}) = 2$ |
| $\left(\begin{array}{ccc\|c} 1 & 1 & 1 & 5 \\ 1 & 0 & 3 & -1 \\ 0 & 0 & 1 & 2 \end{array}\right)$ | ☒ eindeutig lösbar<br>☐ mehrdeutig lösbar<br>☐ unlösbar | Erweiterte Dreiecksform.<br>$\left(\begin{array}{ccc\|c} 1 & 1 & 1 & 5 \\ 0 & -1 & 2 & -6 \\ 0 & 0 & 1 & ? \end{array}\right)$ $Rg(A) = Rg(A\|\vec{b}) = 3$ |
| $\left(\begin{array}{ccc\|c} 1 & 1 & 1 & 5 \\ 2 & 2 & 2 & 1 \\ 3 & 3 & 3 & 0 \end{array}\right) \cdot(-3)$ | ☐ eindeutig lösbar<br>☐ mehrdeutig lösbar<br>☒ unlösbar | $\cdot(-3)$ ergibt: $(0\ \ 0\ \ 0 \mid -15)$<br>$Rg(A) = 2 < Rg(A\|\vec{b}) = 3$ |

b) Anzahl Unbekannte < Anzahl Gleichungen

| LGS in Matrixform | Lösbarkeit | Begründung |
|---|---|---|
| $\left(\begin{array}{cc\|c} 1 & 2 & 1 \\ 2 & 4 & 2 \\ 3 & 6 & -3 \end{array}\right) \cdot(-3)$ | ☐ eindeutig lösbar<br>☐ mehrdeutig lösbar<br>☒ unlösbar | $\cdot(-3)$ ergibt: $\left(\begin{array}{cc\|c} 1 & 2 & 1 \\ 2 & 4 & 2 \\ 0 & 0 & -6 \end{array}\right)$<br>$Rg(A) = 2 < Rg(A\|\vec{b}) = 3$ |
| $\left(\begin{array}{cc\|c} 1 & 2 & 2 \\ 0 & -1 & 2 \\ 0 & 2 & 4 \end{array}\right)$ | ☐ eindeutig lösbar<br>☐ mehrdeutig lösbar<br>☒ unlösbar | 2. Zeile: $x_2 = -2$<br>3. Zeile: $x_2 = 2$<br>$Rg(A) = 2 < Rg(A\|\vec{b}) = 3$ |

c) Anzahl Unbekannte > Anzahl Gleichungen

| LGS in Matrixform | Lösbarkeit | Begründung |
|---|---|---|
| $\left(\begin{array}{ccc\|c} 1 & 1 & -1 & 0 \\ 0 & 1 & 2 & 4 \end{array}\right)$ | ☐ eindeutig lösbar<br>☒ mehrdeutig lösbar<br>☐ unlösbar | Eine Unbekannte ist frei wählbar.<br>$Rg(A) = Rg(A\|\vec{b}) = 2$ |
| $\left(\begin{array}{ccc\|c} 1 & 1 & -1 & 4 \\ 2 & 2 & -2 & 4 \end{array}\right) \cdot(-2)$ | ☐ eindeutig lösbar<br>☐ mehrdeutig lösbar<br>☒ unlösbar | $\cdot(-2)$ ergibt: $(0\ 0\ 0 \mid -4)$<br>$Rg(A) = 1 < Rg(A\|\vec{b}) = 2$ |

## 2 Rechenoperationen mit Matrizen

1 Gegeben sind die Matrizen $A = \begin{pmatrix} -1 & 3 \\ 7 & 3 \end{pmatrix}$, $B = \begin{pmatrix} 1 & 0 \\ 0 & 1 \end{pmatrix}$ und $C = \begin{pmatrix} 1 & -1 \\ -1 & 1 \end{pmatrix}$. Berechnen Sie.

a) $2 \cdot A - B = 2\begin{pmatrix} -1 & 3 \\ 7 & 3 \end{pmatrix} - \begin{pmatrix} 1 & 0 \\ 0 & 1 \end{pmatrix} = \begin{pmatrix} -2 & 6 \\ 14 & 6 \end{pmatrix} - \begin{pmatrix} 1 & 0 \\ 0 & 1 \end{pmatrix} = \begin{pmatrix} -3 & 6 \\ 14 & 5 \end{pmatrix}$

b) $-(A - C) = -\left(\begin{pmatrix} -1 & 3 \\ 7 & 3 \end{pmatrix} - \begin{pmatrix} 1 & -1 \\ -1 & 1 \end{pmatrix}\right) = \begin{pmatrix} 2 & -4 \\ -8 & -2 \end{pmatrix}$

c) $3 \cdot (C + B) = 3\left(\begin{pmatrix} 1 & -1 \\ -1 & 1 \end{pmatrix} + \begin{pmatrix} 1 & 0 \\ 0 & 1 \end{pmatrix}\right) = \begin{pmatrix} 6 & -3 \\ -3 & 6 \end{pmatrix}$

d) $C - 3 \cdot A - 2 \cdot B = \begin{pmatrix} 1 & -1 \\ -1 & 1 \end{pmatrix} - 3 \cdot \begin{pmatrix} -1 & 3 \\ 7 & 3 \end{pmatrix} - 2 \cdot \begin{pmatrix} 1 & 0 \\ 0 & 1 \end{pmatrix} = \begin{pmatrix} 2 & -10 \\ -22 & -10 \end{pmatrix}$

2 Berechnen Sie.

a) $-\begin{pmatrix} -6 & 1 \\ 2 & -3 \end{pmatrix} - 3 \cdot \begin{pmatrix} -1 & 5 \\ 2 & -1 \end{pmatrix} = \begin{pmatrix} 9 & -16 \\ -8 & 6 \end{pmatrix}$

b) $6 \cdot \begin{pmatrix} 1 \\ 0 \\ 2 \end{pmatrix} - 2 \cdot \begin{pmatrix} 4 \\ -2 \\ 2 \end{pmatrix} - \begin{pmatrix} -1 \\ 3 \\ -12 \end{pmatrix} = \begin{pmatrix} -1 \\ 1 \\ 20 \end{pmatrix}$

c) $\begin{pmatrix} 1 & 0 & -1 \\ 2 & 1 & 3 \\ 4 & 6 & 1 \end{pmatrix} + 2 \cdot \begin{pmatrix} 0 & 0 & -1 \\ 2 & 1 & 0 \\ 1 & 2 & 1 \end{pmatrix} = \begin{pmatrix} 1 & 0 & -3 \\ 6 & 3 & 3 \\ 6 & 10 & 3 \end{pmatrix}$

d) $4 \cdot (2 \ \ -2) - 3 \cdot (1 \ \ -5) = (5 \ \ 7)$

e) $-\begin{pmatrix} 100 \\ 30 \\ 25 \end{pmatrix} + \begin{pmatrix} 45 \\ 120 \\ 20 \end{pmatrix} - 2 \cdot \begin{pmatrix} 110 \\ 30 \\ 120 \end{pmatrix} = \begin{pmatrix} -275 \\ 30 \\ -245 \end{pmatrix}$

f) $12 \cdot \begin{pmatrix} 0{,}5 \\ 0{,}7 \\ 1{,}2 \end{pmatrix} + 8 \cdot \begin{pmatrix} 0{,}4 \\ 1{,}2 \\ 2{,}6 \end{pmatrix} = \begin{pmatrix} 9{,}2 \\ 18 \\ 35{,}2 \end{pmatrix}$

g) $\begin{pmatrix} -1 & 2 & 1 \\ 4 & 7 & -7 \\ 0 & 1 & 3 \end{pmatrix} - 4 \cdot \begin{pmatrix} 1 & 0 & 0 \\ 0 & 1 & 0 \\ 0 & 0 & 1 \end{pmatrix} = \begin{pmatrix} -5 & 2 & 1 \\ 4 & 3 & -7 \\ 0 & 1 & -1 \end{pmatrix}$

h) $-\begin{pmatrix} 1 \\ 1 \\ 2 \end{pmatrix} + 5 \cdot \begin{pmatrix} 0 \\ -1 \\ 1 \end{pmatrix} = \begin{pmatrix} -1 \\ -6 \\ 3 \end{pmatrix}$

3 Vervollständigen und berechnen Sie.

a) $\begin{pmatrix} 3 \\ -1 \\ 4 \end{pmatrix} + \begin{pmatrix} 0 \\ 1 \\ -3 \end{pmatrix} = \begin{pmatrix} 3 \\ 0 \\ 1 \end{pmatrix}$

b) $-2 \cdot \begin{pmatrix} -2 \\ 1 \\ -5 \end{pmatrix} = \begin{pmatrix} 4 \\ -2 \\ 10 \end{pmatrix}$

c) $\begin{pmatrix} 0 \\ -3 \\ 1 \end{pmatrix} + 3 \cdot \begin{pmatrix} 3 \\ 2 \\ -2 \end{pmatrix} = \begin{pmatrix} 9 \\ 3 \\ -5 \end{pmatrix}$

d) $\begin{pmatrix} -3 \\ -1 \\ -4 \end{pmatrix} + \begin{pmatrix} 2 \\ -1 \\ -3 \end{pmatrix} + \begin{pmatrix} 5 \\ -1 \\ 3 \end{pmatrix} = \begin{pmatrix} 4 \\ -3 \\ -4 \end{pmatrix}$

e) $2 \cdot \begin{pmatrix} 3 & -3 \\ -2 & 6 \end{pmatrix} + 3 \cdot \begin{pmatrix} -2 & -4 \\ 2 & -1 \end{pmatrix} = \begin{pmatrix} 6 & -6 \\ -4 & 12 \end{pmatrix} + \begin{pmatrix} -6 & -12 \\ 6 & -3 \end{pmatrix} = \begin{pmatrix} 0 & -18 \\ 2 & 9 \end{pmatrix}$

76

4 Vervollständigen und berechnen Sie.

a) $\begin{pmatrix} 3 & 3 & 2 \\ 0 & 1 & -1 \end{pmatrix} + \begin{pmatrix} -2 & 4 & 3 \\ 0 & -3 & -1 \end{pmatrix} = \begin{pmatrix} 1 & 7 & 5 \\ 0 & -2 & -2 \end{pmatrix}$

b) $\begin{pmatrix} 13 & -3 \\ 2 & 10 \end{pmatrix} - \begin{pmatrix} -22 & 14 \\ 8 & -7 \end{pmatrix} = \begin{pmatrix} 35 & -17 \\ -6 & 17 \end{pmatrix}$

c) $\begin{pmatrix} \frac{3}{2} & -\frac{1}{8} \\ -\frac{3}{4} & \frac{1}{8} \end{pmatrix} - \begin{pmatrix} \frac{5}{2} & -\frac{7}{8} \\ -\frac{3}{8} & \frac{1}{2} \end{pmatrix} = \begin{pmatrix} -1 & \frac{3}{4} \\ -\frac{3}{8} & -\frac{3}{8} \end{pmatrix}$

d) $-1{,}5 \cdot \begin{pmatrix} 3 & -3 & -1 \\ -2 & 6 & 1 \\ 4 & 0 & -2 \end{pmatrix} = \begin{pmatrix} -4{,}5 & 4{,}5 & 1{,}5 \\ 3 & -9 & -1{,}5 \\ -6 & 0 & 3 \end{pmatrix}$

e) $(2 \ \ 0 \ \ -4) + 4 \cdot (-2 \ \ -1 \ \ -0{,}5) = (-6 \ \ -4 \ \ -6)$

5 Multiplizieren Sie.

a) $\begin{pmatrix} -1 & 3 \\ 7 & 3 \end{pmatrix} \cdot \begin{pmatrix} 1 & 2 \\ 3 & -3 \end{pmatrix} = \begin{pmatrix} 8 & -11 \\ 16 & 5 \end{pmatrix}$

b) $\begin{pmatrix} 3 & 3 & 2 \\ 0 & 1 & -1 \end{pmatrix} \cdot \begin{pmatrix} 1 & 2 \\ 3 & -3 \\ 1 & 1 \end{pmatrix} = \begin{pmatrix} 14 & -1 \\ 2 & -4 \end{pmatrix}$

c) $(2 \ \ -2 \ \ 3) \cdot \begin{pmatrix} 1 \\ 0 \\ 2 \end{pmatrix} = 8$

d) $\begin{pmatrix} 1 \\ 0 \\ 2 \end{pmatrix} \cdot (2 \ \ -2 \ \ 3) = \begin{pmatrix} 2 & -2 & 3 \\ 0 & 0 & 0 \\ 4 & -4 & 6 \end{pmatrix}$

e) $\begin{pmatrix} 1 & 2 \\ -1 & 0 \\ 2 & 4 \\ 0 & -4 \end{pmatrix} \cdot \begin{pmatrix} -1 & 0 \\ -1 & 2 \end{pmatrix} = \begin{pmatrix} -3 & 4 \\ 1 & 0 \\ -6 & 8 \\ 4 & -8 \end{pmatrix}$

f) $\begin{pmatrix} 1 & 0 & -1 \\ 2 & 1 & 3 \\ 4 & 6 & 1 \end{pmatrix} \cdot \begin{pmatrix} 0 & 0 & -1 \\ 2 & 1 & 0 \\ 1 & 2 & 1 \end{pmatrix} = \begin{pmatrix} -1 & -2 & -2 \\ 5 & 7 & 1 \\ 13 & 8 & -3 \end{pmatrix}$

g) $\begin{pmatrix} -1 & 2 \\ 4 & 7 \end{pmatrix} \cdot \begin{pmatrix} 1 & 0 \\ 0 & 1 \end{pmatrix} = \begin{pmatrix} -1 & 2 \\ 4 & 7 \end{pmatrix}$

h) $\begin{pmatrix} -1 & 2 & 1 \\ 4 & 7 & -7 \\ 0 & 1 & 3 \end{pmatrix} \cdot \begin{pmatrix} 1 & 0 & 0 \\ 0 & 1 & 0 \\ 0 & 0 & 1 \end{pmatrix} = \begin{pmatrix} -1 & 2 & 1 \\ 4 & 7 & -7 \\ 0 & 1 & 3 \end{pmatrix}$

6 Berechnen Sie die fehlenden Einträge.

a) $\begin{pmatrix} 3 & -3 \\ 2 & 1 \end{pmatrix} \cdot \begin{pmatrix} -2 & 1 \\ 1 & -1 \end{pmatrix} = \begin{pmatrix} -9 & 6 \\ -3 & 1 \end{pmatrix}$

b) $\begin{pmatrix} 2 & -1 \\ 2 & 1 \end{pmatrix}^2 = \begin{pmatrix} 2 & -3 \\ 6 & -1 \end{pmatrix}$ $\quad A^2 = A \cdot A$

c) $\begin{pmatrix} 3 & 3 & 0 \\ -1 & 1 & -1 \\ 4 & 4 & 1 \end{pmatrix} \cdot \begin{pmatrix} 5 \\ -1 \\ 3 \end{pmatrix} = \begin{pmatrix} 12 \\ -9 \\ 19 \end{pmatrix}$

d) $\begin{pmatrix} 3 & 3 & 0 \\ -1 & 1 & -1 \\ 4 & 4 & 1 \end{pmatrix} \cdot \begin{pmatrix} 0 & 0 & 1 \\ 1 & 1 & 1 \\ -3 & 1 & -1 \end{pmatrix} = \begin{pmatrix} 3 & 3 & 6 \\ 4 & 0 & 1 \\ 1 & 5 & 7 \end{pmatrix}$

e) $2 \cdot (3 \ \ 1 \ \ 1) \cdot \begin{pmatrix} -2 \\ 1 \\ -5 \end{pmatrix} = -20$

f) $2 \cdot \begin{pmatrix} 3 & -3 \\ -2 & 6 \end{pmatrix} \cdot \begin{pmatrix} -2 & -4 \\ 2 & -1 \end{pmatrix} = \begin{pmatrix} -24 & -18 \\ 32 & 4 \end{pmatrix}$

g) $(3 \ \ 1 \ \ 1) \cdot \begin{pmatrix} 3 & -3 & -1 \\ -2 & 6 & 1 \\ 4 & 0 & -2 \end{pmatrix} = (11 \ \ -3 \ \ -4)$

h) $\begin{pmatrix} 3 & 1 & 3 \\ -1 & 3 & -1 \end{pmatrix} \cdot \begin{pmatrix} 3 & 0 \\ 1 & -1 \\ 2 & 2 \end{pmatrix} = \begin{pmatrix} 16 & 5 \\ -2 & -5 \end{pmatrix}$

i) $\begin{pmatrix} 3 & 0 & 0 \\ 0 & 3 & -1 \\ -1 & 1 & -1 \\ 1 & -1 & 0 \end{pmatrix} \cdot \begin{pmatrix} -1 \\ 1 \\ -2 \end{pmatrix} = \begin{pmatrix} -3 \\ 5 \\ 4 \\ -2 \end{pmatrix}$

77

7 Berechnen Sie.

a) $\begin{pmatrix} -1 & 2 \\ 4 & 3 \end{pmatrix} \cdot \begin{pmatrix} 1 & 0 \\ 1 & -3 \end{pmatrix} \cdot \begin{pmatrix} 4 \\ 5 \end{pmatrix} = \begin{pmatrix} 1 & -6 \\ 7 & -9 \end{pmatrix} \cdot \begin{pmatrix} 4 \\ 5 \end{pmatrix} = \begin{pmatrix} -26 \\ -17 \end{pmatrix}$

b) $4 \cdot \begin{pmatrix} 3 & 3 & 2 \\ 0 & 1 & -1 \end{pmatrix} \cdot \begin{pmatrix} 1 \\ -2 \\ 2 \end{pmatrix} = \begin{pmatrix} 12 & 12 & 8 \\ 0 & 4 & -4 \end{pmatrix} \cdot \begin{pmatrix} 1 \\ -2 \\ 2 \end{pmatrix} = \begin{pmatrix} 4 \\ -16 \end{pmatrix}$

c) $(2 \ \ -2 \ \ 3) \cdot \begin{pmatrix} 1 & 0 & -1 \\ 2 & 1 & 3 \\ 4 & 6 & 1 \end{pmatrix} \cdot \begin{pmatrix} 1 \\ 0 \\ 2 \end{pmatrix} = (10 \ \ 16 \ \ -5) \cdot \begin{pmatrix} 1 \\ 0 \\ 2 \end{pmatrix} = 0$

d) $\begin{pmatrix} 0 & 0 & -1 \\ 2 & 1 & 0 \\ 1 & 2 & 1 \end{pmatrix} \cdot \begin{pmatrix} 1 \\ 0 \\ 2 \end{pmatrix} \cdot (2 \ \ -2 \ \ 3) = \begin{pmatrix} -2 \\ 2 \\ 3 \end{pmatrix} \cdot (2 \ \ -2 \ \ 3) = \begin{pmatrix} -4 & 4 & -6 \\ 4 & -4 & 6 \\ 6 & -6 & 9 \end{pmatrix}$

e) $\begin{pmatrix} 1 & 2 \\ -1 & 0 \\ 2 & 4 \\ 0 & -4 \end{pmatrix} \cdot \begin{pmatrix} 1 \\ -2 \end{pmatrix} = \begin{pmatrix} -3 \\ -1 \\ -6 \\ 8 \end{pmatrix}$

f) $\frac{1}{2}\begin{pmatrix} -2 & 0 \\ 3 & 4 \end{pmatrix}^2 = \frac{1}{2} \cdot \begin{pmatrix} -2 & 0 \\ 3 & 4 \end{pmatrix} \cdot \begin{pmatrix} -2 & 0 \\ 3 & 4 \end{pmatrix} = \frac{1}{2} \cdot \begin{pmatrix} 4 & 0 \\ 6 & 16 \end{pmatrix} = \begin{pmatrix} 2 & 0 \\ 3 & 8 \end{pmatrix}$

g) $\begin{pmatrix} -1 & 2 & 1 \\ 4 & 1 & -4 \\ 0 & 1 & 3 \end{pmatrix} \cdot \begin{pmatrix} 0 \\ 0 \\ 1 \end{pmatrix} + \begin{pmatrix} -1 & 0 & 1 \\ 1 & 3 & -2 \\ 0 & 1 & 0 \end{pmatrix} \cdot \begin{pmatrix} -1 \\ 1 \\ 0 \end{pmatrix} = \begin{pmatrix} 0 \\ 0 \\ 3 \end{pmatrix} + \begin{pmatrix} 1 \\ 2 \\ 1 \end{pmatrix} = \begin{pmatrix} 1 \\ 2 \\ 4 \end{pmatrix}$

h) $(1 \ \ -2 \ \ 1) \cdot \left(\begin{pmatrix} 1 \\ -1 \\ 2 \end{pmatrix} + 2 \cdot \begin{pmatrix} 3 \\ -2 \\ 0 \end{pmatrix}\right) = (1 \ \ -2 \ \ 1) \begin{pmatrix} 7 \\ -5 \\ 2 \end{pmatrix} = 19$

8 Entscheiden Sie, ob die Aussagen wahr oder falsch sind.

| | Aussage | | |
|---|---|---|---|
| a) | Bei der Multiplikation von Matrizen muss die Spaltenanzahl der ersten Matrix mit der Zeilenanzahl der zweiten Matrix übereinstimmen. | ☒ wahr | ☐ falsch |
| b) | Bei der Multiplikation von zwei Matrizen A und B dürfen die Matrizen vertauscht werden. | ☐ wahr | ☒ falsch |
| c) | Bei Multiplikation einer Matrix A mit der Einheitsmatrix E dürfen die Matrizen vertauscht werden. | ☒ wahr | ☐ falsch |
| d) | Bei der Multiplikation von zwei Matrizen erhält man einen Skalar. | ☐ wahr | ☒ falsch |
| e) | Zwei Matrizen, die das gleiche Format haben, können stets miteinander multipliziert werden. | ☐ wahr | ☒ falsch |

78

9 Es gilt: A · B = C. Berechnen Sie die fehlenden Werte.

a) $A = \begin{pmatrix} 1 & 2 & 0 \\ 0 & 5 & x \\ 1 & x & 1 \end{pmatrix}$; $B = \begin{pmatrix} 1 & y & 3 \\ 2 & 1 & 5 \\ 4 & 2 & 0 \end{pmatrix}$; $C = \begin{pmatrix} 5 & 0 & 13 \\ 22 & 11 & 25 \\ 11 & x & z \end{pmatrix}$

Durch teilweise ausmultiplizieren von A · B = C erhält man x, y und z:

$(0 \ \ 5 \ \ x)\begin{pmatrix} 1 \\ 2 \\ 4 \end{pmatrix} = 22$ ergibt $10 + 4x = 22$, $x = 3$

Probe: $(1 \ \ 3 \ \ 1)\begin{pmatrix} 1 \\ 2 \\ 4 \end{pmatrix} = 11$ wahr

$(1 \ \ 2 \ \ 0)\begin{pmatrix} y \\ 1 \\ 2 \end{pmatrix} = 0$ ergibt $y + 2 = 0$, $y = -2$

$(1 \ \ 3 \ \ 1)\begin{pmatrix} 3 \\ 5 \\ 0 \end{pmatrix} = z$ ergibt $z = 18$

Probe: $(1 \ \ 3 \ \ 1)\begin{pmatrix} -2 \\ 1 \\ 2 \end{pmatrix} = 3 = x$ wahr

b) $A = \begin{pmatrix} 1 & 2 & 0 \\ 2 & 5 & 3 \\ 1 & 2 & 1 \end{pmatrix}$; $B = \begin{pmatrix} 1 & 2 & 3 \\ 6 & 1 & 5 \\ 4 & 2 & 0 \end{pmatrix}$; $C = \begin{pmatrix} x & 4 & 13 \\ 44 & y & 31 \\ 17 & 6 & z \end{pmatrix}$

Durch teilweise Ausmultiplizieren von A · B = C erhält man x, y und z.

$(1 \ \ 2 \ \ 0)\begin{pmatrix} 1 \\ 6 \\ 4 \end{pmatrix} = 13 = x$

$(2 \ \ 5 \ \ 3)\begin{pmatrix} 2 \\ 1 \\ 2 \end{pmatrix} = 15 = y$

$(1 \ \ 2 \ \ 1)\begin{pmatrix} 3 \\ 5 \\ 0 \end{pmatrix} = 13 = z$

c) $A = \begin{pmatrix} a & 4 & 2 \\ 0 & 2 & b \end{pmatrix}$; $B = \begin{pmatrix} 1 & 4 \\ b & 2 \\ 1 & 7 \end{pmatrix}$; $C = \begin{pmatrix} 23 & 26 \\ 15 & 39 \end{pmatrix}$

Durch teilweise Ausmultiplizieren von A · B = C erhält man a und b.

$(a \ \ 4 \ \ 2)\begin{pmatrix} 4 \\ 2 \\ 7 \end{pmatrix} = 26$ $\quad 4a + 8 + 14 = 26$, $a = 1$

$(0 \ \ 2 \ \ b)\begin{pmatrix} 4 \\ 2 \\ 7 \end{pmatrix} = 39$ $\quad 4 + 7b = 39$, $b = 5$

79

## 3 Inverse Matrix

1 Bestimmen Sie jeweils die zugehörige Inverse. Machen Sie dann eine Probe.

$A = \begin{pmatrix} 1 & 2 \\ 2 & 3 \end{pmatrix}$

$\left(\begin{array}{cc|cc} 1 & 2 & 1 & 0 \\ 2 & 3 & 0 & 1 \end{array}\right) \cdot(-2)$

$\left(\begin{array}{cc|cc} 1 & 2 & 1 & 0 \\ 0 & -1 & -2 & 1 \end{array}\right) \cdot 2$

$\left(\begin{array}{cc|cc} 1 & 0 & -3 & 2 \\ 0 & -1 & -2 & 1 \end{array}\right) \cdot(-1)$

$\left(\begin{array}{cc|cc} 1 & 0 & -3 & 2 \\ 0 & 1 & 2 & -1 \end{array}\right)$

$A^{-1} = \begin{pmatrix} -3 & 2 \\ 2 & -1 \end{pmatrix}$

Probe: $\begin{pmatrix} 1 & 2 \\ 2 & 3 \end{pmatrix}\begin{pmatrix} -3 & 2 \\ 2 & -1 \end{pmatrix} = \begin{pmatrix} 1 & 0 \\ 0 & 1 \end{pmatrix}$

$A \cdot A^{-1} = E$

$B = \begin{pmatrix} 2 & -1 \\ 4 & -3 \end{pmatrix}$

$\left(\begin{array}{cc|cc} 2 & -1 & 1 & 0 \\ 4 & -3 & 0 & 1 \end{array}\right)$

$\left(\begin{array}{cc|cc} 2 & -1 & 1 & 0 \\ 0 & -1 & -2 & 1 \end{array}\right)$

$\left(\begin{array}{cc|cc} 2 & 0 & 3 & -1 \\ 0 & -1 & -2 & 1 \end{array}\right)$

$\left(\begin{array}{cc|cc} 1 & 0 & 1{,}5 & -0{,}5 \\ 0 & 1 & 2 & -1 \end{array}\right)$

$B^{-1} = \begin{pmatrix} 1{,}5 & -0{,}5 \\ 2 & -1 \end{pmatrix}$

Probe: $\begin{pmatrix} 2 & -1 \\ 4 & -3 \end{pmatrix} \cdot \begin{pmatrix} 1{,}5 & -0{,}5 \\ 2 & -1 \end{pmatrix} = \begin{pmatrix} 1 & 0 \\ 0 & 1 \end{pmatrix}$

$B \cdot B^{-1} = E$

$C = \begin{pmatrix} 3 & 2 & 6 \\ 1 & 1 & 3 \\ -3 & -2 & -5 \end{pmatrix}$

$\left(\begin{array}{ccc|ccc} 3 & 2 & 6 & 1 & 0 & 0 \\ 1 & 1 & 3 & 0 & 1 & 0 \\ -3 & -2 & -5 & 0 & 0 & 1 \end{array}\right)$

$\left(\begin{array}{ccc|ccc} 3 & 2 & 6 & 1 & 0 & 0 \\ 0 & -1 & -3 & 1 & -3 & 0 \\ 0 & 0 & 1 & 1 & 0 & 1 \end{array}\right)$

$\left(\begin{array}{ccc|ccc} 3 & 2 & 0 & -5 & 0 & -6 \\ 0 & -1 & 0 & 4 & -3 & 3 \\ 0 & 0 & 1 & 1 & 0 & 1 \end{array}\right)$

$\left(\begin{array}{ccc|ccc} 3 & 0 & 0 & 3 & -6 & 0 \\ 0 & -1 & 0 & 4 & -3 & 3 \\ 0 & 0 & 1 & 1 & 0 & 1 \end{array}\right)$

$\left(\begin{array}{ccc|ccc} 1 & 0 & 0 & 1 & -2 & 0 \\ 0 & 1 & 0 & -4 & 3 & -3 \\ 0 & 0 & 1 & 1 & 0 & 1 \end{array}\right)$

$C^{-1} = \begin{pmatrix} 1 & -2 & 0 \\ -4 & 3 & -3 \\ 1 & 0 & 1 \end{pmatrix}$

$D = \begin{pmatrix} 1 & 2 & 3 \\ 3 & -1 & 1 \\ 1 & 0 & 1 \end{pmatrix}$

$\left(\begin{array}{ccc|ccc} 1 & 2 & 3 & 1 & 0 & 0 \\ 3 & -1 & 1 & 0 & 1 & 0 \\ 1 & 0 & 1 & 0 & 0 & 1 \end{array}\right)$

$\left(\begin{array}{ccc|ccc} 1 & 2 & 3 & 1 & 0 & 0 \\ 0 & -7 & -8 & -3 & 1 & 0 \\ 0 & -2 & -2 & -1 & 0 & 1 \end{array}\right)$

$\left(\begin{array}{ccc|ccc} 1 & 2 & 3 & 1 & 0 & 0 \\ 0 & -7 & -8 & -3 & 1 & 0 \\ 0 & 0 & 2 & -1 & -2 & 7 \end{array}\right)$

$\left(\begin{array}{ccc|ccc} 2 & 4 & 0 & 5 & 6 & -21 \\ 0 & -7 & 0 & -7 & -7 & 28 \\ 0 & 0 & 2 & -1 & -2 & 7 \end{array}\right)$

$\left(\begin{array}{ccc|ccc} 14 & 0 & 0 & 7 & 14 & -35 \\ 0 & -7 & 0 & -7 & -7 & 28 \\ 0 & 0 & 2 & -1 & -2 & 7 \end{array}\right)$

$\left(\begin{array}{ccc|ccc} 1 & 0 & 0 & 0{,}5 & 1 & -2{,}5 \\ 0 & 1 & 0 & 1 & 1 & -4 \\ 0 & 0 & 1 & -0{,}5 & -1 & 3{,}5 \end{array}\right)$

$D^{-1} = \begin{pmatrix} 0{,}5 & 1 & -2{,}5 \\ 1 & 1 & -4 \\ -0{,}5 & -1 & 3{,}5 \end{pmatrix}$



2 Berechnen Sie die fehlenden Elemente der Inversen.

$A = \begin{pmatrix} 1 & 2 \\ 2 & 3 \end{pmatrix}$ $A^{-1} = \begin{pmatrix} -3 & 2 \\ 2 & -1 \end{pmatrix}$

$A \cdot A^{-1} = E = \begin{pmatrix} 1 & 0 \\ 0 & 1 \end{pmatrix}$: $(1 \quad 2)\begin{pmatrix} x \\ 2 \end{pmatrix} = 1$

ergibt $x + 4 = 1$ also $x = -3$

$B = \begin{pmatrix} 1 & 1 \\ 4 & -1 \end{pmatrix}$ $B^{-1} = \frac{1}{5}\begin{pmatrix} 1 & 1 \\ 4 & -1 \end{pmatrix}$

$B \cdot B^{-1} = E = \begin{pmatrix} 1 & 0 \\ 0 & 1 \end{pmatrix}$: $\frac{1}{5}(1 \quad 1)\begin{pmatrix} x \\ -1 \end{pmatrix} = 0$

ergibt $\frac{1}{5}(x - 1) = 0$ also $x = 1$

$C = \begin{pmatrix} 3 & 2 & 6 \\ 1 & 1 & 3 \\ -3 & -2 & -5 \end{pmatrix}$ $C^{-1} = \begin{pmatrix} 1 & -2 & 0 \\ -4 & 3 & -3 \\ 1 & 0 & 1 \end{pmatrix}$

$C \cdot C^{-1} = E = \begin{pmatrix} 1 & 0 & 0 \\ 0 & 1 & 0 \\ 0 & 0 & 1 \end{pmatrix}$: $(3 \quad 2 \quad 6)\begin{pmatrix} 1 \\ -4 \\ x \end{pmatrix} = 1$

ergibt $3 - 8 + 6x = 1$ also $x = 1$

$(1 \quad y \quad 3)\begin{pmatrix} 0 \\ -3 \\ 1 \end{pmatrix} = 0$ ergibt $-3y + 3 = 0$

also $y = 1$

$D = \begin{pmatrix} 1 & 2 & 3 \\ 3 & -1 & 1 \\ 1 & 0 & 1 \end{pmatrix}$; $D^{-1} = \begin{pmatrix} 0{,}5 & 1 & -2{,}5 \\ 1 & 1 & -4 \\ -0{,}5 & -1 & 3{,}5 \end{pmatrix}$

$D \cdot D^{-1} = E = \begin{pmatrix} 1 & 0 & 0 \\ 0 & 1 & 0 \\ 0 & 0 & 1 \end{pmatrix}$: $(1 \quad 2 \quad 3)\begin{pmatrix} 0{,}5 \\ 1 \\ x \end{pmatrix} = 1$

ergibt $0{,}5 + 2 + 3x = 1$ also $x = -0{,}5$

$(1 \quad 2 \quad 3)\begin{pmatrix} -2{,}5 \\ y \\ 3{,}5 \end{pmatrix} = 0$ ergibt $2y + 8 = 0$

also $y = -4$

$F = \begin{pmatrix} 1 & 1 & 1 \\ 1 & 1 & 3 \\ -1 & 2 & -4 \end{pmatrix}$ $F^{-1} = \frac{1}{6}\begin{pmatrix} 10 & -6 & -2 \\ -1 & 3 & 2 \\ -3 & 3 & 0 \end{pmatrix}$

$F \cdot F^{-1} = E = \begin{pmatrix} 1 & 0 & 0 \\ 0 & 1 & 0 \\ 0 & 0 & 1 \end{pmatrix}$: $(-1 \quad x \quad -4)\begin{pmatrix} -6 \\ 3 \\ 3 \end{pmatrix} = 0$

ergibt $6 + 3x - 12 = 0$ also $x = 2$

$(1 \quad 1 \quad 1)\begin{pmatrix} -2 \\ y \\ 0 \end{pmatrix} = 0$ ergibt $-2 + y = 0$

also $y = 2$

($\frac{1}{6}$ weglassen)

$G = \begin{pmatrix} 1 & 2 & 1 \\ 1 & -1 & 3 \\ 3 & 2 & -3 \end{pmatrix}$ $G^{-1} = \frac{1}{26}\begin{pmatrix} -3 & 8 & 7 \\ 12 & -6 & -2 \\ 5 & 4 & -3 \end{pmatrix}$

$G \cdot G^{-1} = E = \begin{pmatrix} 1 & 0 & 0 \\ 0 & 1 & 0 \\ 0 & 0 & 1 \end{pmatrix}$: $(1 \quad -1 \quad 3)\begin{pmatrix} -3 \\ x \\ 5 \end{pmatrix} = 0$

ergibt $-3 - x + 15 = 0$ also $x = 12$

$(1 \quad -1 \quad 3)\begin{pmatrix} 7 \\ y \\ -3 \end{pmatrix} = 0$ ergibt $7 - y - 9 = 0$

also $y = -2$

($\frac{1}{26}$ weglassen)

$H = \begin{pmatrix} 2 & 2 & 2 \\ 1 & 1 & 2 \\ -2 & -1 & 0 \end{pmatrix}$ $H^{-1} = \begin{pmatrix} -1 & 1 & -1 \\ 2 & -2 & 1 \\ -0{,}5 & 1 & 0 \end{pmatrix}$

$H \cdot H^{-1} = E = \begin{pmatrix} 1 & 0 & 0 \\ 0 & 1 & 0 \\ 0 & 0 & 1 \end{pmatrix}$: $(1 \quad x \quad y)\begin{pmatrix} -1 \\ 2 \\ -0{,}5 \end{pmatrix} = 0$

ergibt $-1 + 2x - 0{,}5y = 0 \Rightarrow 2x - 0{,}5y = 1$

$(1 \quad x \quad y)\begin{pmatrix} -1 \\ 1 \\ 0 \end{pmatrix} = 0$ ergibt $-1 + x = 0$

also $x = 1$

Einsetzen in $2x - 0{,}5y = 1$ ergibt $y = 2$

$I = \begin{pmatrix} 1 & 0 & 0 \\ 1 & 1 & 0 \\ -1 & 0 & -1 \end{pmatrix}$ $I^{-1} = \begin{pmatrix} 1 & 0 & 0 \\ -1 & 1 & 0 \\ -1 & 0 & -1 \end{pmatrix}$

$I \cdot I^{-1} = E = \begin{pmatrix} 1 & 0 & 0 \\ 0 & 1 & 0 \\ 0 & 0 & 1 \end{pmatrix}$: $(1 \quad 1 \quad 0)\begin{pmatrix} 1 \\ x \\ y \end{pmatrix} = 0$

ergibt $1 + x = 0 \Rightarrow x = -1$

$(-1 \quad 0 \quad -1)\begin{pmatrix} 1 \\ x \\ y \end{pmatrix} = 0$ ergibt $-1 - y = 0$

also $y = -1$



## 4 Matrizengleichungen

1 Lösen Sie die „Zahlengleichung" und die Matrizengleichung parallel.

| Zahlengleichung | | Matrizengleichung | |
|---|---|---|---|
| $2x + 3 = 8$ | $\mid -3$ | $AX + B = C$ | $\mid -B$ |
| $2x = 5$ | $\mid :2$ | $AX = C - B$ | $\mid \cdot A^{-1}$ von links |
| $x = \frac{5}{2}$ | | $X = A^{-1}(C - B)$ | |

Beschreiben Sie den Unterschied in der Vorgehensweise.

Bei der Umformung der Matrizengleichung darf eine Matrix addiert und jede Seite mit einem Faktor multipliziert werden. Es darf aber nicht durch eine Matrix dividiert werden, es muss mit der Inversen multipliziert werden.

2 Lösen Sie die Matrizengleichungen (E ist die geeignete Einheitsmatrix).

| | | | |
|---|---|---|---|
| a) | $BX - B = 3B - X$ | | $BX - B = 3B - X \quad \mid +X \quad \mid +B$ |
| | | Sortieren: | $BX + X = 4B$ |
| | | Ausklammern: | $(B + E)X = 4B \quad \mid \cdot (B + E)^{-1}$ v. li |
| | | Inverse: | $X = (B + E)^{-1} \cdot 4B$ |
| b) | $XA - 2E = A - XB$ | | $XA - 2E = A - XB$ |
| | | Sortieren: | $XA + XB = A + 2E$ |
| | | Ausklammern: | $X(A + B) = A + 2E$ |
| | | Inverse von rechts: | $X = (A + 2E) \cdot (A + B)^{-1}$ |
| c) | $B(E + X) = A$ | | $B(E + X) = A$ |
| | | | $B + BX = A$ |
| | | Sortieren: | $BX = A - B$ |
| | | Inverse von links: | $X = B^{-1} \cdot (A - B)$ |
| d) | $2AX + B = 4X$ | | $2AX + B = 4X$ |
| | | Sortieren: | $2AX - 4X = -B$ |
| | | Ausklammern: | $(2A - 4E)X = -B$ |
| | | Inverse von links: | $X = -(2A - 4E)^{-1} \cdot B$ |



3 Beschreiben Sie, was hier falsch gemacht wurde. Gehen Sie dann richtig vor.

| | Falsch: | Richtig: |
|---|---|---|
| a) | $2A + XB = -C \quad \mid -2A$ | $2A + XB = -C$ |
| | $XB = -C - 2A \quad \mid \cdot B^{-1}$ | $XB = -C - 2A \quad \mid \cdot B^{-1}$ von rechts |
| | $XB = B^{-1}(-C - 2A)$ | $X = (-C - 2A)\,B^{-1}$ |

Fehler: $\mid \cdot B^{-1}$ von der falschen Seite und nur rechts

| | Falsch: | Richtig: |
|---|---|---|
| b) | $XB + X - C = A \quad \mid +C$ | $XB + X - C = A$ |
| | $XB + X = A + C$ | $XB + X = A + C$ |
| | $X(B + 1) = A + C \quad \mid \cdot (B + 1)^{-1}$ | $X(B + E) = A + C \quad \mid \cdot (B + E)^{-1}$ v. re. |
| | $X = (A + C) \cdot (B + 1)^{-1}$ | $X = (A + C) \cdot (B + E)^{-1}$ |

Fehler: Ausklammern einer Matrix, also $XB + X = XB + XE$

| | Falsch: | Richtig: |
|---|---|---|
| c) | $XB + AX = A$ | $XB + AX = A$ |
| | $X(B + A) = A \quad \mid \cdot (B + A)^{-1}$ | keine Umformung möglich |
| | $X = A \cdot (B + A)^{-1}$ | |

Fehler: $XB + AX \neq BX + AX$; Ausklammern der Matrix X nicht möglich.

4 Entscheiden Sie, ob eine zugehörige inverse Matrix existiert.

| | | Ja | Nein |
|---|---|---|---|
| a) | Zu jeder quadratischen Matrix | ☐ | ☒ |
| b) | Zu einer Einheitsmatrix | ☒ | ☐ |
| c) | Zu einer Nullmatrix | ☐ | ☒ |
| d) | Zur Matrix $A = \begin{pmatrix} 2 & 2 \\ 0 & 1 \end{pmatrix}$ | ☒ | ☐ |
| e) | Zur Matrix $B = \begin{pmatrix} 1 & 2 \\ 1 & 2 \end{pmatrix}$ | ☐ | ☒ |
| f) | Zur Matrix $C = \begin{pmatrix} 1 & 0 & 0 \\ 0 & 0 & 1 \\ 0 & 1 & 0 \end{pmatrix}$ | ☒ | ☐ |

# 5 Lineare Verflechtung

## Verflechtungsmatrizen

1 In einem Unternehmen mit einem zweistufigen Produktionsprozess sind die festen Mengenbeziehungen zwischen Rohstoffen, Zwischen- und Endprodukten durch folgende Tabellen gegeben:

| | $Z_1$ | $Z_2$ | $Z_3$ |
|---|---|---|---|
| $R_1$ | 1 | 2 | 2 |
| $R_2$ | 1 | 1 | 3 |

| | $E_1$ | $E_2$ |
|---|---|---|
| $Z_1$ | 2 | 5 |
| $Z_2$ | 3 | 1 |
| $Z_3$ | 4 | 4 |

a) Erläutern Sie die Werte der 2. Spalte der Rohstoff-Zwischenprodukt-Matrix.

b) Bestimmen Sie den Verbrauchan Rohstoffen für eine Produktion von 1 ME $E_1$ und 1 ME $E_2$. Erläutern Sie Ihr Ergebnis.

Lösung:

Rohstoff-Zwischenprodukt-Matrix $A = A_{RZ} = \begin{pmatrix} 1 & 2 & 2 \\ 1 & 1 & 3 \end{pmatrix}$

Zwischenprodukt-Endprodukt-Matrix $B = B_{ZE} = \begin{pmatrix} 2 & 5 \\ 3 & 1 \\ 4 & 4 \end{pmatrix}$ Verflechtungsmatrizen

a) Die 2. Spalte der Rohstoff-Zwischenprodukt-Matrix $\begin{pmatrix} 2 \\ 1 \end{pmatrix}$ besagt:
Für die Produktion einer ME von $Z_2$ benötigt man 2 ME des Rohstoffs $R_1$ und 1 ME des Rohstoffs $R_2$.

b) $A \cdot B = C = C_{RE} = \begin{pmatrix} 16 & 15 \\ 17 & 18 \end{pmatrix}$

Ergebnis: Für die Produktion von 1 ME $E_1$ braucht man 16 ME $R_1$ und 17 ME $R_2$.
Für die Produktion von 1 ME $E_2$ braucht man 15 ME $R_1$ und 18 ME $R_2$.

Erläuterung: Für die Produktion von 1 ME $E_1$ braucht man 2 ME $Z_1$, 3 ME $Z_2$ und 4 ME $Z_3$.
Für die Produktion von 1 ME $Z_1$ braucht man 1 ME $R_1$ und 1 ME $R_2$.
Für die Produktion von 1 ME $Z_2$ braucht man 2 ME $R_1$ und 1 ME $R_2$.
Für die Produktion von 1 ME $Z_3$ braucht man 2 ME $R_1$ und 3 ME $R_2$.
Insgesamt braucht man z. B. für 1 ME von $E_1$:

$1 \cdot 2 + 2 \cdot 3 + 2 \cdot 4 = 16$ ME $R_1$ $\qquad (1 \;\; 2 \;\; 2)\begin{pmatrix} 2 \\ 3 \\ 4 \end{pmatrix} = 16$



2 In einem Unternehmen mit einem zweistufigen Produktionsprozess sind die festen Mengenbeziehungen zwischen Rohstoffen, Zwischen- und Endprodukten durch folgenden Graph gegeben:

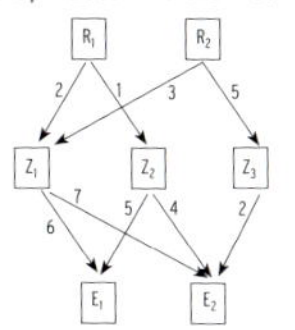

Der Pfeil z. B. von $R_2$ nach $Z_1$, gibt an, dass pro Mengeneinheit (ME) des Zwischenprodukts $Z_1$ 3 ME des Rohstoffs $R_2$ nötig sind.

Bestimmen Sie den Bedarf an Rohstoffen für eine Produktion von 1 ME $E_1$ bzw. von 1 ME $E_2$. Erläutern Sie Ihr Ergebnis.

Lösung:
Verflechtungstabellen:

| | $Z_1$ | $Z_2$ | $Z_3$ |
|---|---|---|---|
| $R_1$ | 2 | 1 | 0 |
| $R_2$ | 3 | 0 | 5 |

| | $E_1$ | $E_2$ |
|---|---|---|
| $Z_1$ | 6 | 7 |
| $Z_2$ | 5 | 4 |
| $Z_3$ | 0 | 2 |

Verflechtungsmatrizen $\quad A = \begin{pmatrix} 2 & 1 & 0 \\ 3 & 0 & 5 \end{pmatrix} \quad B = \begin{pmatrix} 6 & 7 \\ 5 & 4 \\ 0 & 2 \end{pmatrix}$

$A \cdot B = C = \begin{pmatrix} 17 & 18 \\ 18 & 31 \end{pmatrix}$

Ergebnis: Man braucht für 1 ME $E_1$ 17 ME von $R_1$ und 18 ME von $R_2$

und für 1 ME $E_2$ 18 ME von $R_1$ und 31 ME von $R_2$.

Erläuterung: Für die Produktion von 1 ME $E_1$ braucht man 6 ME $Z_1$, 5 ME $Z_2$ und 0 ME $Z_3$.
Für die Produktion von 1 ME $Z_1$ braucht man 2 ME $R_1$ und 3 ME $R_2$.
Für die Produktion von 1 ME $Z_2$ braucht man 1 ME $R_1$ und 0 ME $R_2$.
Für die Produktion von 1 ME $Z_3$ braucht man 0 ME $R_1$ und 5 ME $R_2$.
Insgesamt braucht man z. B. für 1 ME von $E_1$: $\qquad (2 \;\; 1 \;\; 0)\begin{pmatrix} 6 \\ 5 \\ 0 \end{pmatrix} = 17$
$2 \cdot 6 + 1 \cdot 5 + 0 \cdot 0 = 17$ ME $R_1$

Insgesamt braucht man z. B. für 1 ME von $E_2$: $\qquad (2 \;\; 1 \;\; 0)\begin{pmatrix} 7 \\ 4 \\ 2 \end{pmatrix} = 18$
$2 \cdot 7 + 1 \cdot 4 + 0 \cdot 2 = 18$ ME $R_1$



3 Ein Betrieb produziert in einem zweistufigen Produktionsprozess aus den Rohstoffen $R_1$, $R_2$ (und $R_3$) die Zwischenprodukte $Z_1$, $Z_2$ (und $Z_3$) und daraus die Endprodukte $E_1$, $E_2$ (und $E_3$).
Die Rohstoff-Zwischenprodukt-Matrix A und die Zwischenprodukt-Endprodukt-Matrix B sind wie folgt gegeben (alle Angaben in Mengeneinheiten (ME)):
Ermitteln Sie den Bedarf der einzelnen Rohstoffe für je eine ME der Endprodukte.

a) $A = A_{RZ} = \begin{pmatrix} 1 & 1 \\ 1 & 4 \end{pmatrix}$; $B = B_{ZE} = \begin{pmatrix} 1 & 2 \\ 3 & 1 \end{pmatrix}$; $C = C_{RE} = A \cdot B = \begin{pmatrix} 4 & 3 \\ 13 & 6 \end{pmatrix}$

Ergebnis:
Für die Produktion von 1 ME $E_1$ braucht man 4 ME $R_1$ und 13 ME $R_2$.
Für die Produktion von 1 ME $E_2$ braucht man 3 ME $R_1$ und 6 ME $R_2$.

b) $A = \begin{pmatrix} 5 & 1 \\ 1 & 4 \end{pmatrix}$; $B = \begin{pmatrix} 1 & 2 & 2 \\ 1 & 1 & 1 \end{pmatrix}$; $C = A \cdot B = \begin{pmatrix} 6 & 11 & 11 \\ 5 & 6 & 6 \end{pmatrix}$

Ergebnis:

Für die Produktion von 1 ME von $E_1$ braucht man 6 ME $R_1$ und 5 ME $R_2$.

Für die Produktion von 1 ME von $E_2$ braucht man 11 ME $R_1$ und 6 ME $R_2$.

Für die Produktion von 1 ME von $E_3$ braucht man 11 ME $R_1$ und 6 ME $R_2$.

c) $A = \begin{pmatrix} 1 & 2 & 3 \\ 1 & 1 & 4 \\ 1 & 4 & 1 \end{pmatrix}$; $B = \begin{pmatrix} 1 & 2 & 0 \\ 1 & 1 & 1 \\ 3 & 1 & 3 \end{pmatrix}$; $C = A \cdot B = \begin{pmatrix} 12 & 7 & 11 \\ 14 & 7 & 13 \\ 8 & 7 & 7 \end{pmatrix}$

Ergebnis:

Für die Produktion von 1 ME von $E_1$ braucht man 12 ME $R_1$, 14 ME $R_2$ und 8 ME $R_3$.

Für die Produktion von 1 ME von $E_2$ braucht man 7 ME $R_1$, 7 ME $R_2$ und 7 ME $R_3$.

Für die Produktion von 1 ME von $E_3$ braucht man 11 ME $R_1$, 13 ME $R_2$ und 7 ME $R_3$.

d) $A = \begin{pmatrix} 1 & 2 & 1 \\ 1 & 3 & 4 \end{pmatrix}$; $B = \begin{pmatrix} 1 & 3 \\ 1 & 1 \\ 2 & 1 \end{pmatrix}$; $C = A \cdot B = \begin{pmatrix} 5 & 6 \\ 12 & 10 \end{pmatrix}$

Ergebnis:
Für die Produktion von 1 ME von $E_1$ braucht man 5 ME $R_1$ und 12 ME $R_2$.

Für die Produktion von 1 ME von $E_2$ braucht man 6 ME $R_1$ und 10 ME $R_2$.



4 Ein Betrieb stellt aus den Rohstoffen $R_1$, $R_2$ und $R_3$ die Zwischenprodukte $Z_1$, $Z_2$ und $Z_3$ her. Aus diesen Zwischenprodukten werden die Endprodukte $E_1$ und $E_2$ hergestellt. Das Materialflussdiagramm (Verflechtungsdiagramm) beschreibt den Bedarf an Rohstoffen pro ME der Zwischenprodukte und den Bedarf an Zwischenprodukten pro ME der Endprodukte. Bestimmen Sie die Verflechtungsmatrizen.

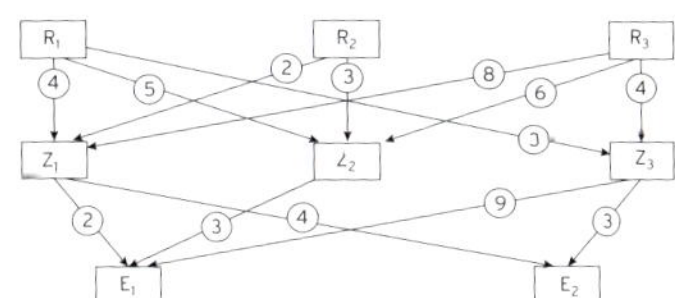

$A = \begin{pmatrix} 4 & 5 & 3 \\ 2 & 3 & 0 \\ 8 & 6 & 4 \end{pmatrix}$; $B = \begin{pmatrix} 2 & 4 \\ 3 & 0 \\ 9 & 3 \end{pmatrix}$; $C = A \cdot B = \begin{pmatrix} 50 & 25 \\ 13 & 8 \\ 70 & 44 \end{pmatrix}$

5 Ein Computerhersteller produziert aus zwei Rohstoffen $R_1$ und $R_2$ drei Module $B_1$, $B_2$ und $B_3$ und daraus drei Typen von Computern $G_1$, $G_2$ und $G_3$. Der Materialfluss in Mengeneinheiten (ME) ist dem Diagramm und der Tabelle zu entnehmen.

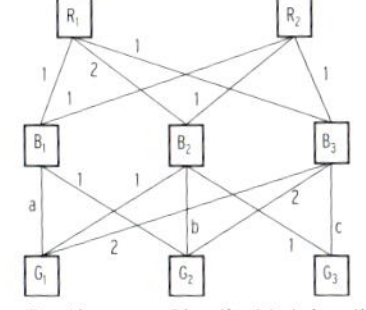

| | $G_1$ | $G_2$ | $G_3$ |
|---|---|---|---|
| $R_1$ | 5 | 5 | 4 |
| $R_2$ | 4 | 4 | 3 |

Bestimmen Sie die Matrix, die den Bedarf an Modulen je Computertyp angibt.

$A = \begin{pmatrix} 1 & 2 & 1 \\ 1 & 1 & 1 \end{pmatrix}$; $B = \begin{pmatrix} a & 1 & 0 \\ 1 & b & 1 \\ 2 & 2 & c \end{pmatrix}$; $C = \begin{pmatrix} 5 & 5 & 4 \\ 4 & 4 & 3 \end{pmatrix}$

Nebenrechnung: $(1 \;\; 2 \;\; 1)\begin{pmatrix} a \\ 1 \\ 2 \end{pmatrix} = 5 \Rightarrow a = 1$; $\quad (1 \;\; 2 \;\; 1)\begin{pmatrix} 1 \\ b \\ 2 \end{pmatrix} = 5 \Rightarrow b = 1$

$(1 \;\; 2 \;\; 1)\begin{pmatrix} 0 \\ 1 \\ c \end{pmatrix} = 4 \Rightarrow c = 2$

Matrix für den Bedarf an Modulen je Computertyp: $B = \begin{pmatrix} 1 & 1 & 0 \\ 1 & 1 & 1 \\ 2 & 2 & 2 \end{pmatrix}$

6 Ein Produktionsprozess kann durch ein Verflechtungsdiagramm, durch eine Verflechtungstabelle oder durch eine Verflechtungsmatrix beschrieben werden.

a) Ergänzen Sie die fehlenden Werte.

**Verflechtungsdiagramm**

$R_1 \to Z_1$: 6; $R_1 \to Z_2$: 3; $R_2 \to Z_1$: 4; $R_2 \to Z_3$: 5; $R_3 \to Z_1$: 2; $R_3 \to Z_2$: 1; $R_3 \to Z_3$: 5

$Z_1 \to E_1$: 2; $Z_2 \to E_1$: 3; $Z_2 \to E_2$: 4; $Z_3 \to E_1$: 1; $Z_3 \to E_2$: 2

**Verflechtungstabelle**

| | $Z_1$ | $Z_2$ | $Z_3$ |
|---|---|---|---|
| $R_1$ | 6 | 3 | 0 |
| $R_2$ | 4 | 0 | 5 |
| $R_3$ | 2 | 1 | 5 |

| | $E_1$ | $E_2$ |
|---|---|---|
| $Z_1$ | 2 | 0 |
| $Z_2$ | 3 | 4 |
| $Z_3$ | 1 | 2 |

**Verflechtungsmatrix**

$$A = \begin{pmatrix} 6 & 3 & 0 \\ 4 & 0 & 5 \\ 2 & 1 & 5 \end{pmatrix} \qquad B = \begin{pmatrix} 2 & 0 \\ 3 & 4 \\ 1 & 2 \end{pmatrix}$$

b) Berechnen Sie die Rohstoff-Endprodukt-Matrix C.

$$C = A \cdot B = \begin{pmatrix} 6 & 3 & 0 \\ 4 & 0 & 5 \\ 2 & 1 & 5 \end{pmatrix} \cdot \begin{pmatrix} 2 & 0 \\ 3 & 4 \\ 1 & 2 \end{pmatrix} = \begin{pmatrix} 21 & 12 \\ 13 & 10 \\ 12 & 14 \end{pmatrix}$$

c) Interpretieren Sie die Elemente der Matrix C.

Für die Produktion je einer ME $E_1$ braucht man 21 ME $R_1$, 13 ME $R_2$ und 12 ME $R_3$.

Für die Produktion je einer ME $E_2$ braucht man 12 ME $R_1$, 10 ME $R_2$ und 14 ME $R_3$.

d) Interpretieren Sie die zweite Spalte der Matrix B.

Für die Produktion je einer ME $E_2$ braucht man 0 ME $Z_1$, 4 ME $Z_2$ und 2 ME $Z_3$.

e) Interpretieren Sie die erste Zeile der Matrix A.

Für die Produktion einer ME $Z_1$ braucht man 6 ME $R_1$ und für eine ME $Z_2$ 3 ME $R_1$ und für eine ME $Z_3$ kein $R_1$.



## Produktions-und Verbrauchsvektoren

1 Ein Betrieb fertigt in einem zweistufigen Produktionsprozess aus den Rohstoffen $R_1$, $R_2$ und $R_3$ zunächst die Zwischenprodukte $Z_1$, $Z_2$ und $Z_3$ und daraus die Endprodukte $E_1$, $E_2$ und $E_3$. Die Rohstoff-Zwischenprodukt-Matrix A und die Zwischenprodukt-Endprodukt-Matrix B sind gegeben durch

$$A = A_{RZ} = \begin{pmatrix} 2 & 3 & 1 \\ 1 & 1 & 1 \\ 1 & 4 & 4 \end{pmatrix} \text{ und } B = B_{ZE} = \begin{pmatrix} 4 & 3 & 4 \\ 2 & 2 & 2 \\ 3 & 1 & 5 \end{pmatrix}.$$

a) Bestimmen Sie den Verbrauch an Rohstoffen, um 6 ME von $Z_1$, 6 ME von $Z_2$ und 10 ME von $Z_3$ herzustellen.

Lösung: $\vec{r} = A_{RZ} \cdot \begin{pmatrix} 6 \\ 6 \\ 10 \end{pmatrix} = \begin{pmatrix} 40 \\ 22 \\ 70 \end{pmatrix}$

Es werden 40 ME $R_1$, 22 ME $R_2$ und 70 ME $R_3$ benötigt.

b) Bestimmen Sie den Bedarf an Zwischenprodukten, um jeweils 10 ME von $E_1$, $E_2$ und $E_3$ herzustellen.

Lösung: $\vec{z} = B_{ZE} \cdot \begin{pmatrix} 10 \\ 10 \\ 10 \end{pmatrix} = \begin{pmatrix} 110 \\ 60 \\ 90 \end{pmatrix}$

Es werden 110 ME von $Z_1$, 60 ME von $Z_2$ und 90 ME von $Z_3$ benötigt.

c) Berechnen Sie die Rohstoff-Endprodukt-Matrix C.

Lösung: $C = A \cdot B = \begin{pmatrix} 2 & 3 & 1 \\ 1 & 1 & 1 \\ 1 & 4 & 4 \end{pmatrix} \cdot \begin{pmatrix} 4 & 3 & 4 \\ 2 & 2 & 2 \\ 3 & 1 & 5 \end{pmatrix} = \begin{pmatrix} 17 & 13 & 19 \\ 9 & 6 & 11 \\ 24 & 15 & 32 \end{pmatrix} \quad C = C_{RE}$

d) Berechnen Sie den Verbrauch an Rohstoffen zur Herstellung von 10 ME von $E_1$, 10 ME von $E_2$ und 5 ME von $E_3$.

Lösung: $\vec{r} = C_{RE} \cdot \begin{pmatrix} 10 \\ 10 \\ 5 \end{pmatrix} = \begin{pmatrix} 395 \\ 205 \\ 550 \end{pmatrix}$

Es werden 395 ME $R_1$, 205 ME $R_2$ und 550 ME $R_3$ benötigt.



2 Ein Betrieb fertigt in einem zweistufigen Produktionsprozess aus den Rohstoffen $R_1$, $R_2$ und $R_3$ zunächst die Zwischenprodukte $Z_1$, $Z_2$ und $Z_3$ und daraus die Endprodukte $E_1$, $E_2$ und $E_3$. Die Rohstoff-Zwischenprodukt-Matrix A und die Zwischenprodukt-Endprodukt-Matrix B sind gegeben durch

$$A = \begin{pmatrix} 2 & 3 & 3 \\ 2 & 1 & 1 \\ 1 & 2 & 2 \end{pmatrix}; B = \begin{pmatrix} 2 & 1 & 1 \\ 1 & 2 & 2 \\ 3 & 1 & 0 \end{pmatrix}.$$

a) Bestimmen Sie den Verbrauch an Rohstoffen, um 5 ME von $Z_1$, 8 ME von $Z_2$ und 8 ME von $Z_3$ herzustellen.

Lösung: $\vec{r} = A_{RZ} \cdot \begin{pmatrix} 5 \\ 8 \\ 8 \end{pmatrix} = \begin{pmatrix} 58 \\ 26 \\ 37 \end{pmatrix}$

Es werden 58 ME $R_1$, 26 ME $R_2$ und 37 ME $R_3$ benötigt.

b) Ermitteln Sie, wieviele Zwischenprodukte benötigt werden, um 5 ME von $E_1$, 8 ME von $E_2$ und 8 ME von $E_3$ herzustellen

Lösung: $\vec{z} = B_{ZE} \cdot \begin{pmatrix} 5 \\ 8 \\ 8 \end{pmatrix} = \begin{pmatrix} 26 \\ 37 \\ 23 \end{pmatrix}$

Es werden 26 ME von $Z_1$, 37 ME von $Z_2$ und 23 ME von $Z_3$ benötigt.

c) Berechnen Sie die Rohstoff-Endprodukt-Matrix C.

Lösung: $C = A \cdot B = \begin{pmatrix} 2 & 3 & 3 \\ 2 & 1 & 1 \\ 1 & 2 & 2 \end{pmatrix} \cdot \begin{pmatrix} 2 & 1 & 1 \\ 1 & 2 & 2 \\ 3 & 1 & 0 \end{pmatrix} = \begin{pmatrix} 16 & 11 & 8 \\ 8 & 5 & 4 \\ 10 & 7 & 5 \end{pmatrix} = C_{RE}$

d) Bestimmen Sie den Bedarf an Rohstoffen zur Herstellung von 10 ME von $E_1$, 10 ME von $E_2$ und 5 ME von $E_3$.

Lösung: $\vec{r} = C_{RE} \cdot \begin{pmatrix} 10 \\ 10 \\ 5 \end{pmatrix} = \begin{pmatrix} 310 \\ 150 \\ 195 \end{pmatrix}$

Es werden 310 ME $R_1$, 150 ME $R_2$ und 195 ME $R_3$ benötigt.



3 Ein Betrieb fertigt in einem zweistufigen Produktionsprozess aus den Rohstoffen $R_1$, $R_2$ und $R_3$ zunächst die Zwischenprodukte $Z_1$, $Z_2$ und $Z_3$ und daraus die Endprodukte $E_1$, $E_2$ und $E_3$. Die Rohstoff-Zwischenprodukt-Matrix A und die Zwischenprodukt-Endprodukt-Matrix B sind gegeben durch

$$A = \begin{pmatrix} 1 & 1 & 0 \\ 2 & 1 & 1 \\ 1 & 0 & 2 \end{pmatrix} \text{ und } B = \begin{pmatrix} 2 & 1 & 1 \\ 1 & 2 & 1 \\ 0 & 1 & 0 \end{pmatrix}.$$

a) Es werden 9 ME von $R_1$, 18 ME von $R_2$ und 13 ME von $R_3$ verarbeitet. Bestimmen Sie die Fertigungszahlen der Zwischenprodukte.

Lösung: Aus $\vec{r} = A_{RZ} \cdot \vec{z}$ ergibt sich ein lineares Gleichungssystem für $z_1$, $z_2$ und $z_3$:

$z_1 + z_2 = 9$
$2z_1 + z_2 + z_3 = 19$
$z_1 + 2z_3 = 16$

$$\left(\begin{array}{ccc|c} 1 & 1 & 0 & 9 \\ 2 & 1 & 1 & 18 \\ 1 & 0 & 2 & 13 \end{array}\right) \sim \left(\begin{array}{ccc|c} 1 & 1 & 0 & 9 \\ 0 & -1 & 1 & 0 \\ 0 & 1 & -2 & -4 \end{array}\right) \sim \left(\begin{array}{ccc|c} 1 & 1 & 0 & 9 \\ 0 & -1 & 1 & 0 \\ 0 & 0 & -1 & -4 \end{array}\right)$$

Lösung des linearen Gleichungssystems: $z_1 = 5$; $z_2 = 4$; $z_3 = 4$

Es können 5 ME von $Z_1$, 4 ME von $Z_2$ und 4 ME von $Z_3$ gefertigt werden

b) Bestimmen Sie die Mengen an Endprodukten aus der Verarbeitung von 31 ME von $Z_1$, 26 ME von $Z_2$ und 5 ME von $Z_3$.

Lösung:

Aus $\vec{z} = B_{ZE} \cdot \vec{x}$ ergibt sich ein lineares Gleichungssystem: $\begin{pmatrix} 2 & 1 & 1 \\ 1 & 2 & 1 \\ 0 & 1 & 0 \end{pmatrix} \cdot \vec{x} = \begin{pmatrix} 31 \\ 26 \\ 5 \end{pmatrix}$

$$\left(\begin{array}{ccc|c} 2 & 1 & 1 & 31 \\ 1 & 2 & 1 & 26 \\ 0 & 1 & 0 & 5 \end{array}\right) \sim \left(\begin{array}{ccc|c} 2 & 1 & 1 & 31 \\ 0 & 3 & 1 & 21 \\ 0 & 1 & 0 & 5 \end{array}\right)$$

Lösung des linearen Gleichungssystems: $x_2 = 5$; $x_3 = 6$; $x_1 = 10$

Man kann 10 ME von $E_1$, 5 ME von $E_2$ und 6 ME von $E_3$ herstellen.

c) Berechnen Sie die Rohstoff-Endprodukt-Matrix C.

Lösung: $C = A \cdot B = \begin{pmatrix} 1 & 1 & 0 \\ 2 & 1 & 1 \\ 1 & 0 & 2 \end{pmatrix} \cdot \begin{pmatrix} 2 & 1 & 1 \\ 1 & 2 & 1 \\ 0 & 1 & 0 \end{pmatrix} = \begin{pmatrix} 3 & 3 & 2 \\ 5 & 5 & 3 \\ 2 & 3 & 1 \end{pmatrix}$

d) Endprodukte werden durch die Verarbeitung von 42 ME von $R_1$, 68 ME von $R_2$ und 30 ME von $R_3$ hergestellt. Bestimmen Sie die Produktionszahlen von $E_1$, $E_2$ und $E_3$.

Lösung:

Aus $C_{RE} \cdot \vec{x} = \vec{r}$ ergibt sich ein lineares Gleichungssystem: $\begin{pmatrix} 3 & 3 & 2 \\ 5 & 5 & 3 \\ 2 & 3 & 1 \end{pmatrix} \cdot \vec{x} = \begin{pmatrix} 42 \\ 68 \\ 30 \end{pmatrix}$

$$\left(\begin{array}{ccc|c} 3 & 3 & 2 & 42 \\ 5 & 5 & 3 & 68 \\ 2 & 3 & 1 & 30 \end{array}\right) \sim \left(\begin{array}{ccc|c} 3 & 3 & 2 & 42 \\ 0 & 0 & -1 & -6 \\ 0 & -3 & 1 & -6 \end{array}\right)$$

Lösung des linearen Gleichungssystems: $x_2 = 4$; $x_3 = 6$; $x_1 = 6$

Man kann 6 ME von $E_1$, 4 ME von $E_2$ und 6 ME von $E_3$ herstellen.

4 Ein Betrieb fertigt in einem zweistufigen Produktionsprozess aus den Rohstoffen $R_1$, $R_2$ und $R_3$ zunächst die Zwischenprodukte $Z_1$, $Z_2$ und $Z_3$ und daraus die Endprodukte $E_1$, $E_2$ und $E_3$.
A ist die Rohstoff-Zwischenprodukt-Matrix,
B ist die Zwischenprodukt-Endprodukt-Matrix,
C ist die Rohstoff-Endprodukt-Matrix,
$\vec{x}$ ist der Produktionsvektor (Endprodukte), $\vec{z}$ ist der Zwischenproduktvektor,
$\vec{r}$ ist der Verbrauchsvektor für die Rohstoffe.
Formulieren Sie eine geeignete Fragestellung. Ordnen Sie den Vektoren bzw. Matrizen einen Begriff zu.

| | |
|---|---|
| $A \cdot \begin{pmatrix}10\\7\\12\end{pmatrix} = \begin{pmatrix}10\\7\\12\end{pmatrix}$ | Man beabsichtigt, 10 ME $Z_1$, 7 ME $Z_2$ und 12 ME $Z_3$ herzustellen. Wie viele Rohstoffe benötigt man? $\begin{pmatrix}10\\7\\12\end{pmatrix}$ ist der ZP-Vektor, $\begin{pmatrix}10\\7\\12\end{pmatrix}$ ist der Rohstoff-Vektor. |
| $\begin{pmatrix}1&1&5\\2&1&1\\1&2&2\end{pmatrix} \cdot \begin{pmatrix}10\\20\\30\end{pmatrix} = \vec{z}$ | Wieviel ME $Z_1$, $Z_2$ und $Z_3$ braucht man, um 10 ME $E_1$, 20 ME $E_2$ und 30 ME $E_3$ herzustellen? $\begin{pmatrix}10\\20\\30\end{pmatrix}$ ist der Produktionsvektor. |
| $C \cdot \begin{pmatrix}10\\20\\22\end{pmatrix} = \begin{pmatrix}10\\7\\12\end{pmatrix}$ | Wie viel ME von $R_1$, $R_2$ und $R_3$ braucht man, um 10 ME $E_1$, 20 ME von $E_2$ und 22 ME von $E_3$ herzustellen? $\begin{pmatrix}10\\20\\22\end{pmatrix}$ ist der Produktionsvektor. |
| $\begin{pmatrix}1&4&5\\4&8&1\\3&2&6\end{pmatrix} \cdot \begin{pmatrix}2\\x_2\\x_3\end{pmatrix} = \begin{pmatrix}39\\37\\z_3\end{pmatrix}$ | Die Matrix ist die $B_{ZE}$-Matrix. Es werden 2 ME $E_1$ hergestellt. Wieviel ME $E_2$ und $E_3$ lassen sich aus 39 ME $Z_1$ und 37 ME $Z_2$ herstellen? Wieviel ME $Z_3$ braucht man dazu? |
| $\begin{pmatrix}1&2&2\\1&2&1\\3&2&1\end{pmatrix} \cdot \begin{pmatrix}10\\z_2\\2z_2\end{pmatrix} = \begin{pmatrix}r_1\\r_2\\50\end{pmatrix}$ | Die Matrix ist die $A_{RZ}$-Matrix; Von $Z_3$ werden doppelt so viele ME hergestellt wie von $Z_2$, von $Z_1$ werden 10 ME produziert. Wieviel ME von $R_1$ und $R_2$ braucht man, wenn 50 ME von $R_3$ vorrätig sind? |



5 In einem Betrieb werden aus den Rohstoffen $R_1$ und $R_2$ zunächst die Zwischenprodukte $Z_1$, $Z_2$ und $Z_3$ und daraus die Endprodukte $E_1$ und $E_2$ gefertigt.
Es werden 4 ME Endprodukte $E_1$ und 5 ME Endprodukte $E_2$ bestellt.

Das Verflechtungsdiagramm beschreibt die Fertigung.

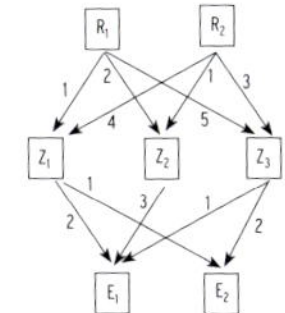


a) Geben Sie die Rohstoff-Zwischenprodukt-Matrix A und die Zwischenprodukt-Endprodukt-Matrix B an.

$A = \begin{pmatrix}1&2&5\\4&1&3\end{pmatrix}$ $\quad B = \begin{pmatrix}2&1\\3&0\\1&2\end{pmatrix}$

b) Berechnen Sie den hierfür benötigten Rohstoffbedarf, indem Sie zunächst die benötigten Zwischenproduktmengen berechnen.

$\vec{z} = B \cdot \vec{x} = \begin{pmatrix}2&1\\3&0\\1&2\end{pmatrix} \cdot \begin{pmatrix}4\\5\end{pmatrix} = \begin{pmatrix}13\\12\\14\end{pmatrix}$; $\quad \vec{r} = A \cdot \vec{z} = \begin{pmatrix}1&2&5\\4&1&3\end{pmatrix} \cdot \begin{pmatrix}13\\12\\14\end{pmatrix} = \begin{pmatrix}107\\106\end{pmatrix}$

c) Berechnen Sie den Rohstoffbedarf erneut mithilfe der Rohstoff-Endprodukt-Matrix C.

$C = A \cdot B = \begin{pmatrix}13&11\\14&10\end{pmatrix}$ $\quad \vec{r} = C \cdot \begin{pmatrix}4\\5\end{pmatrix} = \begin{pmatrix}107\\106\end{pmatrix}$

d) Es befinden sich 170 ME $R_1$ und 172 ME $R_2$ im Lager.
Ermitteln Sie, wie viele Endprodukte hiermit hergestellt werden können.

Durch Einsetzen in $C \cdot \vec{x} = \vec{r}$ und Ausmultiplizieren erhält man ein LGS:

$\begin{pmatrix}13&11\\14&10\end{pmatrix} \cdot \vec{x} = \begin{pmatrix}170\\172\end{pmatrix}$ $\quad \left(\begin{array}{cc|c}13&11&170\\14&10&172\end{array}\right) \sim \left(\begin{array}{cc|c}13&11&170\\0&-24&-144\end{array}\right)$

Lösung: $x_2 = 6$; $x_1 = 8$

Ergebnis:
Es können 8 ME Endprodukte $E_1$ und 6 ME $E_2$ gefertigt werden.



## *Kosten und Gewinn*

1 Ein Betrieb fertigt drei verschiedene Endprodukte $E_1$, $E_2$ und $E_3$ unter Verwendung von drei verschiedenen Rohstoffen $R_1$, $R_2$ und $R_3$. Die folgende Verflechtungsmatrix gibt an, wie viele Mengeneinheiten (ME) Rohstoffe für die Produktion von jeweils 1 ME Endprodukten benötigt werden:

$$C = \begin{pmatrix}4&2&8\\3&4&12\\2&1&7\end{pmatrix}$$

Die Kosten für die Rohstoffe betragen 8 Geldeinheiten (GE) pro ME $R_1$, 4 GE pro ME $R_2$ und 7 GE pro ME $R_3$. Bei der Herstellung der Endprodukte entstehen weitere Kosten, 12 GE pro ME $E_1$, 14 GE pro ME $E_2$ und 17 GE pro ME $E_3$. Die Verkaufspreise in GE pro ME der Endprodukte sind durch folgenden Vektor gegeben: $\vec{p} = (70 \;\; 60 \;\; 160)$.
Der Betrieb erhält einen Auftrag über 100 ME $E_1$ für 100 ME $E_2$ und für 80 ME $E_3$.

a) Berechnen Sie die gesamten Kosten für den Auftrag.

Rohstoffkosten je ME der Endprodukte: $(8 \;\; 4 \;\; 7) \cdot \begin{pmatrix}4&2&8\\3&4&12\\2&1&7\end{pmatrix} = (58 \;\; 39 \;\; 161)$

Rohstoffkosten für den Auftrag:

$K_R = (58 \;\; 39 \;\; 161) \cdot \begin{pmatrix}100\\100\\80\end{pmatrix} = 22\,580$

Herstellkosten für den Auftrag: $(12 \;\; 14 \;\; 17) \cdot \begin{pmatrix}100\\100\\80\end{pmatrix} = 3\,960$

Gesamte Kosten für den Auftrag: $22\,580 + 3\,960 = 26\,540$

Ergebnis: Die gesamten Kosten für den Auftrag betragen 26 540 GE.

Hinweis:
Gesamtkosten je ME Endprodukt: $(58 \;\; 39 \;\; 161) + (12 \;\; 14 \;\; 17) = (70 \;\; 53 \;\; 178)$

Gesamte Kosten für den Auftrag: $(70 \;\; 53 \;\; 178) \cdot \begin{pmatrix}100\\100\\80\end{pmatrix} = 26\,540$

b) Berechnen Sie den Gesamterlös für den Auftrag.

$E = (70 \;\; 60 \;\; 160) \cdot \begin{pmatrix}100\\100\\80\end{pmatrix} = 25800$

Ergebnis: Der Gesamterlös für den Auftrag beträgt 25800 GE

c) Berechnen Sie den Gewinn für diesen Auftrag.

$G = E - K = 25\,800 - 26\,540 = -740$

Mit diesem Auftrag wird ein Verlust von 740 GE erzielt.



2 Ein Betrieb fertigt drei verschiedene Endprodukte $E_1$, $E_2$ und $E_3$ unter Verwendung von drei verschiedenen Rohstoffen $R_1$, $R_2$ und $R_3$. Das folgende Verflechtungsdiagramm gibt an, wie viele Mengeneinheiten (ME) Rohstoffe für die Produktion von jeweils 1 ME Endprodukten benötigt werden.

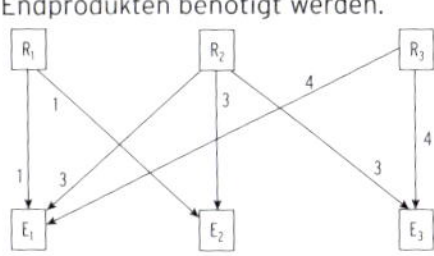


Die gesamten Herstellkosten in Geldeinheiten (GE) pro ME der Endprodukte sind durch folgenden Vektor gegeben: $\vec{k}_v = (2 \;\; 2{,}5 \;\; 3)$.
Die Verkaufspreise in Geldeinheiten (GE) pro ME der Endprodukte sind durch folgenden Vektor gegeben: $\vec{p} = (3 \;\; 4 \;\; 6)$.
Der Betrieb erhält einen Auftrag über 100 ME $E_1$, 80 ME $E_2$ und 50 ME $E_3$.

a) Geben Sie die zugehörige Verflechtungsmatrix an.

$V = \begin{pmatrix}1&1&0\\3&3&3\\4&0&4\end{pmatrix}$

b) Berechnen Sie die Gesamtkosten für den Auftrag.

$K = (2 \;\; 2{,}5 \;\; 3) \cdot \begin{pmatrix}100\\80\\50\end{pmatrix} = 550$

c) Berechnen Sie den Gesamterlös für den Auftrag.

$E = (3 \;\; 4 \;\; 6) \cdot \begin{pmatrix}100\\80\\50\end{pmatrix} = 920$

d) Berechnen Sie den Gewinn und den Gesamtdeckungsbeitrag für diesen Auftrag.

$G = E - K = 920 - 550 = 370$

$db = \vec{p} - \vec{k}_v = (3 \;\; 4 \;\; 6) - (2 \;\; 2{,}5 \;\; 3) = (1 \;\; 1{,}5 \;\; 3)$ $\quad DB = db \cdot \begin{pmatrix}100\\80\\50\end{pmatrix} = 370$

e) Die Rohstoffkosten betragen 0,1 GE pro ME $R_1$, 0,05 GE pro ME $R_2$ und 0,1 GE pro ME $R_3$. Ermitteln Sie die Rohstoffkosten je ME der Endprodukte.
Bestimmen Sie die Rohstoffkosten für diesen Auftrag.

$(0{,}1 \;\; 0{,}05 \;\; 0{,}1) \begin{pmatrix}1&1&0\\3&3&3\\4&0&4\end{pmatrix} = (0{,}65 \;\; 0{,}25 \;\; 0{,}55)$ Rohstoffkosten je ME Endprodukt

$(0{,}65 \;\; 0{,}25 \;\; 0{,}55) \cdot \begin{pmatrix}100\\80\\50\end{pmatrix} = 112{,}5$ Gesamtrohstoffkosten für den Auftrag

3 Ein Betrieb fertigt in einem zweistufigen Produktionsprozess aus den Rohstoffen $R_1$, $R_2$ und $R_3$ zunächst die Zwischenprodukte $Z_1$, $Z_2$ und $Z_3$ und daraus die Endprodukte $E_1$, $E_2$ und $E_3$. Die Zwischenprodukt-Endprodukt-Matrix und die Rohstoff-Endprodukt-Matrix sind gegeben durch $B = \begin{pmatrix} 1 & 2 & 1 \\ 1 & 2 & 1 \\ 0 & 1 & 3 \end{pmatrix}$ und $C = \begin{pmatrix} 4 & 3 & 5 \\ 8 & 6 & 3 \\ 3 & 3 & 4 \end{pmatrix}$.

Die Kosten in Geldeinheiten (GE) pro ME für die Rohstoffe, die Kosten für die Fertigung der Zwischenprodukte und die Kosten für die Produktion der Endprodukte sind durch folgende Vektoren gegeben: $\vec{k}_R = (1 \;\; 2{,}5 \;\; 4)$

$\vec{k}_Z = (10 \;\; 10 \;\; 12)$

$\vec{k}_E = (50 \;\; 80 \;\; 100)$.

a) Berechnen Sie die variablen Herstellkosten je ME Endprodukt.

Dabei gilt: $\vec{k}_v = \vec{k}_R \cdot C + \vec{k}_Z \cdot B + \vec{k}_E$

Einsetzen ergibt: $\vec{k}_v = (1 \;\; 2{,}5 \;\; 4) \begin{pmatrix} 4 & 3 & 5 \\ 8 & 6 & 3 \\ 3 & 3 & 4 \end{pmatrix} + (10 \;\; 10 \;\; 12) \cdot \begin{pmatrix} 1 & 2 & 1 \\ 1 & 2 & 1 \\ 0 & 1 & 3 \end{pmatrix} + (50 \;\; 80 \;\; 100)$

$\vec{k}_v = (36 \;\; 30 \;\; 28{,}5) + (20 \;\; 52 \;\; 56) + (50 \;\; 80 \;\; 100)$

$\vec{k}_v = (106 \;\; 162 \;\; 184{,}5)$

b) Für einen Auftrag über 20 ME von E1, 10 ME von E2 und 30 ME von E3 betragen die Fixkosten 1200 GE. Berechnen Sie die Gesamtkosten für diesen Auftrag.

$K = \vec{k}_v \cdot \vec{x} + K_f = (106 \;\; 162 \;\; 184{,}5) \cdot \begin{pmatrix} 20 \\ 10 \\ 30 \end{pmatrix} + 1200 = 10475$

c) Die Verkaufspreise je ME betragen für $E_1$ 130 GE, für $E_2$ 175 GE und für $E_3$ 210 GE. Berechnen Sie den Gewinn und den Gesamtdeckungsbeitrag für diesen Auftrag.

Erlös $E = (130 \;\; 175 \;\; 210) \cdot \begin{pmatrix} 20 \\ 10 \\ 30 \end{pmatrix} = 10650$

Gewinn = Erlös − Kosten = 10650 − 10475 = 175

$db = \vec{p} - \vec{k}_v = (130 \;\; 175 \;\; 210) - (106 \;\; 162 \;\; 184{,}5) = (24 \;\; 13 \;\; 25{,}5)$

$DB = db \cdot \vec{x} = (24 \;\; 13 \;\; 25{,}5) \cdot \begin{pmatrix} 20 \\ 10 \\ 30 \end{pmatrix} = 1375$

Hinweis: $DB = G + K_f$

Der Gewinn für diesen Auftrag beträgt 175 GE, der Gesamtdeckungsbeitrag 1375 GE.



4 Ein Betrieb fertigt in einem zweistufigen Produktionsprozess aus den Rohstoffen $R_1$, $R_2$ und $R_3$ zunächst die Zwischenprodukte $Z_1$, $Z_2$ und $Z_3$ und daraus die Endprodukte $E_1$, $E_2$ und $E_3$. Die Rohstoff-Endprodukt-Matrix C und die Zwischenprodukt-Endprodukt-Matrix B sind gegeben durch

$B = \begin{pmatrix} 2 & 1 & 1 \\ 1 & 2 & 1 \\ 0 & 1 & 0 \end{pmatrix}$ und $C = \begin{pmatrix} 3 & 3 & 2 \\ 5 & 5 & 3 \\ 2 & 3 & 1 \end{pmatrix}$.

Die Kosten in Geldeinheiten (GE) pro ME für die Rohstoffe, die Kosten für die Fertigung der Zwischenprodukte und die Kosten für die Produktion der Endprodukte sind durch folgende Vektoren gegeben: $\vec{k}_R = (3 \;\; 4 \;\; 6)$;

$\vec{k}_Z = (14 \;\; 16 \;\; 15)$;

$\vec{k}_E = (65 \;\; 80 \;\; 75)$.

a) Berechnen Sie die variablen Herstellkosten je ME Endprodukt.

Dabei gilt: $\vec{k}_v = \vec{k}_R \cdot C + \vec{k}_Z \cdot B + \vec{k}_E$

$\vec{k}_v = (3 \;\; 4 \;\; 6) \cdot \begin{pmatrix} 3 & 3 & 2 \\ 5 & 5 & 3 \\ 2 & 3 & 1 \end{pmatrix} + (14 \;\; 16 \;\; 15) \cdot \begin{pmatrix} 2 & 1 & 1 \\ 1 & 2 & 1 \\ 0 & 1 & 0 \end{pmatrix} + (65 \;\; 80 \;\; 75)$

$= (41 \;\; 47 \;\; 24) + (44 \;\; 61 \;\; 30) + (65 \;\; 80 \;\; 75) = (150 \;\; 188 \;\; 129)$

Die variablen Herstellkosten je ME Endprodukt $E_1$ betragen 150 GE, für $E_2$ 188 GE und für $E_3$ 129 GE.

b) Für einen Auftrag über 10 ME von $E_1$, 10 ME von $E_2$ und 20 ME von $E_3$ betragen die Fixkosten 700 GE. Berechnen Sie die Gesamtkosten für diesen Auftrag.

Gesamtkosten für den Auftrag: $(150 \;\; 188 \;\; 129) \begin{pmatrix} 10 \\ 10 \\ 20 \end{pmatrix} + 700 = 6660$

Die Gesamtkosten für den Auftrag betragen 6660 GE.

c) Die Verkaufspreise je ME betragen für $E_1$ 180 GE, für $E_2$ 190 GE und für $E_3$ 240 GE. Berechnen Sie den Gewinn und den Gesamtdeckungsbeitrag für diesen Auftrag.

Erlös für den Auftrag: $(180 \;\; 190 \;\; 240) \cdot \begin{pmatrix} 10 \\ 10 \\ 20 \end{pmatrix} = 8500$

Gewinn für den Auftrag: 8500 − 6660 = 1840

Der Gewinn für den Auftrag beträgt 1840 GE.

$db = \vec{p} - \vec{k}_v = (180 \;\; 190 \;\; 240) - (150 \;\; 188 \;\; 129) = (30 \;\; 2 \;\; 111)$

$DB = db \cdot \begin{pmatrix} 10 \\ 10 \\ 20 \end{pmatrix} = 2540$ vgl.: $DB = G + K_f = 1840 + 700 = 2540$

Der Gesamtdeckungsbeitrag für diesen Auftrag beträgt 2540 GE.



5 Ein Betrieb fertigt aus den Rohstoffen $R_1$ und $R_2$ zunächst die Zwischenprodukte $Z_1$, $Z_2$ und $Z_3$ und daraus die Endprodukte $E_1$ und $E_2$. Die Rohstoff-Zwischenprodukt-Matrix A und die Zwischenprodukt-Endprodukt-Matrix B sind gegeben durch

$A = \begin{pmatrix} 1 & 3 & 4 \\ 2 & 1 & 3 \end{pmatrix}$; $B = \begin{pmatrix} 3 & 1 \\ 0 & 2 \\ 3 & 4 \end{pmatrix}$

Die Kosten für die Rohstoffe, die Kosten für die Fertigung der Zwischenprodukte und die Kosten für die Produktion der Endprodukte betragen in GE pro ME:

| $R_1$ | $R_2$ |
|---|---|
| 2 | 3 |

| $Z_1$ | $Z_2$ | $Z_3$ |
|---|---|---|
| 3 | 4 | 2 |

| $E_1$ | $E_2$ |
|---|---|
| 4 | 3 |

Pro Bestellung fallen zudem Fixkosten in Höhe von 50 GE an.
Ein Kunde bestellt 5 ME von $E_1$ und 4 ME von $E_2$.

a) Berechnen Sie die hierfür benötigten Zwischenprodukt- und Rohstoffmengen.

$\vec{z} = B \cdot \begin{pmatrix} 5 \\ 4 \end{pmatrix} = \begin{pmatrix} 19 \\ 8 \\ 31 \end{pmatrix}$ $\quad \vec{r} = A \cdot \begin{pmatrix} 19 \\ 8 \\ 31 \end{pmatrix} = \begin{pmatrix} 167 \\ 139 \end{pmatrix}$

b) Berechnen Sie die gesamten Kosten für Rohstoffe, Zwischenprodukte und Endprodukte, die für diesen Auftrag anfallen.

$K_R = \vec{k}_R \cdot \vec{r} = (2 \;\; 3) \cdot \begin{pmatrix} 167 \\ 139 \end{pmatrix} = 751$

$K_Z = \vec{k}_Z \cdot \vec{z} = (3 \;\; 4 \;\; 2) \cdot \begin{pmatrix} 19 \\ 8 \\ 31 \end{pmatrix} = 151$

$K_E = \vec{k}_E \cdot \vec{x} = (4 \;\; 3) \cdot \begin{pmatrix} 5 \\ 4 \end{pmatrix} = 32$

c) Berechnen Sie die gesamten Herstellkosten für die Bestellung.

$K = K_R + K_Z + K_E + K_f = 751 + 151 + 32 + 50 = 984$

Die gesamten Herstellkosten für die Bestellung betragen 984 GE.



5 Fortsetzung

d) Berechnen Sie die variablen Herstellkosten der beiden Endprodukte.

Berechnung der Rohstoff-Endprodukt-Matrix C:

$C = A \cdot B = \begin{pmatrix} 1 & 3 & 4 \\ 2 & 1 & 3 \end{pmatrix} \cdot \begin{pmatrix} 3 & 1 \\ 0 & 2 \\ 3 & 4 \end{pmatrix} = \begin{pmatrix} 15 & 23 \\ 15 & 16 \end{pmatrix}$

Berechnung von $k_v$:

$k_v = \vec{k}_R \cdot C + \vec{k}_Z \cdot B + \vec{k}_E$

$= (2 \;\; 3) \begin{pmatrix} 15 & 23 \\ 15 & 16 \end{pmatrix} + (3 \;\; 4 \;\; 2) \cdot \begin{pmatrix} 3 & 1 \\ 0 & 2 \\ 3 & 4 \end{pmatrix} + (4 \;\; 3)$

$= (75 \;\; 94) + (15 \;\; 19) + (4 \;\; 3) = (94 \;\; 116)$

e) Berechnen Sie erneut die gesamten Herstellkosten, mithilfe der variablen Herstellkosten (vgl. Teilaufgabe c)).

$K = K_V + K_f = (94 \;\; 116) \begin{pmatrix} 5 \\ 4 \end{pmatrix} + 50 = 984$

f) Das Endprodukt $E_1$ wird zu 125 GE je ME, das Endprodukt $E_2$ zu 150 GE je ME verkauft. Welchen Gewinn erzielt der Betrieb durch die Bestellung?

Berechnung des Erlöses, der durch die Bestellung anfällt:

$E = (125 \;\; 150) \begin{pmatrix} 5 \\ 4 \end{pmatrix} = 1225$

Durch den Zusammenhang Gewinn = Erlös − Gesamtkosten

erhält man $G = 1225 - 984 = 241$ (GE)

g) Der Verkaufspreis pro ME nur von $E_2$ soll geändert werden. Bestimmen Sie den Verkaufspreis, sodass die Bestellung zu einem Gewinn von 300 GE führt.

Nötiger Erlös: 1284 $\quad (125 \;\; p) \begin{pmatrix} 5 \\ 4 \end{pmatrix} = 1284 \quad 1284 = 984 + 300$

$625 + 4p = 1284$

$p = 164{,}75$

Der Verkaufspreis pro ME von $E_2$ müsste 164,75 GE betragen.

6. Ordnen Sie durch Pfeile zu.

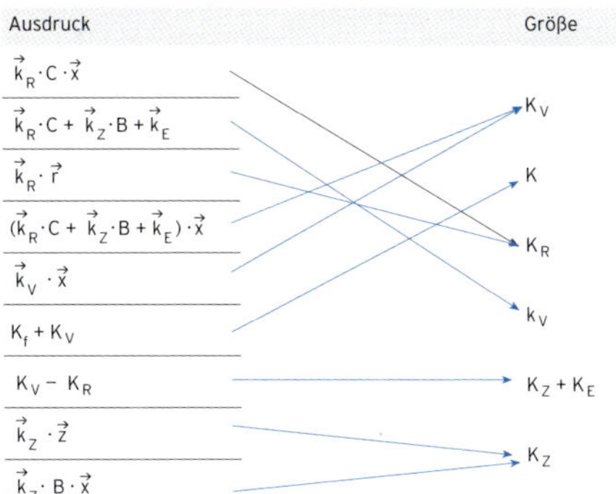


Bezeichnungen:

| | |
|---|---|
| $K$ | Gesamtherstellkosten |
| $K_f$ | Fixkosten |
| $K_V$ | variable Gesamtkosten |
| $K_R$ | Gesamtrohstoffkosten |
| $K_Z$; $K_E$ | Fertigungskosten für Zwischenprodukte bzw. Endprodukte |
| $k_Z$; $k_E$ | Herstellkosten je ME Zwischenprodukt bzw. je ME Endprodukt |
| $k_R$ | Rohstoffkosten je ME Rohstoffe |
| $k_V$ | variable Stückkosten je ME Endprodukte |



## 6 Leontiefmodell

1 Eine Verflechtung nach Leontief wird beschrieben durch eine Tabelle, eine Inputmatrix oder ein Verflechtungsdiagramm. Bestimmen Sie die fehlenden Angaben.

a)

| | $B_1$ | $B_2$ | $B_3$ | Konsum |
|---|---|---|---|---|
| $B_1$ | 100 | 20 | 40 | 40 |
| $B_2$ | 40 | 60 | 40 | 20 |
| $B_3$ | 40 | 40 | 80 | 0 |

$$A = \begin{pmatrix} 0,5 & 0,125 & 0,25 \\ 0,2 & 0,375 & 0,25 \\ 0,2 & 0,25 & 0,5 \end{pmatrix};\ \vec{x} = \begin{pmatrix} 200 \\ 160 \\ 160 \end{pmatrix}$$

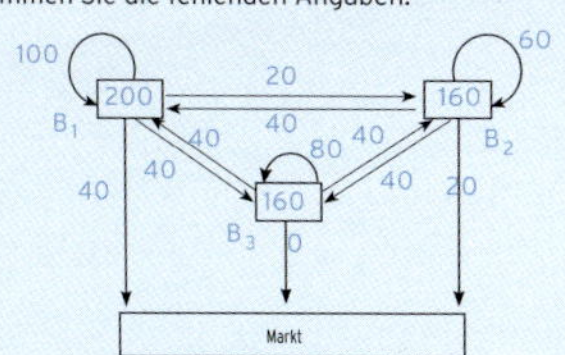


b) 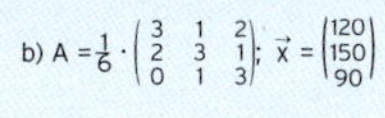

$$A = \frac{1}{6} \cdot \begin{pmatrix} 3 & 1 & 2 \\ 2 & 3 & 1 \\ 0 & 1 & 3 \end{pmatrix};\ \vec{x} = \begin{pmatrix} 120 \\ 150 \\ 90 \end{pmatrix}$$

| | $B_1$ | $B_2$ | $B_3$ | Konsum |
|---|---|---|---|---|
| $B_1$ | 60 | 25 | 30 | 5 |
| $B_2$ | 40 | 75 | 15 | 20 |
| $B_3$ | 0 | 25 | 45 | 20 |

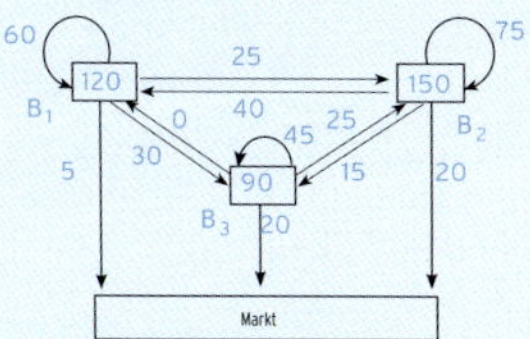


c)

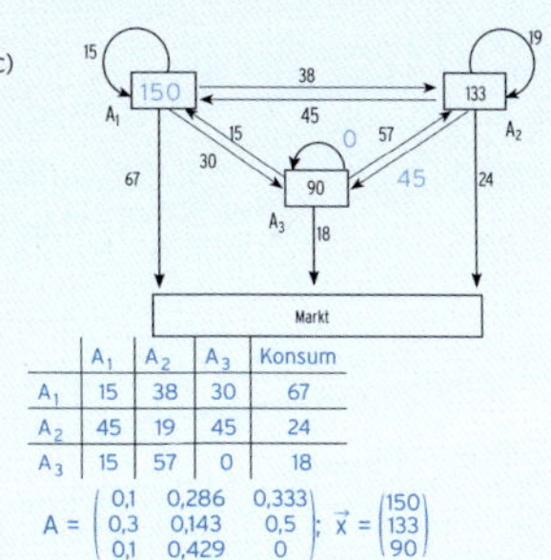


| | $A_1$ | $A_2$ | $A_3$ | Konsum |
|---|---|---|---|---|
| $A_1$ | 15 | 38 | 30 | 67 |
| $A_2$ | 45 | 19 | 45 | 24 |
| $A_3$ | 15 | 57 | 0 | 18 |

$$A = \begin{pmatrix} 0,1 & 0,286 & 0,333 \\ 0,3 & 0,143 & 0,5 \\ 0,1 & 0,429 & 0 \end{pmatrix};\ \vec{x} = \begin{pmatrix} 150 \\ 133 \\ 90 \end{pmatrix}$$



2 Bestimmen Sie die Leontief-Inverse. Jede Nachfrage kann erfüllt werden. Nehmen Sie begründet Stellung.

a) $A = \begin{pmatrix} 0,5 & 0,2 \\ 0,3 & 0,2 \end{pmatrix}$; $E - A = \begin{pmatrix} 1 & 0 \\ 0 & 1 \end{pmatrix} - \begin{pmatrix} 0,5 & 0,2 \\ 0,3 & 0,2 \end{pmatrix} = \begin{pmatrix} 0,5 & -0,2 \\ -0,3 & 0,8 \end{pmatrix}$; $(E - A)^{-1} = \begin{pmatrix} 2,35 & 0,59 \\ 0,88 & 1,47 \end{pmatrix}$

b) $A = \begin{pmatrix} 0,5 & 0,3 & 0,2 \\ 0,3 & 0,25 & 0 \\ 0,1 & 0,1 & 0,4 \end{pmatrix}$; $E - A = \begin{pmatrix} 0,5 & -0,3 & -0,2 \\ -0,3 & 0,75 & 0 \\ -0,1 & -0,1 & 0,6 \end{pmatrix}$; $(E - A)^{-1} = \begin{pmatrix} 3 & 1,33 & 1 \\ 1,2 & 1,87 & 0,4 \\ 0,7 & 0,53 & 1,9 \end{pmatrix}$

a) NR: $0,5 \cdot x - 0,2 \cdot 0,88 = 1 \Rightarrow x = 2,35$ $\quad -0,3 \cdot 0,59 + 0,8 \cdot y = 1 \Rightarrow y = 1,47$

b) $0,5 \cdot x - 0,3 \cdot 1,2 - 0,2 \cdot 0,7 = 1 \Rightarrow x = 3$
Alle Elemente der Inversen sind positiv, jede Nachfrage kann befriedigt werden.

3 $A_1$ erhöht seine Produktion um 10 %,
$A_2$ erhöht seine Produktion um 20 %.
Berechnen Sie die neuen Liefermengen.

| | $A_1$ | $A_2$ | $A_3$ | Konsum | Produktion |
|---|---|---|---|---|---|
| $A_1$ | 22 | 48 | 20 | 20 | 110 |
| $A_2$ | 22 | 24 | 16 | 34 | 96 |
| $A_3$ | 16,5 | 36 | 90 | 17,5 | 160 |

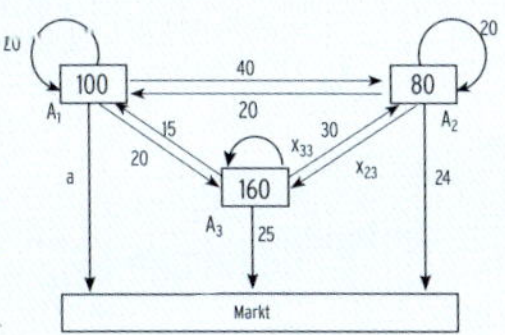


4 Die drei Zweigwerke $B_1$, $B_2$ und $B_3$ sind nach Leontief miteinander verknüpft.

| | $B_1$ | $B_2$ | $B_3$ | Konsum | Produktion |
|---|---|---|---|---|---|
| $B_1$ | 10 | 10 | 40 | 40 | 100 |
| $B_2$ | 40 | 80 | 40 | 40 | 200 |
| $B_3$ | 20 | 30 | 60 | 10 | 120 |

Zweigwerk $B_1$ poduziert 100 ME Waren und gibt 40 ME an den Markt ab.

Zweigwerk $B_1$ braucht zur Produktion von 150 ME eine Lieferung von 15 ME von $B_1$,

eine Lieferung von 60 ME von $B_2$ und eine Lieferung von 30 ME von $B_3$

Zweigwerk $B_3$ gibt an Werk $B_1$ 20 ME und an Werk $B_2$ 30 ME.

$B_3$ erhöht seine Produktion um 20 %, die Konsumabgaben bleiben erhalten.

Dazu erhöht $B_3$ seinen Eigenverbrauch um 12 ME, $B_2$ erhöht seine Lieferung

an $B_3$ um 8 ME und $B_1$ liefert 48 ME an $B_3$.



5 Eine Verflechtung der drei Zweigwerke $A_1$, $A_2$ und $A_3$ nach Leontief wird beschrieben

durch die Inputmatrix $A = \begin{pmatrix} 0,3 & 0,2 & 0,2 \\ 0,3 & 0,3 & 0 \\ 0,4 & 0,1 & 0,4 \end{pmatrix}$.

Berechnen Sie und interpretieren Sie Ihr Ergebnis im Sachzusammenhang.

a) $A \cdot \begin{pmatrix} 20 \\ 20 \\ 50 \end{pmatrix} = \begin{pmatrix} 20 \\ 12 \\ 30 \end{pmatrix}$ ; innerbetrieblicher Absatz

b) $(E - A) \cdot \begin{pmatrix} 10 \\ 30 \\ 20 \end{pmatrix} = \begin{pmatrix} -3 \\ 18 \\ 5 \end{pmatrix}$; Die Produktion $\vec{x} = \begin{pmatrix} 10 \\ 30 \\ 20 \end{pmatrix}$ ist nicht möglich.

c) $(E - A)^{-1} = \begin{pmatrix} 2,1 & 0,7 & 0,7 \\ 0,9 & 1,7 & 0,3 \\ 1,6 & 0,8 & 2,2 \end{pmatrix}$; gerundete Werte; jede Nachfrage ist zu befriedigen.

d) $(E - A) \cdot \vec{x} = \begin{pmatrix} 10 \\ 30 \\ 20 \end{pmatrix}$ ; Die Produktion $\vec{x} = \begin{pmatrix} 57,1 \\ 67,3 \\ 82,7 \end{pmatrix}$ ermöglicht die Marktabgabe $\vec{y} = \begin{pmatrix} 10 \\ 30 \\ 20 \end{pmatrix}$.

d) $(E - A) \cdot \begin{pmatrix} 10 \\ x_2 \\ 10 \end{pmatrix} = \begin{pmatrix} y_1 \\ 11 \\ y_3 \end{pmatrix}$; Das LGS $7 - 0,2x_2 - 2 = y_1 \wedge 0,7x_2 = 14 \wedge -4 - 0,1x_2 + 6 = y_3$ hat die Lösung $x_2 = 20$; $y_1 = 1$; $y_3 = 0$: Wenn $A_1$ und $A_3$ 10 ME produzieren und $A_2$ 11 ME an den Markt abgibt, muss $A_2$ 20 ME produzieren und $A_1$ und $A_3$ 1 ME bzw. 0 ME an den Markt abgeben.

6 Entscheiden Sie, ob die Aussagen wahr oder falsch sind.

| | | |
|---|---|---|
| a) | In der Inputmatrix kommen nur Elemente kleiner als 1 vor. | ☒ wahr<br>☐ falsch |
| b) | Die Produktion der Abteilung $A_1$ steigt um 10 %, die Lieferung von $A_1$ an die Abteilung $A_2$ steigt um 15 %. | ☐ wahr<br>☒ falsch |
| c) | Existiert die Leontief-Inverse, so kann jede Nachfrage befriedigt werden. | ☐ wahr<br>☒ falsch |
| d) | Das Element $a_{21}$ der Inputmatrix beschreibt die anteilige Lieferung der Abteilung $A_2$ an die Abteilung $A_1$. | ☒ wahr<br>☐ falsch |
| e) | Das Element $a_{23}$ der Inputmatrix beschreibt den Anteil der Lieferung von $A_2$, so dass $A_3$ eine Einheit produzieren kann. | ☒ wahr<br>☐ falsch |

7 Eine Verflechtung der drei Zweigwerke $A_1$, $A_2$ und $A_3$ nach Leontief wird beschrieben durch die folgende Tabelle.

| | $A_1$ | $A_2$ | $A_3$ | Produktion |
|---|---|---|---|---|
| $A_1$ | 16 | 40 | 24 | 80 |
| $A_2$ | 0 | 8 | 0 | 80 |
| $A_3$ | 16 | 0 | 8 | 40 |

a) Bestimmen Sie die Inputmatrix.

$$A = \begin{pmatrix} 0{,}2 & 0{,}5 & 0{,}6 \\ 0 & 0{,}1 & 0 \\ 0{,}2 & 0 & 0{,}2 \end{pmatrix}$$

b) Berechnen Sie den Konsum, wenn $A_1$ 120 ME, $A_2$ 84 ME und $A_3$ 90 ME produziert.

$$(E - A) \cdot \vec{x} = \begin{pmatrix} 0{,}8 & -0{,}5 & -0{,}6 \\ 0 & 0{,}9 & 0 \\ -0{,}2 & 0 & 0{,}8 \end{pmatrix} \cdot \begin{pmatrix} 120 \\ 84 \\ 90 \end{pmatrix} = \begin{pmatrix} 0 \\ 75{,}6 \\ 48 \end{pmatrix} = \vec{y}$$

c) Die Leontief-Inverse hat die folgende Form: $(E - A)^{-1} = \frac{1}{t} \cdot \begin{pmatrix} 36 & 20 & 27 \\ 0 & a & 0 \\ 9 & b & 36 \end{pmatrix}$.

Bestimmen Sie die in der Leontief-Inversen enthaltenen Parameter.

$(E - A)^{-1} \cdot (E - A) = E$

$\frac{1}{t}(0{,}8 \cdot 36 - 0{,}6 \cdot 9) = 1 \Rightarrow t = 23{,}4$ $\qquad 0{,}9 \cdot a = 23{,}4 \Rightarrow a = 26$

$-0{,}2 \cdot 20 + 0{,}8 \cdot b = 0 \Rightarrow b = 5$

8 In einem Wirtschaftssystem sind drei Sektoren nach dem Leontief-Modell miteinander verbunden. Der Güterfluss in Mengeneinheiten wird durch die Technologiematrix

$$A_t = \begin{pmatrix} 0 & 0{,}01 & 0{,}02 \\ 0{,}02 & 0{,}05 & 0{,}09 \\ 0{,}2 & 0{,}4 & 0{,}01 \cdot t \end{pmatrix}$$ mit $t \in [0; 100]$ beschrieben.

Für das erste Quartal des Jahres liegt folgende unvollständige Verflechtungstabelle vor:

| | $A_1$ | $A_2$ | $A_3$ | Markt | Produktion |
|---|---|---|---|---|---|
| $A_1$ | 0 | 55 | 260 | a | 5000 |
| $A_2$ | 100 | 275 | 1170 | 3955 | b |
| $A_3$ | c | d | 780 | 9020 | 13000 |

Bestimmen Sie a, b, c und d sowie den Wert des Parameters t für diese Situation.

Mit den Bezeichnungen der Input-Output-Tabelle, den Werten der Inputmatrix und dem Text ergibt sich:

1. Zeile: $a = 5000 - 55 - 260 = 4685$

2. Zeile: $b = 100 + 275 + 1170 + 3955 = 5500$

3. Zeile: $c = 0{,}2 \cdot 5000 = 1000$, $d = 0{,}4 \cdot 5500 = 2200$ und

$0{,}01 \cdot t \cdot 13000 = 780 \Leftrightarrow t = 6$



9 Die verschiedenen Präparate werden in drei unterschiedlichen Produktionsabteilungen $P_1$, $P_2$ und $P_3$ hergestellt. Diese sind nach dem Leontief-Modell miteinander verflochten. Die Liefermengen der folgenden Input-Output Tabelle sind in Mengeneinheiten (ME) angegeben.

| | $P_1$ | $P_2$ | $P_3$ | Markt |
|---|---|---|---|---|
| $P_1$ | 28 | 0 | 84 | 28 |
| $P_2$ | 0 | 224 | 28 | 28 |
| $P_3$ | 28 | 14 | 77 | 21 |

a) Berechnen Sie den zugehörigen Produktionsvektor $\vec{x}$.

$x_1 = 28 + 84 + 28 = 140$

$x_2 = 224 + 28 + 28 = 280$ $\qquad \vec{x} = \begin{pmatrix} 140 \\ 280 \\ 140 \end{pmatrix}$

$x_3 = 28 + 14 + 77 + 21 = 140$

b) Erstellen Sie die Technologiematrix A und erläutern Sie die Bedeutung der Elemente $a_{11}$ und $a_{12}$ der Technologiematrix A.

Technologiematrix A $\qquad A = \begin{pmatrix} \frac{28}{140} & 0 & \frac{84}{140} \\ 0 & \frac{224}{280} & \frac{28}{140} \\ \frac{28}{140} & \frac{14}{280} & \frac{77}{140} \end{pmatrix} = \begin{pmatrix} 0{,}2 & 0 & 0{,}6 \\ 0 & 0{,}8 & 0{,}2 \\ 0{,}2 & 0{,}05 & 0{,}55 \end{pmatrix}$

Bedeutung der Elemente:

$a_{11} = 0{,}2$: $P_1$ hat einen Eigenbedarf von 0,2 ME zur Produktion von einer ME

$a_{21} = 0$: zur Produktion benötigt $P_1$ keine Leistung von $P_2$.

c) Durch die Modernisierung der Produktionsabteilung $P_3$ verändert sich ihr Eigenbedarf. Der Parameter u in $A_u$ beschreibt diese Auswirkungen.

$$A_u = \begin{pmatrix} 0{,}2 & 0 & 0{,}6 \\ 0 & 0{,}8 & 0{,}2 \\ 0{,}2 & 0{,}05 & 8 - u \end{pmatrix}$$ mit $u \in \mathbb{R}$.

Ermitteln Sie, für welche Werte von u die Leontief-Inverse $(E - A_u)^{-1}$ existiert. Beschreiben Sie, welche Bedingungen bezüglich der Leontief-Inversen erfüllt sein müssen, damit jede externe Nachfrage befriedigt werden kann.

$$E - A_u = \begin{pmatrix} 0{,}8 & 0 & -0{,}6 \\ 0 & 0{,}2 & -0{,}2 \\ -0{,}2 & -0{,}05 & 0{,}2 + u \end{pmatrix} \sim \begin{pmatrix} 0{,}8 & 0 & 0{,}6 \\ 0 & 0{,}2 & -0{,}2 \\ 0 & -0{,}2 & 0{,}2 + 4u \end{pmatrix} \sim \begin{pmatrix} 0{,}8 & 0 & 0{,}6 \\ 0 & 0{,}2 & -0{,}2 \\ 0 & 0 & 4u \end{pmatrix}$$

Wenn $u \neq 0$ ist, existiert die Inverse, denn dann ist $Rg(E - A_u) = 3$.

Die Matrix E − A muss invertierbar sein und die Inverse darf nur nichtnegative Elemente enthalten.



## 7 Stochastische Übergangsprozesse

1 Ein stochastischer Übergangsprozess kann durch ein Diagramm, eine Tabelle oder durch die Übergangsmatrix beschrieben werden. Ergänzen Sie die fehlenden Werte.

Diagramm | Tabelle | Übergangsmatrix

| Nach \ Von | X | Y |
|---|---|---|
| X | 0,7 | 0,4 |
| Y | 0,3 | 0,6 |

$A = \begin{pmatrix} 0{,}7 & 0{,}4 \\ 0{,}3 & 0{,}6 \end{pmatrix}$

| Nach \ Von | X | Y |
|---|---|---|
| X | 0,1 | 0,5 |
| Y | 0,9 | 0,5 |

$A = \begin{pmatrix} 0{,}1 & 0{,}5 \\ 0{,}9 & 0{,}5 \end{pmatrix}$

| Nach \ Von | X | Y | Z |
|---|---|---|---|
| X | 0,1 | 0,2 | 0,1 |
| Y | 0,1 | 0,5 | 0,3 |
| Z | 0,8 | 0,3 | 0,6 |

$A = \begin{pmatrix} 0{,}1 & 0{,}2 & 0{,}1 \\ 0{,}1 & 0{,}5 & 0{,}3 \\ 0{,}8 & 0{,}3 & 0{,}6 \end{pmatrix}$

| Nach \ Von | X | Y | Z |
|---|---|---|---|
| X | 0,4 | 0,2 | 0 |
| Y | 0,6 | 0,5 | 0,4 |
| Z | 0 | 0,3 | 0,6 |

$A = \begin{pmatrix} 0{,}4 & 0{,}2 & 0 \\ 0{,}6 & 0{,}5 & 0{,}4 \\ 0 & 0{,}3 & 0{,}6 \end{pmatrix}$



2 Dargestellt ist ein stochastischer Prozess durch die

Übergangsmatrix $A = \begin{pmatrix} 0{,}6 & 0{,}5 & 0{,}1 \\ 0{,}2 & 0 & 0 \\ 0{,}2 & 0{,}5 & 0{,}9 \end{pmatrix}$

a) Stellen Sie den Prozess in einem Diagramm dar.

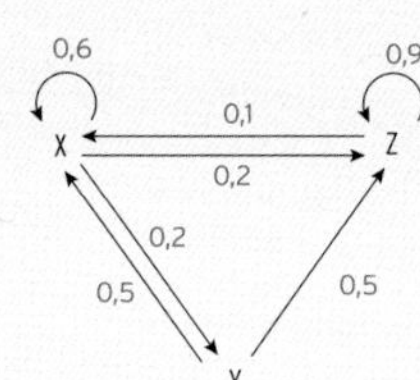


b) Formulieren Sie die Aufgabenstellung weiter, sodass diese zur Übergangsmatrix passt.

Aufgabenstellung:

In einer Stadt gibt es 3 Kinos, die von einer festen Anzahl an Bewohnern wöchentlich besucht werden.

Ein Besucher, der in der letzten Woche in Kino X war, besucht diese Woche mit einer Wahrscheinlichkeit von 60 % wieder Kino X, mit 20 % Kino Y und mit 20 % Kino Z.

Ein Besucher, der in der letzten Woche in Kino Y war, besucht diese Woche mit einer Wahrscheinlichkeit von 50 % Kino X, mit 50 % Kino Z und mit Sicherheit nicht mehr Kino Y.

Ein Besucher, der in der letzten Woche in Kino Z war, besucht diese Woche mit einer Wahrscheinlichkeit von 10 % Kino X, mit 90 % Kino Z und mit Sicherheit nicht Kino Y.

c) Erläutern Sie den Begriff „stochastischer Prozess" am Beispiel.

Da die feste Anzahl wöchentlicher Besucher vollständig umverteilt wird, muss die Summe der Anteile gleich 1 sein (Spaltensumme = 1).

3 Eine bestimmte Pflanzenart besitze die drei möglichen Blütenfarben rot (R), pink (P) und weiß (W). Bei der Kreuzung dieser Pflanzen mit einer pinkblühenden Blume entstehen in Abhängigkeit von den Blütenfarben der beiden beteiligten „Elternpflanzen" nebenstehende Farbanteile für die „Kinder":

| Kinder\ Eltern | rot | pink | weiß |
|---|---|---|---|
| rot | 50% | 25% | 0% |
| pink | 50% | 50% | 50% |
| weiß | 0% | 25% | 50% |

a) Veranschaulichen Sie die Übergänge der Blütenfarben von einer Generation zur nächsten durch eine geeignete graphische Darstellung.

b) Stellen Sie eine Übergangsmatrix von einer Generation zur nächsten auf.

$$A = \begin{pmatrix} 0{,}5 & 0{,}25 & 0 \\ 0{,}5 & 0{,}5 & 0{,}5 \\ 0 & 0{,}25 & 0{,}5 \end{pmatrix}$$

In einem Feldversuch werden 4000 rotblühende , 4000 pinkblühende und 4000 weißblühende Pflanzen stets mit pinkblühenden Pflanzen gekreuzt und von jeder dieser Pflanzen im darauffolgenden Jahr je ein Samenkorn ausgesät.

c) Bestimmen Sie die Farbverteilung für die 4000 rotblühenden Pflanzen.

Von 4000 rotblühenden Pflanzen keimen 2000 rotblühend und 2000 pinkblühend.

d) Bestimmen Sie die Farbverteilung der 12000 Pflanzen nach einem Jahr.

$$\begin{pmatrix} 0{,}5 & 0{,}25 & 0 \\ 0{,}5 & 0{,}5 & 0{,}5 \\ 0 & 0{,}25 & 0{,}5 \end{pmatrix} \cdot \begin{pmatrix} 4000 \\ 4000 \\ 4000 \end{pmatrix} = \begin{pmatrix} 3000 \\ 6000 \\ 3000 \end{pmatrix}$$

e) Bestimmen Sie die Farbverteilung nach zwei Jahren. Interpretieren Sie.

$$\begin{pmatrix} 0{,}5 & 0{,}25 & 0 \\ 0{,}5 & 0{,}5 & 0{,}5 \\ 0 & 0{,}25 & 0{,}5 \end{pmatrix} \cdot \begin{pmatrix} 3000 \\ 6000 \\ 3000 \end{pmatrix} = \begin{pmatrix} 3000 \\ 6000 \\ 3000 \end{pmatrix}$$

Die Verteilung $\begin{pmatrix} 3000 \\ 6000 \\ 3000 \end{pmatrix}$ ist eine stabile Verteilung.



4 In einer Gemeinde leben 200 wahlberechtigte Bürger, welche bei jeder Gemeinderatswahl einen der 3 Kandidaten R, S und T wählen. Die Übergangswahrscheinlichkeiten, von einer Wahl zur nächsten, sind nebenstehend dargestellt.

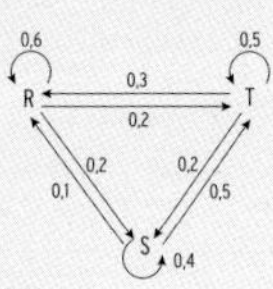


a) Geben Sie die Übergangsmatrix A an. $A = \begin{pmatrix} 0{,}6 & 0{,}1 & 0{,}3 \\ 0{,}2 & 0{,}4 & 0{,}2 \\ 0{,}2 & 0{,}5 & 0{,}5 \end{pmatrix}$

b) Benennen Sie den Kandidat, dem Wähler mit der höchsten Wahrscheinlichkeit „treu" bleiben. Kandidat R mit 60 %

c) Erklären Sie, weshalb die Einträge in den Spalten der Übergangsmatrix A in der Summe 1 ergeben.

Die Summe der Wähler bleibt konstant bei 200, sie entspricht 100 % und sie verteilt sich bei jeder Wahl.

d) Bei einer Gemeinderatswahl erhielt Kandidat R 100 Stimmen, Kandidat S 70 Stimmen und Kandidat T 30 Stimmen. Berechnen Sie die Stimmenanzahl der drei Kandidaten bei der kommenden n Wahl.

$$\begin{pmatrix} 0{,}6 & 0{,}1 & 0{,}3 \\ 0{,}2 & 0{,}4 & 0{,}2 \\ 0{,}2 & 0{,}5 & 0{,}5 \end{pmatrix} \begin{pmatrix} 100 \\ 70 \\ 30 \end{pmatrix} = \begin{pmatrix} 76 \\ 54 \\ 70 \end{pmatrix}$$

Voraussichtlich erhält Kandidat R 76 Stimmen, Kandidat S 54 Stimmen und Kandidat T 70 Stimmen.

e) Bei einer letzten Gemeinderatswahl erhielt Kandidat R 40 %, Kandidat S 27 % und Kandidat T 33 % der Stimmen (Startvektor $\vec{x}_0$).

Berechnen Sie die prozentuale Stimmenverteilung bei der kommenden Wahl ($\vec{x}_1$).

$$\vec{x}_1 = A \cdot \vec{x}_0 = \begin{pmatrix} 0{,}6 & 0{,}1 & 0{,}3 \\ 0{,}2 & 0{,}4 & 0{,}2 \\ 0{,}2 & 0{,}5 & 0{,}5 \end{pmatrix} \begin{pmatrix} 0{,}4 \\ 0{,}27 \\ 0{,}33 \end{pmatrix} = \begin{pmatrix} 0{,}366 \\ 0{,}254 \\ 0{,}380 \end{pmatrix}$$

Kandidat R erhält voraussichtlich 36,6 %, Kandidat S 25,4 % und Kandidat T 38 % der Stimmen.



f) Berechnen Sie die prozentuale Stimmenverteilung bei der übernächsten Wahl ($\vec{x}_2$).

$$\vec{x}_2 = A \cdot \vec{x}_1 = \begin{pmatrix} 0{,}6 & 0{,}1 & 0{,}3 \\ 0{,}2 & 0{,}4 & 0{,}2 \\ 0{,}2 & 0{,}5 & 0{,}5 \end{pmatrix} \cdot \begin{pmatrix} 0{,}366 \\ 0{,}254 \\ 0{,}380 \end{pmatrix} = \begin{pmatrix} 0{,}359 \\ 0{,}251 \\ 0{,}390 \end{pmatrix}$$

Kandidat R erhält voraussichtlich 35,9 %, Kandidat S 25,1 % und Kandidat T 39 % der Stimmen.

g) Berechnen Sie $A^2$.

$$A^2 = \begin{pmatrix} 0{,}44 & 0{,}25 & 0{,}35 \\ 0{,}24 & 0{,}28 & 0{,}24 \\ 0{,}32 & 0{,}47 & 0{,}41 \end{pmatrix}$$

$$A^2 = A \cdot A: \quad \begin{pmatrix} 0{,}6 & 0{,}1 & 0{,}3 \\ 0{,}2 & 0{,}4 & 0{,}2 \\ 0{,}2 & 0{,}5 & 0{,}5 \end{pmatrix} \cdot \begin{pmatrix} 0{,}6 & 0{,}1 & 0{,}3 \\ 0{,}2 & 0{,}4 & 0{,}2 \\ 0{,}2 & 0{,}5 & 0{,}5 \end{pmatrix} = \begin{pmatrix} 0{,}44 & 0{,}25 & 0{,}35 \\ 0{,}24 & 0{,}28 & 0{,}24 \\ 0{,}32 & 0{,}47 & 0{,}41 \end{pmatrix}$$

h) Interpretieren Sie die Einträge der mittleren Spalte von $A^2$.

Bei der übernächsten Wahl entscheiden sich die Wähler des Kandidaten S

zu 25 % für Kandidat R, zu 28 % für Kandidat S und zu 47 % für Kandidat T.

i) Berechnen Sie die prozentuale Stimmenverteilung bei der übernächsten Wahl ($\vec{x}_2$)

aus dem Startvektor $\vec{x}_0 = \begin{pmatrix} 0{,}4 \\ 0{,}27 \\ 0{,}33 \end{pmatrix}$.

$$\vec{x}_2 = A^2 \cdot \vec{x}_0 = \begin{pmatrix} 0{,}44 & 0{,}25 & 0{,}35 \\ 0{,}24 & 0{,}28 & 0{,}24 \\ 0{,}32 & 0{,}47 & 0{,}41 \end{pmatrix} \cdot \begin{pmatrix} 0{,}4 \\ 0{,}27 \\ 0{,}33 \end{pmatrix} = \begin{pmatrix} 0{,}359 \\ 0{,}251 \\ 0{,}390 \end{pmatrix}$$

Hinweis: Ergebnis entspricht dem Ergebnis von f).



5 Zwei Autowaschanlagen (W1 und W2) teilen den Markt unter sich auf. Das Wechselverhalten der Kunden nach jedem wöchentlichen Waschvorgang wird durch die Übergangsmatrix A beschrieben. $A = \begin{pmatrix} 0{,}8 & 0{,}3 \\ 0{,}2 & 0{,}7 \end{pmatrix}$

In einer Woche wird ermittelt, dass 40% der Kunden ihr Auto in Waschanlage 1 (W1) waschen lassen. Ermitteln Sie daraus die Verteilung in der Vorwoche.

a) Mithilfe eines linearen Gleichungssystems.

Einsetzen in $A\,\vec{x}_{-1} = \begin{pmatrix} 0{,}4 \\ 0{,}6 \end{pmatrix}$ ergibt: $0{,}8x + 0{,}3y = 0{,}4$ und $0{,}2x + 0{,}7y = 0{,}6$

Auflösen durch Additionsverfahren: $\left(\begin{array}{cc|c} 0{,}8 & 0{,}3 & 0{,}4 \\ 0{,}2 & 0{,}7 & 0{,}6 \end{array}\right) \sim \left(\begin{array}{cc|c} 0{,}8 & 0{,}3 & 0{,}4 \\ 0 & 2{,}5 & 2 \end{array}\right)$

Das LGS hat die Lösung: $y = 0{,}8$ und $x = 0{,}2$, also $\vec{x}_{-1} = \begin{pmatrix} 0{,}2 \\ 0{,}8 \end{pmatrix}$

Die Verteilung in der Vorwoche ist 20% der Kunden in W1, 80 % in W2.

b) Mithilfe der Inversen von A: $A^{-1} \begin{pmatrix} 0{,}4 \\ 0{,}6 \end{pmatrix} = \vec{x}_{-1}$

Berechnung der Inversen von A:

$$\left(\begin{array}{cc|cc} 0{,}8 & 0{,}3 & 1 & 0 \\ 0{,}2 & 0{,}7 & 0 & 1 \end{array}\right)$$

$$\left(\begin{array}{cc|cc} 8 & 3 & 10 & 0 \\ 2 & 7 & 0 & 10 \end{array}\right)$$

$$\left(\begin{array}{cc|cc} 8 & 3 & 10 & 0 \\ 0 & -25 & 10 & -40 \end{array}\right)$$

$$\left(\begin{array}{cc|cc} 200 & 0 & 280 & -120 \\ 0 & -25 & 10 & -40 \end{array}\right)$$

$$\left(\begin{array}{cc|cc} 1 & 0 & 1{,}4 & -0{,}6 \\ 0 & 1 & -0{,}4 & 1{,}6 \end{array}\right) \qquad A^{-1} = \begin{pmatrix} 1{,}4 & -0{,}6 \\ -0{,}4 & 1{,}6 \end{pmatrix}$$

Berechnung von $\vec{x}_{-1}$: $\vec{x}_{-1} = A^{-1} \begin{pmatrix} 0{,}4 \\ 0{,}6 \end{pmatrix}$

$$\vec{x}_{-1} = \begin{pmatrix} 1{,}4 & -0{,}6 \\ -0{,}4 & 1{,}6 \end{pmatrix} \begin{pmatrix} 0{,}4 \\ 0{,}6 \end{pmatrix} = \begin{pmatrix} 0{,}2 \\ 0{,}8 \end{pmatrix}$$

Somit besuchten in der Vorwoche 20% der Kunden die Waschanlage 1 (W1) und 80% der Kunden die Waschanlage 2 (W2).

6 Auf der Insel Wangerooge wird jeder Tag entweder als Sonnen- oder Regentag eingestuft. Auf einen sonnigen Tag folgt zu 60 % wieder ein sonniger Tag, auf einen Regentag zu 70 % wieder ein Regentag.
Heute ist ein Sonnentag.

a) Geben Sie die Übergangsmatrix an. $A = \begin{pmatrix} 0{,}6 & 0{,}3 \\ 0{,}4 & 0{,}7 \end{pmatrix}$

b) Mit welcher Wahrscheinlichkeit ist übermorgen wieder ein Sonnentag?

Lösen Sie, mithilfe der Matrixmultiplikation.

$\vec{x}_0 = \begin{pmatrix} 1 \\ 0 \end{pmatrix} \quad \vec{x}_1 = \begin{pmatrix} 0{,}6 & 0{,}3 \\ 0{,}4 & 0{,}7 \end{pmatrix} \cdot \begin{pmatrix} 1 \\ 0 \end{pmatrix} = \begin{pmatrix} 0{,}6 \\ 0{,}4 \end{pmatrix}$

$\vec{x}_2 = \begin{pmatrix} 0{,}6 & 0{,}3 \\ 0{,}4 & 0{,}7 \end{pmatrix} \cdot \begin{pmatrix} 0{,}6 \\ 0{,}4 \end{pmatrix} = \begin{pmatrix} 0{,}48 \\ 0{,}52 \end{pmatrix}$

Mit einer Wahrscheinlichkeit von 48 %.

c) Kontrollieren Sie Ihr Ergebnis von b) mithilfe der Pfadregeln aus der Stochastik

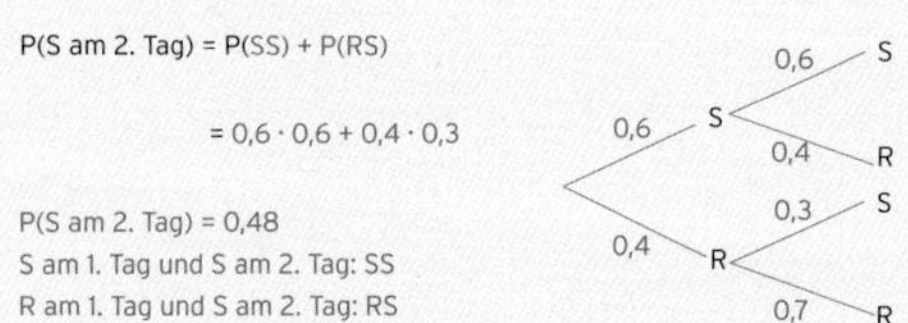


P(S am 2. Tag) = P(SS) + P(RS)

$= 0{,}6 \cdot 0{,}6 + 0{,}4 \cdot 0{,}3$

P(S am 2. Tag) = 0,48
S am 1. Tag und S am 2. Tag: SS
R am 1. Tag und S am 2. Tag: RS

d) Die Zufallsvariable X gibt die Wartezeit bis zum nächsten Regentag an. Vervollständigen Sie die (auszugsweise dargestellte) Wahrscheinlichkeitsverteilung von X.

| Anzahl an Tagen | 1 | 2 | 3 | 4 |
|---|---|---|---|---|
| Wahrscheinlichkeit | 0,4 | $0{,}6 \cdot 0{,}4$ | $0{,}6 \cdot 0{,}6 \cdot 0{,}4$ | $0{,}6^3 \cdot 0{,}4$ |
| | | = 0,24 | = 0,144 | = 0,0864 |

112

7 In Wuppertal werden an 3 Standorten Fahrräder leihweise bereitgestellt: Am Bahnhof (B), an der Schwebebahn (S) und am Friedhof (F).
Ein geliehenes Rad muss noch am selben Tag am gleichen, oder an einem anderen Standort, zurückgebracht werden.
Eine Auswertung ergibt: Von den am Bahnhof entliehenen Rädern werden 40 % an der Schwebebahn und 10 % am Friedhof zurückgestellt.
Von den an der Schwebebahn entliehenen Rädern werden 15 % am Bahnhof und 35 % am Friedhof zurückgestellt.
Von den am Friedhof entliehenen Rädern werden 10 % am Bahnhof und 10 % an der Schwebebahn zurückgestellt.
Die Stadtverwaltung möchte zu Beginn 200 Fahrräder bereitstellen.

a) Geben Sie die Übergangsmatrix an. $A = \begin{pmatrix} 0{,}5 & 0{,}15 & 0{,}1 \\ 0{,}4 & 0{,}5 & 0{,}1 \\ 0{,}1 & 0{,}35 & 0{,}8 \end{pmatrix}$

b) Die Stadtverwaltung stellt 100 Fahrräder an der Schwebebahn, 50 am Bahnhof und 50 am Friedhof auf. Wie sind die Fahrräder am Abend verteilt?

$\begin{pmatrix} 0{,}5 & 0{,}15 & 0{,}1 \\ 0{,}4 & 0{,}5 & 0{,}1 \\ 0{,}1 & 0{,}35 & 0{,}8 \end{pmatrix} \cdot \begin{pmatrix} 50 \\ 100 \\ 50 \end{pmatrix} = \begin{pmatrix} 45 \\ 75 \\ 80 \end{pmatrix}$

75 Fahrräder stehen voraussichtlich an der Schwebebahn, 45 am Bahnhof und 80 am Friedhof.

c) Prüfen Sie, ob die Verteilung von 19 % der Fahrräder am Bahnhof, 26 % an der Schwebebahn und 55 % am Friedhof eine stabile Verteilung darstellt.

Berechnung von $A \cdot \vec{x}$ mit dem Verteilungsvektor $\vec{x} = \begin{pmatrix} 0{,}19 \\ 0{,}26 \\ 0{,}55 \end{pmatrix}$ ergibt:

$\begin{pmatrix} 0{,}5 & 0{,}15 & 0{,}1 \\ 0{,}4 & 0{,}5 & 0{,}1 \\ 0{,}1 & 0{,}35 & 0{,}8 \end{pmatrix} \cdot \begin{pmatrix} 0{,}19 \\ 0{,}26 \\ 0{,}55 \end{pmatrix} = \begin{pmatrix} 0{,}189 \\ 0{,}261 \\ 0{,}55 \end{pmatrix}$ und es gilt: $0{,}189 + 0{,}261 + 0{,}55 = 1$

Die Gleichung $A \cdot \vec{x} = \vec{x}$ ist (näherungsweise) erfüllt. $\begin{pmatrix} 0{,}19 \\ 0{,}26 \\ 0{,}55 \end{pmatrix}$ ist eine stabile Verteilung.

d) Wie sollten die 200 Fahrräder auf die 3 Standorte verteilt werden?
Geben Sie der Stadtverwaltung eine begründete Empfehlung.

Verteilungsvektor für 200 Fahrräder: $\begin{pmatrix} 0{,}19 \\ 0{,}26 \\ 0{,}55 \end{pmatrix} \cdot 200 = \begin{pmatrix} 38 \\ 52 \\ 110 \end{pmatrix}$

Die Stadtverwaltung sollte am Bahnhof 38, an der Schwebebahn 52 und am Friedhof 110 Fahrräder bereitstellen. Dann bleibt die Anzahl der Räder an jedem Standort täglich konstant.

113

8 Ein stochastischer Prozess ist durch die Übergangsmatrix A gegeben. Bestimmen Sie jeweils die stabile Verteilung.

a) Übergangsmatrix $A = \begin{pmatrix} 0{,}7 & 0{,}2 \\ 0{,}3 & 0{,}8 \end{pmatrix}$

Einsetzen von $\vec{x} = \begin{pmatrix} x_1 \\ 1 - x_1 \end{pmatrix}$ in die Gleichung $A \cdot \vec{x} = \vec{x}$ ergibt:

$\begin{pmatrix} 0{,}7 & 0{,}2 \\ 0{,}3 & 0{,}8 \end{pmatrix} \cdot \begin{pmatrix} x_1 \\ 1 - x_1 \end{pmatrix} = \begin{pmatrix} x_1 \\ 1 - x_1 \end{pmatrix}$ und damit zwei Gleichungen in $x_1$:

Auflösung nach $x_1$: $0{,}5x_1 = 0{,}2 \Rightarrow x_1 = 0{,}4$
Probe in Gleichung 2 (wahr)
Einsetzen von $x_1$ in $x_2 = 1 - x_1$: $x_2 = 0{,}6$

Stabile Verteilung: $\vec{x} = \begin{pmatrix} 0{,}4 \\ 0{,}6 \end{pmatrix}$

b) $A = \begin{pmatrix} 0{,}55 & 0{,}5 \\ 0{,}45 & 0{,}5 \end{pmatrix}$

Einsetzen von $\vec{x} = \begin{pmatrix} x_1 \\ 1 - x_1 \end{pmatrix}$ in die Gleichung $A \cdot \vec{x} = \vec{x}$ ergibt:

$0{,}55x_1 + 0{,}5(1 - x_1) = x_1 \quad 0{,}95x_1 = 0{,}5 \quad x_1 = 0{,}53$
$0{,}45x_1 + 0{,}5(1 - x_1) = 1 - x_1 \quad 0{,}95x_1 = 0{,}5$
Einsetzen in in $x_2 = 1 - x_1$: $x_2 = 0{,}47$

Stabile Verteilung: $\vec{x} = \begin{pmatrix} 0{,}53 \\ 0{,}47 \end{pmatrix}$ (gerundet)

c) $A = \begin{pmatrix} 0{,}6 & 0{,}2 & 0{,}2 \\ 0{,}2 & 0{,}5 & 0{,}4 \\ 0{,}2 & 0{,}3 & 0{,}4 \end{pmatrix}$

Einsetzen von $\vec{x} = \begin{pmatrix} x_1 \\ x_2 \\ 1 - x_1 - x_2 \end{pmatrix}$ in die Gleichung $A \cdot \vec{x} = \vec{x}$ ergibt:

$\begin{pmatrix} 0{,}6 & 0{,}2 & 0{,}2 \\ 0{,}2 & 0{,}5 & 0{,}4 \\ 0{,}2 & 0{,}3 & 0{,}4 \end{pmatrix} \cdot \begin{pmatrix} x_1 \\ x_2 \\ 1 - x_1 - x_2 \end{pmatrix} = \begin{pmatrix} x_1 \\ x_2 \\ 1 - x_1 - x_2 \end{pmatrix}$

und damit ein LGS in $x_1$ und $x_2$:
$-0{,}6x_1 + 0{,}2 = 0$ (1)
$-0{,}2x_1 - 0{,}9x_2 = -0{,}4$ (2)
$0{,}8x_1 + 0{,}9x_2 = 0{,}6$ (3)

Aus Gleichung (1): $x_1 = 0{,}33$
Einsetzen in Gleichung (2) ergibt $x_2$: $x_2 = 0{,}37$
Probe in Gleichung (3) ergibt eine wahre Aussage.

Stabile Verteilung: $\vec{x} = \begin{pmatrix} 0{,}33 \\ 0{,}37 \\ 0{,}30 \end{pmatrix}$ gerundet

114

8 Fortsetzung

d) $A = \begin{pmatrix} 0{,}55 & 0{,}15 & 0{,}25 \\ 0{,}25 & 0{,}60 & 0{,}25 \\ 0{,}20 & 0{,}25 & 0{,}50 \end{pmatrix}$

Einsetzen von $\vec{x} = \begin{pmatrix} x_1 \\ x_2 \\ 1 - x_1 - x_2 \end{pmatrix}$ in die Gleichung $A \cdot \vec{x} = \vec{x}$ ergibt:

$\begin{pmatrix} 0{,}55 & 0{,}15 & 0{,}25 \\ 0{,}25 & 0{,}60 & 0{,}25 \\ 0{,}20 & 0{,}25 & 0{,}50 \end{pmatrix} \cdot \begin{pmatrix} x_1 \\ x_2 \\ 1 - x_1 - x_2 \end{pmatrix} = \begin{pmatrix} x_1 \\ x_2 \\ 1 - x_1 - x_2 \end{pmatrix}$

$0{,}55x_1 + 0{,}15x_2 + 0{,}25(1 - x_1 - x_2) = x_1$
$0{,}25x_1 + 0{,}6x_2 + 0{,}25(1 - x_1 - x_2) = x_2$
$0{,}2x_1 + 0{,}25x_2 + 0{,}5(1 - x_1 - x_2) = 1 - x_1 - x_2$

und damit ein LGS in $x_1$ und $x_2$:
$0{,}7x_1 + 0{,}1x_2 = 0{,}25$ (1)
$0{,}65x_2 = 0{,}25$ (2)
$0{,}7x_1 + 0{,}75x_2 = 0{,}5$ (3)

Aus Gleichung (2): $x_2 = 0{,}385$
Einsetzen in Gleichung (1) ergibt $x_1$: $x_1 = 0{,}302$
Probe in Gleichung (3) ergibt gerundet 0,5: $0{,}7 \cdot 0{,}302 + 0{,}75 \cdot 0{,}385 = 0{,}5$

Stabile Verteilung: $\vec{x} = \begin{pmatrix} 0{,}302 \\ 0{,}385 \\ 0{,}313 \end{pmatrix}$

9. Geben Sie zu den stochastischen Übergangsprozessen aus der Aufgabe 8. jeweils die zugehörige Grenzmatrix an.

a) $A = \begin{pmatrix} 0{,}7 & 0{,}2 \\ 0{,}3 & 0{,}8 \end{pmatrix} \quad G = \begin{pmatrix} 0{,}4 & 0{,}4 \\ 0{,}6 & 0{,}6 \end{pmatrix}$

b) $A = \begin{pmatrix} 0{,}55 & 0{,}5 \\ 0{,}45 & 0{,}5 \end{pmatrix} \quad G = \begin{pmatrix} 0{,}53 & 0{,}53 \\ 0{,}47 & 0{,}47 \end{pmatrix}$

c) $A = \begin{pmatrix} 0{,}6 & 0{,}2 & 0{,}2 \\ 0{,}2 & 0{,}5 & 0{,}4 \\ 0{,}2 & 0{,}3 & 0{,}4 \end{pmatrix} \quad G = \begin{pmatrix} 0{,}33 & 0{,}33 & 0{,}33 \\ 0{,}37 & 0{,}37 & 0{,}37 \\ 0{,}30 & 0{,}30 & 0{,}30 \end{pmatrix}$

d) $A = \begin{pmatrix} 0{,}55 & 0{,}15 & 0{,}25 \\ 0{,}25 & 0{,}60 & 0{,}25 \\ 0{,}20 & 0{,}25 & 0{,}50 \end{pmatrix} \quad G = \begin{pmatrix} 0{,}302 & 0{,}302 & 0{,}302 \\ 0{,}385 & 0{,}385 & 0{,}385 \\ 0{,}313 & 0{,}313 & 0{,}313 \end{pmatrix}$

115

10 Ein Provider bietet die 3 verschiedenen Internettarife A, B und C an. Die Kunden wechseln monatlich gemäß der nebenstehenden Übergangsmatrix. $A = \begin{pmatrix} 0,5 & 0 & 0 \\ 0,2 & 0 & 0 \\ 0,3 & 1 & 1 \end{pmatrix}$

a) Welcher Tarif kann als absorbierend bezeichnet werden? Welche Bedeutung hat dies für den Provider?

Tarif: C Begründung: Die Nutzer von Tarif C bleiben bei Tarif C.

b) Die zugehörige stabile Verteilung lautet $\vec{x} = \begin{pmatrix} 0 \\ 0 \\ 1 \end{pmatrix}$

c) Weisen Sie dies mithilfe der Gleichung $A \cdot \vec{x} = \vec{x}$ nach.

$\begin{pmatrix} 0,5 & 0 & 0 \\ 0,2 & 0 & 0 \\ 0,3 & 1 & 1 \end{pmatrix} \cdot \begin{pmatrix} 0 \\ 0 \\ 1 \end{pmatrix} = \begin{pmatrix} 0 \\ 0 \\ 1 \end{pmatrix}$ wahre Aussage

11 Bei einem Prozess gilt die nebenstehende Übergangsmatrix A: $A = \begin{pmatrix} 1 & 0,1 & 0 \\ 0 & 0,5 & 0 \\ 0 & 0,4 & 1 \end{pmatrix}$

Welche Verteilung wird langfristig, ausgehend von der Anfangsverteilung $\vec{x}_0 = \begin{pmatrix} 0 \\ 1 \\ 0 \end{pmatrix}$, angenommen? Entscheiden Sie.

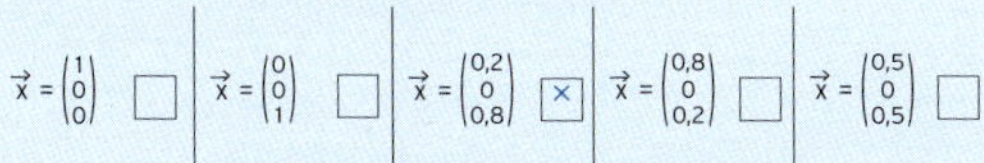

$\vec{x} = \begin{pmatrix} 1 \\ 0 \\ 0 \end{pmatrix}$ ☐ | $\vec{x} = \begin{pmatrix} 0 \\ 0 \\ 1 \end{pmatrix}$ ☐ | $\vec{x} = \begin{pmatrix} 0,2 \\ 0 \\ 0,8 \end{pmatrix}$ ☒ | $\vec{x} = \begin{pmatrix} 0,8 \\ 0 \\ 0,2 \end{pmatrix}$ ☐ | $\vec{x} = \begin{pmatrix} 0,5 \\ 0 \\ 0,5 \end{pmatrix}$ ☐

12 Sind die Aussagen wahr oder falsch?

| Aussage | wahr | falsch |
|---|---|---|
| Bei einem stochastischen Prozess beträgt die Spaltensumme stets 1. | ☒ | ☐ |
| Ein Stabilitätsvektor erfüllt die Gleichung $A \cdot \vec{x} = \vec{x}$ | ☒ | ☐ |
| Aus der Grenzmatrix kann ein stabiler Vektor abgelesen werden. | ☒ | ☐ |
| Die Grenzverteilung ist stets ein stabiler Vektor. | ☒ | ☐ |
| Wenn ein Vektor stabil ist, stellt dieser stets die Grenzverteilung dar. | ☐ | ☒ |
| Besteht die Übergangsmatrix aus gleichen Zeilen, entspricht sie der Grenzmatrix. | ☐ | ☒ |

116

# 8 Lineare Optimierung

## Grafische Lösung

1 Zeichnen Sie den zugehörigen Lösungsraum:

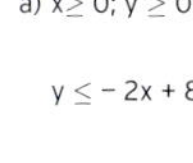

a) $x \geq 0$; $y \geq 0$

$y \leq -2x + 8$

$y \leq 3x$

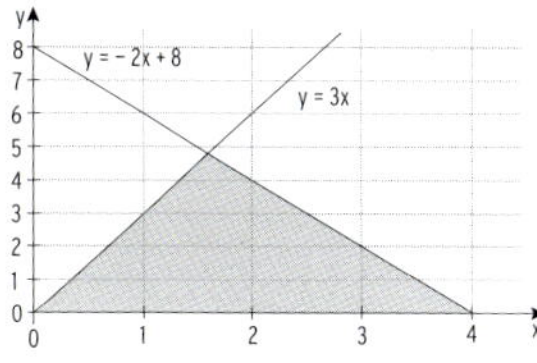



b) $0 \leq x \leq 10$; $y \geq 0$

$y \leq -x + 12$

$y \leq 3 + 0,5x$

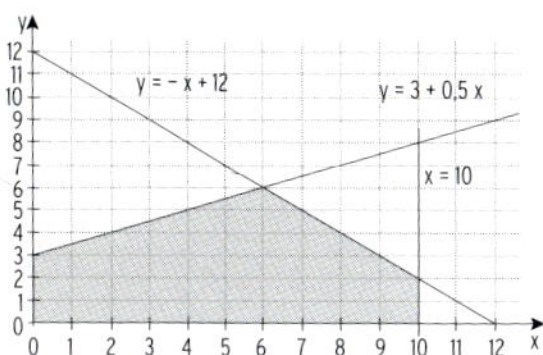



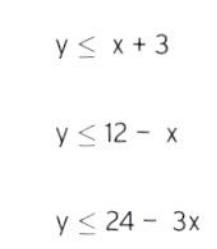

c) $x \geq 0$; $y \geq 0$

$y \leq x + 3$

$y \leq 12 - x$

$y \leq 24 - 3x$

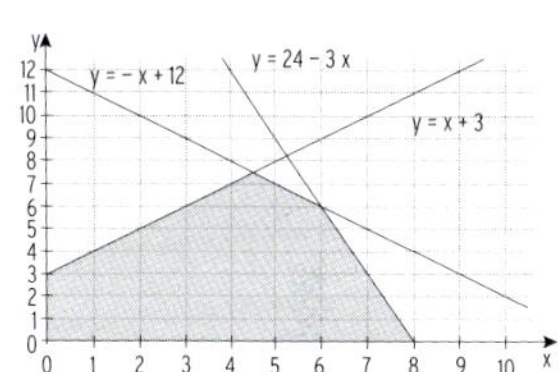



117

2 Beschreiben Sie den Lösungsraum mithilfe eines linearen Ungleichungssystems.

a)

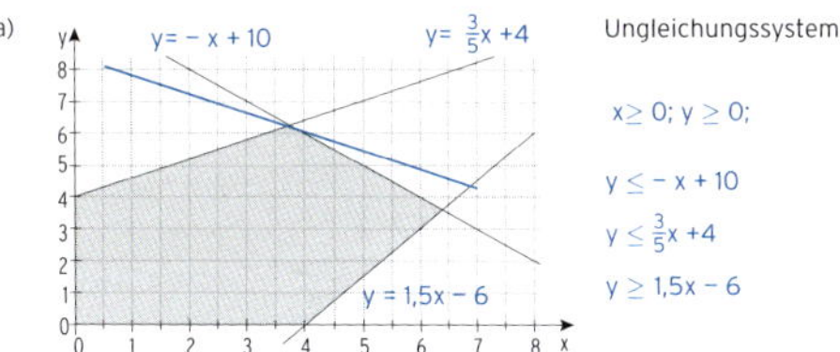



Ungleichungssystem:

$x \geq 0$; $y \geq 0$;

$y \leq -x + 10$

$y \leq \frac{3}{5}x + 4$

$y \geq 1,5x - 6$

b)

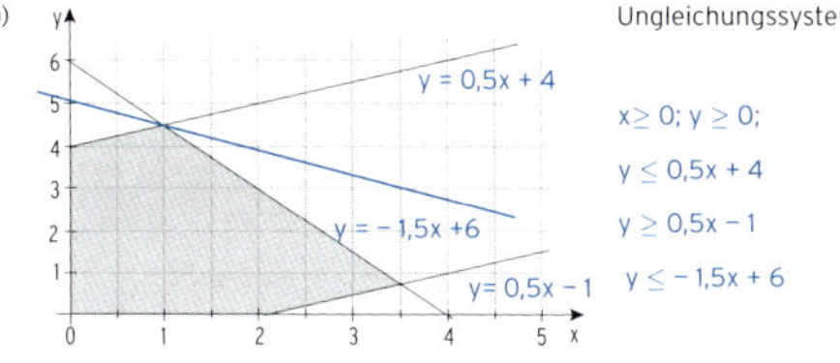



Ungleichungssystem:

$x \geq 0$; $y \geq 0$;

$y \leq 0,5x + 4$

$y \geq 0,5x - 1$

$y \leq -1,5x + 6$

c)

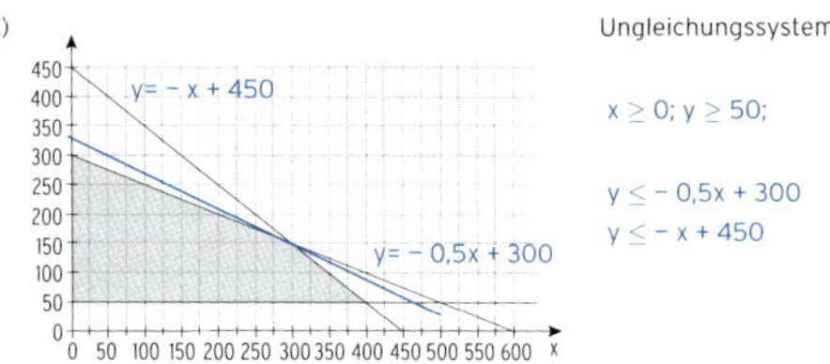



Ungleichungssystem:

$x \geq 0$; $y \geq 50$;

$y \leq -0,5x + 300$

$y \leq -x + 450$

Die Zielfunktionsgleichung lautet: $0,6x + y = Z$. Bestimmen Sie jeweils den optimalen Punkt.

$0,6x + y = Z \Rightarrow y = -0,6x + Z$

a) P(3,75 | 6,25) b) P(1 | 4,5) c) P(300 | 150)

118

3 Die CHIP AG stellt auch zwei unterschiedliche Sorten Chips P1 und P2 her, deren Produktion folgenden Beschränkungen pro Monat unterliegt.

Beschränkung 1: $2x + 2y \leq 260$

Beschränkung 2: $3x + 2y \leq 360$

Beschränkung 3: $10x + 4y \leq 880$

P1 und P2 erzielen jeweils einen Stückdeckungsbeitrag von 12 GE/ME.

Z sei der zu maximierende Gesamtdeckungsbeitrag (DB).

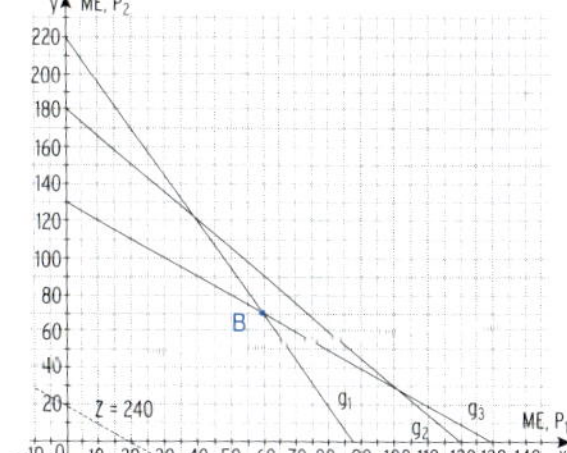



a) Geben Sie an, welche Beschränkung durch welche der drei Geraden $g_1$ bis $g_3$ dargestellt wird. Bestimmen Sie den maximalen Gesamtdeckungsbeitrag.

Beschränkung 1: $y \leq 130 - x$; Randgerade $g_3$

Beschränkung 2: $y \leq 180 - 1,5x$; Randgerade $g_2$

Beschränkung 3: $y \leq 220 - 2,5x$; Randgerade $g_1$

$12x + 12y = Z$; optimaler Punkt B(60 | 70); max DB: $Z_{max} = 720 + 840 = 1560$

b) Die Geschäftsführung der CHIP AG behauptet: „Produktkombinationen, die zu einem maximalen Deckungsbeitrag führen, entsprechen immer einem der Eckpunkte des Planungsvielecks." Nehmen Sie zu dieser Aussage der Geschäftsleitung im Sachzusammenhang mathematisch begründet Stellung.

Den maximalen Deckungsbeitrag erhält man durch Verschiebung der Zielfunktionsgeraden. Ist diese Gerade nicht parallel zu einer Randgeraden, so liegt der Schnittpunkt immer in einem Eckpunkt des Planungsvielecks.

4 Entscheiden Sie, ob die Aussagen wahr oder falsch sind.

| | Aussage | wahr | falsch |
|---|---|---|---|
| a) | Jeder Punkt innerhalb des Planungsvielecks erfüllt mindestens eine Restriktion. | ☒ | ☐ |
| b) | Jeder Punkt auf einer Randgeraden erfüllt alle Restriktionen. | ☐ | ☒ |
| c) | Der optimale Punkt liegt auf einer Randgeraden. | ☒ | ☐ |
| d) | Der optimale Punkt ist der Punkt des Planungsvielecks mit dem größten y-Wert. | ☐ | ☒ |
| e) | Jeder Eckpunkt des Planungsvielecks ist ein optimaler Punkt. | ☐ | ☒ |
| f) | Der optimale Punkt wird durch Verschiebung der Zielfunktionsgerade bestimmt. | ☒ | ☐ |

119

5 Die nachfolgende Abbildung zeigt das Planungsvieleck einer linearen Optimierungsaufgabe.

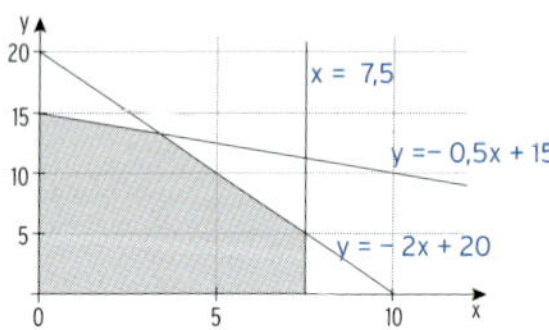


a) Bestimmen Sie die Restriktionen.

$x \geq 0$; $y \geq 0$;
$x \leq 7{,}5$
$y \leq -0{,}5x + 15$
$y \leq -2x + 20$

b) Geben Sie eine Zielfunktion Z an, sodass es für das Maximum von Z

- genau eine Lösung gibt: $y = -x + Z$
- unendlich viele Lösungen gibt: $y = -0{,}5x + \frac{Z}{10}$

6 Die nachfolgende Abbildung zeigt das Planungsvieleck einer linearen Optimierungsaufgabe.

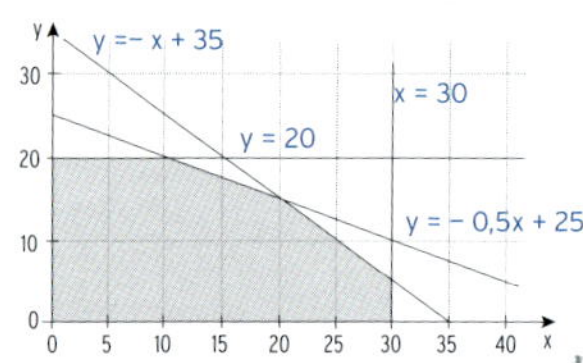


a) Bestimmen Sie die Restriktionen.

$x \geq 0$; $y \geq 0$
$x \leq 30$
$y \leq 20$
$y \leq -0{,}5x + 25$
$y \leq -x + 35$

b) Geben Sie eine Zielfunktion Z an, sodass es für das Maximum von Z

- genau eine Lösung gibt: $y = -4x + Z$
- unendlich viele Lösungen gibt: $y = -0{,}5x + \frac{Z}{10}$



7 Die nachfolgende Abbildung zeigt die grafische Lösung eines Ungleichungssystems.

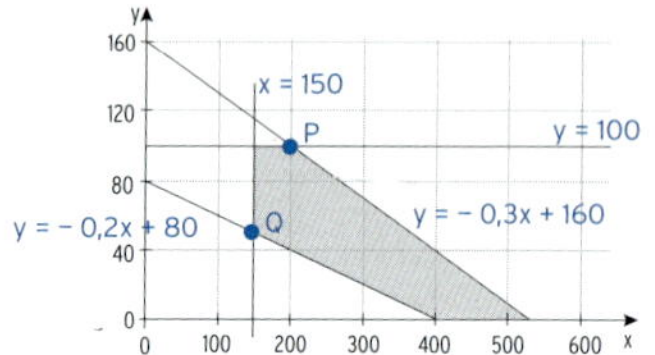


a) Geben Sie ein passendes Ungleichungssystem an.

$x \geq 0$; $y \geq 0$;
$x \geq 150$
$y \leq 100$
$y \geq -0{,}2x + 80$
$y \leq -0{,}3x + 160$

b) Bestimmen Sie für das abgebildete Planungsvieleck

- eine Zielfunktion so, dass es genau eine optimale Lösung gibt, die ein Maximum liefert.
  $y \leq -0{,}1x + \frac{Z}{60}$
  Die Zielfunktionsgerade ist nicht parallel zu einer Randgeraden, der optimale Punkt ist P(200 | 100).
- eine Zielfunktion so, dass es genau eine optimale Lösung gibt, die ein Minimum liefert.
  $y \geq -0{,}5x + \frac{Z}{20}$
  Die Zielfunktionsgerade ist nicht parallel zu einer Randgeraden, der optimale Punkt ist Q(150 |50).
- eine Zielfunktion so, dass es unendlich viele optimale Lösungen gibt, die ein Maximum liefern.
  Erläutern Sie jeweils Ihre Vorgehensweise.
  $y \leq -0{,}3x + Z$
  Die Zielfunktionsgerade ist parallel zur einer Randgeraden, die optimalen Punkte liegen dann auf der Randgeraden mit der Gleichung $y = -0{,}3x + 160$.



8 Ein Unternehmer stellt seine Produkte auf den Maschinen M1, M2 und M3 her. Zurzeit fertigt der Unternehmer zwei Produkte A und B.
Die folgende Tabelle zeigt für jede Maschine die Einsatzzeiten pro ME in Minuten und die maximale Betriebsdauer der einzelnen Maschinen pro Tag in Minuten.

| Maschine | Benötigte Zeit für eine ME | | Maximale Betriebsdauer |
|---|---|---|---|
| | von Produkt A | von Produkt B | |
| M1 | 3 | 1 | 120 |
| M2 | 4 | 2 | 180 |
| M3 | 3 | 9 | 720 |

Für eine ME von Produkt A beträgt der Gewinn 2,40 € und für eine ME von Produkt B beträgt der Gewinn 1,60 €.

a) Zeichnen Sie das Planungsvieleck.

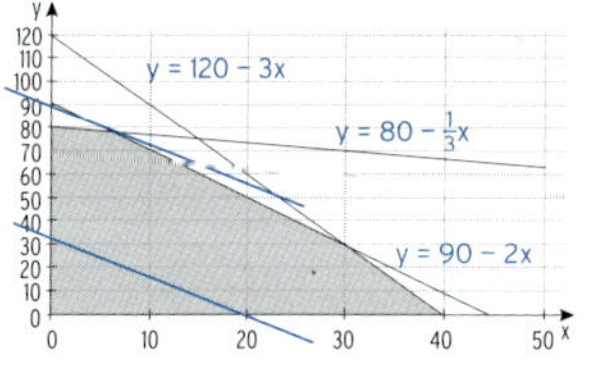


Es werden x ME des Produkts A und y ME des Produkts B hergestellt.
Beschränkung 1: $3x + y \leq 120$
Beschränkung 2: $4x + 2y \leq 180$
Beschränkung 3: $3x + 9y \leq 720$
Randgeraden:

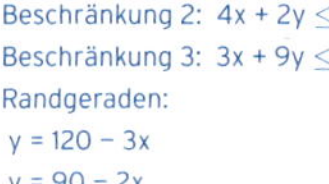
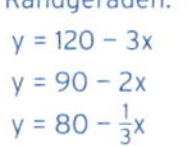

$y = 120 - 3x$
$y = 90 - 2x$
$y = 80 - \frac{1}{3}x$

b) Bestimmen Sie, wie viele ME der einzelnen Produkte A und B der Unternehmer täglich herstellen und verkaufen muss, damit sein Gewinn maximal wird.

Gewinn: $2{,}40x + 1{,}60y = G \Rightarrow y = -1{,}5x + \frac{5G}{8}$
Parallelverschiebung führt zum optimalen Punkt P(6 | 78)
Maximaler Gewinn: $2{,}40 \cdot 6 + 1{,}60 \cdot 78 = G_{max} = 139{,}2$

c) Untersuchen Sie anhand Ihres Planungsvielecks, wie sich der Gesamtgewinn ändert, wenn mindestens 8 ME von Produkt A hergestellt und verkauft werden.

Parallelverschiebung führt zum optimalen Punkt P(10 | 76) (auf der Randgeraden k)
Maximaler Gewinn: $2{,}40 \cdot 10 + 1{,}60 \cdot 76 = G_{max} = 145{,}6$
Der Gesamtgewinn erhöht sich um 6,4 GE.



9 Das nebenstehende Schaubild zeigt die grafische Lösung eines Ungleichungssystems, mit dem der Gewinn optimiert werden soll. Dabei werden x ME des Produkts A und y ME des Produkts B hergestellt. Mit dem Produkt B werden pro ME 100 GE Gewinn gemacht.

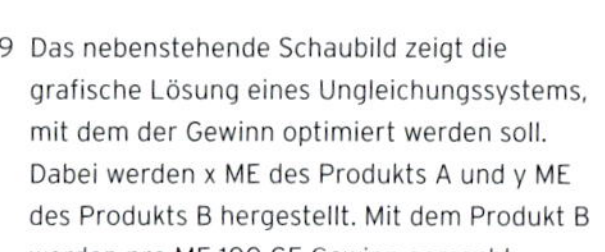
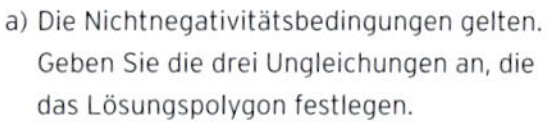
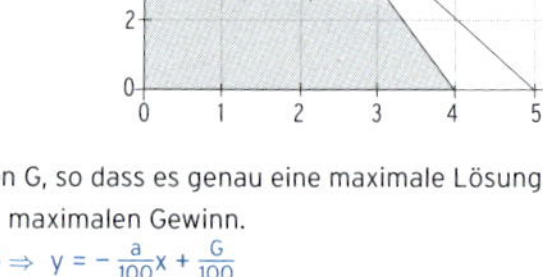


a) Die Nichtnegativitätsbedingungen gelten. Geben Sie die drei Ungleichungen an, die das Lösungspolygon festlegen.

$g_1$: $y \leq 12 - 3x$
$g_2$: $y \leq 10 - 2x$
$g_3$: $y \leq 8$

b) Ermitteln Sie eine mögliche Zielfunktion G, so dass es genau eine maximale Lösung in A(2 |6) gibt, und den zu G gehörigen maximalen Gewinn.

Mögliche Zielfunktion G: $ax + 100y = G \Rightarrow y = -\frac{a}{100}x + \frac{G}{100}$
Mit z.B. $-\frac{a}{100} = -\frac{5}{2}$ ergibt sich $a = 250$
Einsetzen von (2 |6) ergibt den maximalen Gewinn: $250 \cdot 2 + 100 \cdot 6 = G_{max} = 1100$

## Simplexverfahren

1 Das Simpextableau zur Maximierung von Produktionsmengen ist dargestellt. Bestimmen Sie das optimale Tableau und geben Sie eine Lösung des Maximierungsproblems an.

| $x_1$ | $x_2$ | $x_3$ | $u_1$ | $u_2$ | $u_3$ | b |
|---|---|---|---|---|---|---|
| 5 | 7 | 3 | 1 | 0 | 0 | 220 |
| 0 | 1 | 0 | 0 | 1 | 0 | 30 |
| 0 | 0 | 1 | 0 | 0 | 1 | 20 |
| 70 | 50 | 60 | 0 | 0 | 0 | Z |

| | | | | | | |
|---|---|---|---|---|---|---|
| 5 | 7 | 3 | 1 | 0 | 0 | 220 |
| 0 | 1 | 0 | 0 | 1 | 0 | 30 |
| 0 | 0 | 1 | 0 | 0 | 1 | 20 |
| 0 | – 48 | 18 | –14 | 0 | 0 | Z–3080 |

| | | | | | | |
|---|---|---|---|---|---|---|
| 5 | 7 | 0 | 1 | 0 | 0 | 160 |
| 0 | 1 | 0 | 0 | 1 | 0 | 30 |
| 0 | 0 | 1 | 0 | 0 | 1 | 20 |
| 0 | – 48 | 0 | –14 | 0 | – 18 | Z –3440 |

Lösung: $x_1 = 32$ ; $x_2 = 0$ ; $x_3 = 20$ ; $u_1 = 0$ ; $u_2 = 30$ ; $u_3 = 0$

2 Die Bremsscheiben T1, T2 und T3 durchlaufen in der Produktion zwei verschiedene Maschinen A und B. Der Zeitbedarf auf Maschine A beträgt 3 min/ME für Produkt T1, 5 min/ME für T2 und ebenfalls 5 min/ME für T3. Insgesamt kann auf Maschine A höchstens 600 min/Tag produziert werden. Der Zeitbedarf auf Maschine B beträgt 5 min/ME für Produkt T1 und 10 min/ME für T3. Für die Produktion von T2 wird diese Maschine nicht benötigt. Insgesamt kann auf Maschine B höchstens 900 min/Tag produziert werden. Wegen der begrenzten Nachfrage sollen von T1 höchstens 50 ME/Tag produziert werden. Die Stückdeckungsbeiträge liegen weiterhin bei 50 GE/ME für T1, 25 GE/ME für T2 und 45 GE/ME für T3.
Der Gesamtdeckungsbeitrag soll maximiert werden.

a) Stellen Sie die nötigen Bedingungen (Restriktionen) und die Zielfunktion auf.

$3x_1 + 5x_2 + 5x_3 \leq 600$

$5x_1 \quad + 10x_3 \leq 900$

$x_1 \leq 50$

$50x_1 + 25x_2 + 45x_3 = D$ ; D maximal

b) Die Tabelle zeigt noch nicht das optimale Tableau zur Bestimmung des maximalen Gesamtdeckungsbeitrags. Begründen Sie.

| | $x_1$ | $x_2$ | $x_3$ | $u_1$ | $u_2$ | $u_3$ | b |
|---|---|---|---|---|---|---|---|
| M1 | 0 | 5 | 0 | 1 | −0,5 | −0,5 | 125 |
| M2 | 0 | 0 | 1 | 0 | 0,1 | −0,5 | 65 |
| M3 | 1 | 0 | 0 | 0 | 0 | 1 | 50 |
| | 0 | 25 | 0 | 0 | − 4,5 | − 27,5 | Z − 5425 |

In der Zielfunktionszeile erscheint noch ein positiver Eintrag.

Berechnen Sie das optimale Tableau.

| | $x_1$ | $x_2$ | $x_3$ | $u_1$ | $u_2$ | $u_3$ | b |
|---|---|---|---|---|---|---|---|
| M1 | 0 | 5 | 0 | 1 | −0,5 | − 0,5 | 125 |
| M2 | 0 | 0 | 1 | 0 | 0,1 | − 0,5 | 65 |
| M3 | 1 | 0 | 0 | 0 | 0 | 1 | 50 |
| | 0 | 0 | 0 | −5 | −2 | −25 | Z − 6050 |

Bestimmen Sie die optimalen Produktionsmengen und die Ausschöpfung der Kapazitäten.

Also sollten täglich 50 ME von T1, 25 ME von T2 und 65 ME von T3 produziert werden, um den Gesamtdeckungsbeitrag von 6 050 GE zu erzielen.
Die Kapazitäten sind voll ausgeschöpft.



3 Die Tabelle zeigt das optimale Tableau zur Bestimmung des maximalen Gesamtdeckungsbeitrags bei der Herstellung von drei Produkten H1, H2 und H3 auf drei Maschinen M1, M2 und M3. Begründen Sie, dass die Abbildung das optimale Tableau zeigt. Interpretieren Sie anhand des optimalen Simplex-Tableaus die optimalen Produktionsmengen und die Ausschöpfung der Kapazitäten.

a)

| | $x_1$ | $x_2$ | $x_3$ | $u_1$ | $u_2$ | $u_3$ | b |
|---|---|---|---|---|---|---|---|
| M1 | 0 | 1 | 0 | 1 | 0 | −2 | 240 |
| M2 | 0,5 | 2 | 0 | 0 | 1 | −1 | 450 |
| M3 | 1 | 1 | 1 | 0 | 0 | 1 | 450 |
| | −0,9 | −0,5 | 0 | 0 | 0 | − 1,5 | Z − 675 |

Da in der Zielzeile alle Einträge negativ sind, ist eine weitere Optimierung nicht mehr möglich. Um den Deckungsbeitrag zu optimieren, sollten 450 ME $H_3$ verarbeitet und auf die Verarbeitung von $H_2$ und $H_1$ verzichtet werden. Der Deckungsbeitrag beträgt dann 675 GE. Die Maschine M3 wäre dann ausgelastet, die Maschine M1 hätte 240 min und die Maschine M2 450 min freie Kapazität.

b)

| | $x_1$ | $x_2$ | $x_3$ | $u_1$ | $u_2$ | $u_3$ | b |
|---|---|---|---|---|---|---|---|
| M1 | 0 | 0 | 1 | 1 | 0 | −2 | 100 |
| M2 | 0 | 2 | 0 | 0 | 1 | −1 | 80 |
| M3 | 1 | 0 | 0 | 0 | 0 | 1 | 100 |
| | 0 | − 1 | 0 | − 1 | 0 | − 1 | 2Z − 1200 |

Da in der Zielzeile alle Einträge negativ sind, ist eine weitere Optimierung nicht mehr möglich. Um den Deckungsbeitrag zu optimieren, sollten jeweils 100 ME $H_1$ und $H_3$ verarbeitet werden und auf $H_2$ wird verzichtet. Der Deckungsbeitrag beträgt dann 600 GE. Die Maschine M1 und M3 wären dann ausgelastet, die Maschine M2 hätte 80 min freie Kapazität.

c)

| | $x_1$ | $x_2$ | $x_3$ | $u_1$ | $u_2$ | $u_3$ | b |
|---|---|---|---|---|---|---|---|
| M1 | 0 | 1 | 0 | 1 | 0 | 0 | 400 |
| M2 | 1 | 0 | 1 | 0 | 1 | −1 | 60 |
| M3 | 1 | 0 | 1 | 0 | 0 | 1 | 240 |
| | −1 | 0 | −2 | −1 | 0 | 0 | 3Z − 2076 |

Da in der Zielzeile alle Einträge negativ sind, ist eine weitere Optimierung nicht mehr möglich. Um den Deckungsbeitrag zu optimieren, sollten 400 ME $H_2$ verarbeitet werden, auf $H_1$ und $H_3$ wird verzichtet. Der Deckungsbeitrag beträgt dann 692 GE. Die Maschine M1 ist dann ausgelastet, die Maschine M2 hätte (60 + 240) min = 300 min, die Maschine M3 hätte 240 min freie Kapazität.

## *Notizen*

## Notizen